Ronald Franke, Julia Milner (Hrsg.)

Interkulturelles Coaching

Coaching-Tools für 17 Kulturkreise

managerSeminare Verlags GmbH, Edition Training aktuell

Ronald Franke, Julia Milner (Hrsg.)
Interkulturelles Coaching
Coaching-Tools für 17 Kulturkreise

Endenicher Str. 41, D-53115 Bonn
Tel: 0228-977910, Fax: 0228-9779199
info@managerseminare.de
www.managerseminare.de/shop

Printed in Germany

ISBN: 978-3-941965-55-3

Herausgeber der Edition Training aktuell:
Ralf Muskatewitz, Jürgen Graf, Nicole Bußmann

Lektorat: Ralf Muskatewitz, Michael Busch
Cover: ©Taffi_Fotolia
Druck: Kösel GmbH und Co. KG, Krugzell

Inhalt

Vorwort

von Dr. Ronald Franke und Dr. Julia Milner

Für den Erfolg eines Coachingprozesses ist ein vertrauensvolles Verhältnis zwischen Coach und Klient (Coachee) von herausragender Bedeutung. Eine wichtige Voraussetzung zum Aufbau eines solchen vertrauensvollen Verhältnisses ist die Fähigkeit des Coachs, sich in die Lebensumstände und die Weltsicht des Coachees hineinzuversetzen. Stammen Coach und Klient aus unterschiedlichen Kulturräumen, ist es neben Sensibilität und Emphatie ebenso wichtig, sich mit der Lebenswelt des Klienten zu befassen.

Das vorliegende Buch bietet Ihnen hilfreiche Informationen zum Aufbau der oben beschriebenen Sensibilität im Umgang mit Klienten aus fremden Kulturkreisen und leistet so einen Beitrag zur Professionalisierung des Coachings in einer immer stärker international vernetzten Welt. Für Coaching – wie im Übrigen für sehr viele andere Themen auch – gilt unserer Ansicht nach, dass ein professioneller internationaler Einsatz dieser Methode nur dann möglich ist, wenn auf kulturelle Unterschiede Rücksicht genommen wird. Eine Methodik, die so stark auf zwischenmenschliche Kommunikation ausgerichtet ist wie Coaching, muss aus unserer Sicht zwangsläufig an die kommunikativen Verhaltensweisen und Gewohnheiten der beteiligten Akteure angepasst werden, um wirksam sein zu können.

Wir möchten deshalb mit diesem Buch Coachs, Personalentwicklern, Führungskräften und Coaching-Interessierten eine Quelle zur Verfügung stellen, in dem wir Ihnen 17 verschiedene Kulturen und deren jeweiligen Blick auf das Thema Coaching vorstellen. Sie finden im Buch Informationen, die Sie als konkrete Hilfestellung nutzen können, wenn Sie Menschen aus unterschiedlichen Kulturkreisen coachen wollen.

Wir hoffen, dieses Buch gibt Ihnen nützliche Hinweise zu diesem spannenden Thema und vielleicht einige Denkanstöße für Ihre Coaching-Arbeit.

Einen entscheidenden Anteil an der Entstehung dieses Buchs haben natürlich die Autoren der 17 Länderkapitel, die mit viel Sachkunde und Begeisterung die Beiträge zu den einzelnen Kulturen verfasst haben. An dieser Stelle möchten wir uns daher ganz herzlich für das Engagement unserer Autoren und die gute Zusammenarbeit bedanken! Gleiches gilt auch für den Verlag managerSeminare, ein besonderer Dank hier an Herrn Muskatewitz für seine Unterstützung.

Jetzt wünschen wir Ihnen viel Spaß bei der Lektüre.

Ronald Franke & Julia Milner

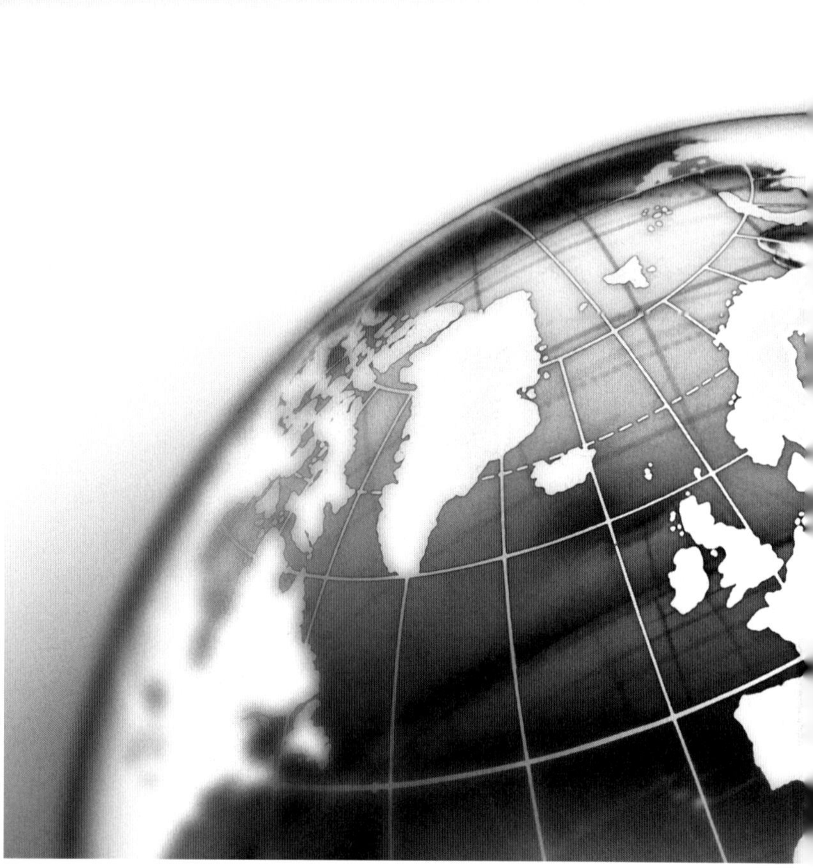

Interkulturelles Coaching

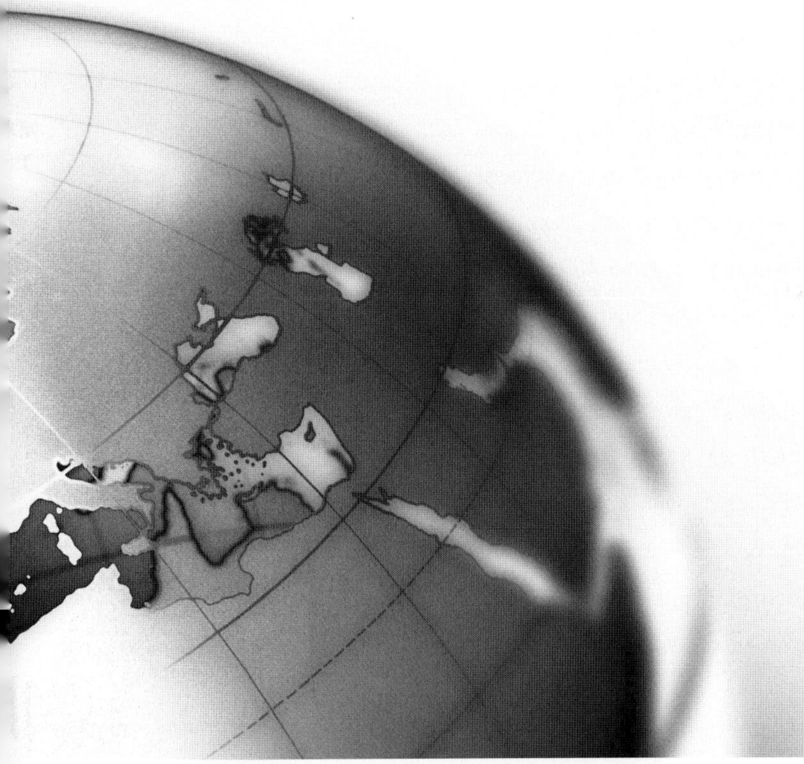

Hier finden Sie:

Kultur – eine wichtige Perspektive für Coaching

von Dr. Ronald Franke und Dr. Julia Milner

Die Bedeutung von Coaching als Instrument zur persönlichen und beruflichen Weiterentwicklung sowie zur Stärkung der eigenen Ressourcen nimmt weltweit stetig zu. Internationale Verflechtungen führen heute dazu, dass die Klienten eines Coachs nicht mehr zwangsläufig der gleichen Kultur wie der Coach selbst angehören – eine Entwicklung, deren Konsequenzen für die Arbeit eines Coachs beträchtlich sein können, wird doch menschliches Erleben und Verhalten stark von kulturell geprägten Wertvorstellungen beeinflusst. Diese Wertvorstellungen können von Kultur zu Kultur zum Teil erheblich variieren. Deshalb ist zu überprüfen, inwiefern sowohl das westlich geprägte Coachingverständnis als auch viele Coaching-Instrumente in unterschiedlichen Kulturen Erfolg versprechend einsetzbar sind.

Anpassung von Coaching an Kultur

Die Stärken und der Nutzen der Coaching-Methode und deren typische Fragestellungen sind sicherlich global und für Menschen unterschiedlicher kultureller Prägung bedeutsam. Um weltweit und kulturübergreifend erfolgreich eingesetzt zu werden, muss Coaching allerdings (wie andere Methoden auch) interkulturell passend umgesetzt werden. Das bedeutet, jede Kultur stellt ihre ganz eigenen Anforderungen an Coaching und muss entsprechend respektiert werden. Mit diesem Buch möchten wir Ihnen eine Hilfestellung zur kulturadäquaten Anpassung von Coaching an verschiedene kulturelle Kontexte geben. Denn interkulturelles Coaching gewinnt mehr und mehr an Bedeutung und Coachs, Trainer, Manager, Personaler sowie Coaching-Ausbilder brauchen unserer Ansicht nach kompakt dargestelltes Expertenwissen, um sich professionell auf diese Entwicklung vorzubereiten und einzustellen. Solches Expertenwissen haben wir in unserem Buch gebündelt.

Im Mittelpunkt des vorliegenden Buchs stehen 17 ausgewählte Länder und Kulturkreise von allen Kontinenten. Unsere Autorinnen und Autoren geben einen Überblick über das kulturspezifische Verständnis von

Coaching und seine Anwendung und erörtern, welche Probleme beim Einsatz gängiger Coaching-Tools im jeweiligen Kulturkreis auftreten können. Zudem werden Coaching-Tools vorgestellt, die die Coaching-Experten bereits angewendet haben. Wir möchten darauf hinweisen, dass es sich um persönliche Erfahrungen und Einschätzungen der Autoren handelt: Andere Coachs mit anderen Klienten und in anderen Situationen haben u.U. andere Erfahrungen gemacht.

Kultur als Einflussfaktor

Für Coachs, die in einem internationalen Umfeld arbeiten, ist es wichtig, sich den Einfluss von Kultur bewusst zu machen. Zu beachten ist allerdings, dass neben der Kultur auch andere wichtige Einflussfaktoren auf das Verhalten und Erleben des Klienten einwirken, so z.B. Persönlichkeitsmerkmale und situative Faktoren. Eine vollkommene Fokussierung auf den Faktor Kultur ist somit ebenfalls nicht ratsam und birgt auch das Risiko von Stereotypisierungen. Die Aufgabe des Coachs besteht darin, dem jeweiligen Klienten sowie allen relevanten Einflussfaktoren gerecht zu werden, indem er sich auf die individuelle Person, Kultur und Situation des Klienten immer wieder neu einlässt.

Bestimmungsmerkmale interkulturellen Coachings

Als Titel unseres Buches haben wir „Interkulturelles Coaching" gewählt. Was ist darunter zu verstehen oder konkreter ausgedrückt: Was verstehen wir und unsere Autoren darunter? Eine Klärung dieses Begriffs ist notwendig, da unterschiedliche Ansichten zu diesem Thema existieren. So unterscheidet z.B. Professor Christoph Barmeyer zwischen „Kulturspezifischem Coaching" und „Interkulturellem Coaching". Wichtigstes Bestimmungsmerkmal der unterschiedlichen Blickwinkel auf interkulturelles Coaching ist die Frage, ob sich die Interkulturalität des Coachingprozesses aus dem Coaching-Anlass oder der unterschiedlichen Nationalität von Coach und Coachee im Coachingprozess ableitet.

Kontextspezifisches interkulturelles Coaching

Der erstgenannte Fall des Coaching-Anlasses lässt sich als „(kontextspezifisches) interkulturelles Coaching" beschreiben und ist eine Form von (nationalem) Coaching, die Interkulturalität zum Thema hat. So wird zum Beispiel ein interkulturelles Coaching nachgefragt, wenn eine (deutsche) Führungskraft und ihre Familie auf ihren Einsatz und das Leben im Ausland vorbereitet werden sollen. Weitere Beispiele sind Coaching mit deutschen Geschäftsleuten, die sich auf Verhandlungen z.B. mit japanischen Geschäftspartnern vorbereiten möchten oder

Coaching, in denen sich deutsche Führungskräfte mit internationaler Personalverantwortung für den Umgang mit ausländischen Mitarbeitern fit machen wollen. Maßgebliche Bestimmungskriterien für kontextspezifisches interkulturelles Coaching sind also: ein identischer kultureller Hintergrund von Coach und Coachee, aber ein interkultureller/internationaler Coaching-Anlass. Die besondere Herausforderung besteht hierbei für den Coach darin, zur interkulturellen Thematik passende Interventionen, Tools und Fragetechniken zu identifizieren und anzuwenden, um dem Coachee die komplexe Kulturthematik näherzubringen.

Kulturspezifisches Coaching

Schwerpunkt des Buchs: die Aspekte des kulturspezifischen Coachings

Stammen Coach und Coachee nicht aus der gleichen Kultur, liegt eine andere Ausgangssituation vor, die andere Anforderungen an den Coach (und auch den Coachee) stellt. Denn in diesem Fall sollte der Coach sein Coaching-Konzept, seine Fragetechnik und die verwendeten Coaching-Tools an die kulturelle Prägung des Coachees anpassen, um den Coachingprozess erfolgreich gestalten zu können. In diesem Fall wird von einer besonderen Form des interkulturellen Coachings, von „kulturspezifischem Coaching" gesprochen. Der Coaching-Anlass muss dabei keine interkulturelle Komponente beinhalten, entscheidend ist vielmehr der unterschiedliche kulturelle Hintergrund von Coach und Coachee. So spricht man z.B. von kulturspezifischem Coaching, wenn ein deutscher Coach japanische Führungskräfte in einem internationalen Konzern in Deutschland oder französische Mitglieder eines international besetzten Projektteams auf der ganzen Welt coacht.

Die Herausforderung für den Coach ist im Falle von kulturspezifischem Coaching noch vielfältiger als beim kontextspezifischen interkulturellen Coaching, da der Coach die kulturell geprägten Verhaltens- und Denkmuster des Coachees bei der gesamten Gestaltung des Coachingprozesses respektieren sollte. So sind Interventionen, Tools und Fragen, aber auch Erwartungen an die Rollen im Coachingprozess und die Verantwortung von Coach und Coachee im Prozess kulturell geprägt und müssen entsprechend in den verschiedenen Settings angepasst werden.

Schwerpunkt dieses Buches ist die letztgenannte Perspektive auf das Thema interkulturelles Coaching. Sie finden in diesem Buch eine große Auswahl an Beispielen für kulturspezifische Coachingprozesse, zusammen mit Tipps zur Adjustierung des klassischen Coachingverständnisses westlicher Prägung bezüglich der verschiedenen Kulturkreise.

Darüber hinaus finden Sie konkrete Tools, die nach Erfahrung der beteiligten Autoren in den einzelnen Kulturen besonders gut einsetzbar sind bzw. Tools, die aufgrund kultureller Merkmale in einzelnen Ländern eher mit Vorsicht zu genießen sind.

Für wen dieses Buch geschrieben ist

Ein Nachschlagewerk für Coaching-Praktiker

Unser Buch ist gedacht als Nachschlagewerk und Informationsquelle für Coachs, Human Ressource Manager, Führungskräfte, Expatriates sowie Coaching-Ausbilder, die in einem interkulturellen Kontext arbeiten bzw. sich ein breiteres Repertoire an international einsetzbaren Coaching-Tools zulegen möchten.

Das Buch kann in verschiedenen Situationen wertvolle Hilfestellung leisten:

- Als Coach, Führungskraft, Personalentwickler begleiten Sie Coachees bzw. Mitarbeiter, die in einen anderen Kulturkreis gehen oder von dort nach Deutschland kommen.
- Sie arbeiten als Coach, Manager oder Personalentwickler in einem anderen Kulturkreis als Deutschland und coachen Menschen aus diesem Kulturkreis.
- Sie arbeiten als Coach, Manager oder Personalentwickler in einem Unternehmen mit Angestellten und Projektteams aus verschiedenen Kulturkreisen.
- Sie führen als Personalentwickler in einem interkulturellen Unternehmen interne Trainings durch oder suchen Coaching-Experten aus.
- Als Coaching-Ausbilder oder Coach in der Ausbildung möchten Sie sich ein breiteres Repertoire an Coaching-Tools aneignen.

Aufbau der Kapitel

In unserem Buch sind Coaching-Experten aus verschiedenen Ländern und Kulturkreisen vertreten (Arabien, Argentinien, Australien, Brasilien, China, Deutschland, Frankreich, Indien, Italien, Japan, Polen, Rumänien, Schweiz, Südosteuropa, Türkei, UK, USA). Die Autoren haben entweder vor Ort Klienten gecoacht oder arbeiten in Deutschland mit Coachees aus den jeweiligen Kulturräumen zusammen.

Alle Länderbeiträge sind entlang folgender Struktur aufgebaut:

Die Beitragsstruktur

Teil 1: Angaben zum Thema Coaching im jeweiligen Kulturraum

Die Autoren geben ihre persönliche Einschätzung und Erfahrung zu folgenden Fragen an:

- Wie verbreitet ist Coaching im jeweiligen Kulturkreis?
- Für welche Anlässe wird Coaching eingesetzt?
- Wie ist die gesellschaftliche Sicht auf das Thema?
- Wie sieht die typische Beziehung zwischen Coach und Coachee aus?
- In welchen Bereichen musste das klassische Grundkonzept von Coaching angepasst werden, um erfolgreich coachen zu können?

Teil 2: Coaching-Tools, die im jeweiligen Kulturkreis gut funktionieren

In diesem Teil werden Coaching-Tools beschrieben, die erfahrungsgemäß im jeweiligen Kulturkreis gut funktionieren bzw. mit denen die Autoren in ihrer Coaching-Praxis positive Erfahrungen gemacht haben. Dabei werden allgemeine Angaben zum Coaching-Tool gemacht: Zielgruppen, gewünschtes Ziel des Tools, Coaching-Phase und Begründung, warum dieses Tool im jeweiligen Kulturkreis gut funktioniert hat. Danach wird auf die konkrete und praktische Umsetzung eingegangen: Dauer, Voraussetzung und Vorbereitung, einzelne Schritte und Hinweise zur Durchführung, ein konkretes Beispiel für den erfolgreichen Einsatz des Tools im jeweiligen Kulturkreis sowie ein Hinweis auf mögliche Probleme und Schwierigkeiten.

Teil 3: Coaching-Tools, die im jeweiligen Kulturkreis nicht ohne Weiteres funktionieren und daher mit Vorsicht zu genießen sind

Hier gehen unsere Autoren auf Coaching-Tools ein, die im jeweiligen Kulturkreis mit Vorsicht zu genießen sind bzw. eher nicht funktionieren. Es werden allgemeine Angaben zum Werkzeug gemacht: Zielgruppe, gewünschtes Ziel des Tools, Coaching-Phase und dann die Problematik des Coaching-Tools. Es wird begründet, warum dieses Tool im Kulturkreis eher nicht gut funktioniert – die Autoren skizzieren ein Beispiel bzw. eine anonymisierte Fallstudie für den problematischen Einsatz des Tools. Zudem werden mögliche Ursachen für die beschriebene Problematik des Tools diskutiert und Lösungsoptionen und/oder Alternativen angeboten.

Teil 4: Konkrete Hilfestellung für Coaching in den unterschiedlichen Kulturkreisen

Am Ende ihres Beitrags beschreiben die Autoren konkrete Tipps, die sie einem Coach geben würden, der zum ersten Mal mit Klienten aus dem jeweiligen Kulturkreis arbeitet.

Teil 5: Über die Autorinnen und Autoren

Im letzten Teil des Beitrags erzählen die Autorinnen und Autoren über sich, ihren Hintergrund, in welchem Kontext und zu welchen Schwerpunkten sie im jeweiligen Kulturkreis mit Klienten arbeiten.

Viele neue Erkenntnisse wünschen Ihnen

Ronald Franke und Julia Milner

Interkulturelles Coaching in ...

Japan

In diesem Beitrag finden Sie:

1. Coaching in Japan – eine Einführung

von Dr. Peter Dreyer

Wie verbreitet ist Ihrer Ansicht nach Coaching in Japan?

Tradition

Coaching gibt es in Japan schon seit über tausend Jahren.

- Der Zen-Meister, der seinem Schüler immer wieder Fragen stellt – bis dieser den Punkt seiner geistigen Entwicklung erreicht hat, den man im Westen „Erleuchtung" nennt.
- Der Vorgesetzte, der seinem Mitarbeiter immer wieder kleine Hinweise und Anleitungen gibt, der sich am Abend an der Bar auch dessen Gedanken und Probleme anhört – bis dieser immer mehr Verantwortung in seiner Firma übernehmen kann.
- Die Gruppe, die ein ganz bestimmtes Ziel erreichen möchte und das schwächste Mitglied seinen Fähigkeiten entsprechen fordert und fördert.

Sind dies Coachs?

Coaching nach „westlichem" Vorbild gibt es dagegen noch gar nicht so lange in Japan. Ein ernsthafter Markt für systematisches Coaching konnte sich erst zu Zeiten des wirtschaftlichen Abschwungs in den Jahren 1991 bis 2002 entwickeln, als japanische Unternehmen den wachsenden Herausforderungen mit neuen für japanische Manager ungewöhnlichen westlichen Konzepten begegnen wollten: mit Zielvereinbarungen, flachen Hierarchien und eigenständigen spontanen und kreativ denkenden Managern (Davis, 2001).

Die Einführung von Coaching in Japan hängt stark mit dem japanischen Unternehmer Mamoru Itoh zusammen. Er stieß Mitte der neunziger Jahre im Internet auf die Homepage von Coach U, einem amerikanischen Coaching-Netzwerk. Itoh nahm Kontakt zu Coach U auf, und nur vier Monate später führte der amerikanische Coach David Goldsmith das erste Coach-Training in Japan durch (Davis, 2001).

Business Coaching wird nicht nur in Japan, sondern auch in anderen Kulturen zunehmend als Instrument zur Entwicklung von Managern eingesetzt (Bresser, 2009; Passmore, 2009; Rosinski, 2003). Coaching-Ansätze sollten dabei nach Dreyer (2010) immer vor dem Hintergrund kulturspezifischer Führungskonzepte und Managementsysteme entwickelt werden (Greif, 2008). Dasselbe gilt für die im Coaching eingesetzten Instrumente: auch sie müssen zu den kulturellen Eigenschaften und zu den Lerngewohnheiten der Coachingpartner passen (Böning & Fritschle, 2008; Dreyer, 2007, 2010; Jumpertz, 2007).

Bestimmende Werte: Beziehung, Hierarchie, Harmonie

Die japanische Kultur ist konfuzianistisch geprägt (Hofstede, 2001), das Verhalten vieler Japaner orientiert sich entsprechend an Werten wie Beziehung, Hierarchie und Harmonie (Coulmas, 2009).

Beziehungsorientierung

Selbstverwirklichung bedeutet in Japan, die eigene Rolle in der Beziehung mit anderen korrekt auszufüllen. Der Erfolg des eigenen Handelns misst sich immer daran, inwieweit es anderen Menschen zugute kommt. Die eigenen Gefühle spielen hierbei nur eine ganz untergeordnete Rolle (Eshun, 1993). Beziehungen entstehen über Geburt oder über gegenseitige Verpflichtungen (Doi, 1988, 2002a, 2002b). Ritualisierte Beziehungen halten die japanische Gesellschaft in ihrem Kern zusammen (Eshun, 1993; Coulmas, 2009; Petzold, Ringel & Thomas, 2005). Wo es diese nicht gibt, gelten keine Regeln und es gibt keine Rücksichtnahme. Persönliche Beziehungen im westlichen Sinne, in denen auch über Gefühle gesprochen wird, entstehen, falls überhaupt, erst nach Jahren.

Hierarchieorientierung

Japaner leben überwiegend in vertikalen Beziehungen. Mann und Frau, Eltern und Kind, Alt und Jung sowie Kunde und Verkäufer – es gibt immer ein Oben und Unten und es gibt immer eine Regel, die sagt, wessen Aussage wichtig und richtig ist (Coulmas, 2009; Kuhnert, 2004). Das Verhalten und die Meinung des Einzelnen richten sich stark an den Wünschen hierarchisch höher positionierter Personen aus, eigenständiges und selbstmotiviertes Arbeiten findet immer in Bezug zur eigenen Rolle statt (Kevenhörster, Pascha & Shire, 2010; Kuhnert, 2004; Rowland, 2010).

Harmonieorientierung

Harmonie entsteht in Japan aus dem Einhalten von Regeln und Etikette, in hierarchischen Beziehungen, aus dem Suchen eines Konsenses sowie aus dem Wahren des Gesichts. Letzteres bedeutet, niemand in der Öffentlichkeit bloßzustellen, z.B. über Aufzeigen von Schwächen oder Fehlern oder über das Signalisieren von Missstimmung. Genauso wenig wie Gefühle gezeigt werden, wird nach ihnen gefragt. Gesichtswahrung erfolgt über indirekte und sehr vorsichtige Aussagen, über das Nichtansprechen kritischer Themen, über permanentes Entschuldigen und über ständiges Sich-Kleinmachen (Rowland, 2010). Lernen erfolgt in Japan im Frontalunterricht, Diskussionen sind unüblich. Dies schützt die Lernenden - damit sie durch ihr Unwissen nicht ihr Gesicht verlieren (Petzold et al., 2005).

Zusätzlich finden viele Japaner Erfüllung im Loslassen des eigenen Selbst und im Abschalten des rationalen Denkens - was sich in Reinform im Zen-Buddhismus wiederfinden lässt (van de Wetering, 2009; Epstein, 2000).

Coachingverständnis

Coaching in Japan orientiert sich an diesen Werten und Aspekten und folgt entsprechend eigenen Regeln (Jumpertz, 2007; Tanaka, 2009). Eine Coaching-Definition aus dem arabischen Raum (Palmer & Arnold, 2009) lautet sinngemäß: Coaching ist ein Prozess, in welchem dem Kunden Wissen, Instrumente und Fertigkeiten vermittelt werden, die es ihm ermöglichen, ein Ziel zu erreichen. Der Coach ist hierbei ein Schrittmacher, der seinen Kunden jeden Tag nach Umsetzungsbeispielen fragt.

Dieses Coachingverständnis lässt sich auch auf Japan übertragen. Coaching ist somit ein Prozess der Wissensvermittlung, bei dem der Coach eine aktiv steuernde Aufgabe übernimmt. Der Coach ist ein Lehrer, kein neutraler Prozessbegleiter. Der Coachingpartner lernt kommunikative Regeln im Umgang mit anderen, seine eigenen Empfindungen spielen hierbei nur eine sehr untergeordnete Rolle - man könnte fast von „Persönlichkeitsentwicklung ohne Persönlichkeit" sprechen (Dreyer, 2007).

Hiermit unterscheidet sich Coaching in Japan deutlich von Coaching im Westen (Jumpertz, 2007) - und dies ermöglicht besondere Coaching-Formate (Dreyer, 2012).

Für welche Anlässe wird Coaching in Japan eingesetzt?

Ziele

Coaching wird in Japan meiner Erfahrung nach im Schwerpunkt zum Erreichen der folgenden Ziele eingesetzt:

- Verbesserung der zwischenmenschlichen Kommunikation
- Aufbau einer verlässlichen Beziehung
- Unterstützung beim Aufbau von Kommunikationsfertigkeiten
- Optimierung der Außendarstellung

- Entwicklung von Führungskompetenz
- Verbesserung des Human Resources Managements

Wie ist die gesellschaftliche Sicht auf das Thema?

Hoher Frauenanteil unter Japans Coachs

Die Entwicklung von Coaching nach westlichem Vorbild wurde in Japan stark von Frauen vorangetrieben – auch heute noch sind in Japan mehr Frauen als Männer als freiberuflicher Coach tätig. Hierfür gibt es verschiedene Gründe, die ihre Ursache im unterschiedlichen Rollenverständnis zwischen Mann und Frau haben (Doi, 1988, 2002a, 2002b; Benedict, 2006):

- Frauen sind motivierter, sich außerhalb eines fest gefügten Unternehmensrahmens selbstständig zu machen. Dies hängt auch ganz stark mit ihrer Rolle in der japanischen Gesellschaft zusammen: Im Gegensatz zu Männern ist es für sie vergleichsweise wenig risikoreich, neue kreative Berufswege zu beschreiten.
- Zusätzlich ist es für Frauen in Japan gesellschaftlich akzeptierter, Gefühle zu zeigen – folglich können sie sich auch eher den Gefühlen anderer nähern.

An japanische Verhältnisse angepasstes Coaching wird in erster Linie als Führungsinstrument eingesetzt. In diesem Fall erwerben in der Regel männliche Führungskräfte Coaching-Skills als Kommunikations-Technologie, mit deren Hilfe sie ihre Mitarbeiter entwickeln.

In den ersten Jahren des neuen Jahrtausends hat die Zahl der Veröffentlichungen zu Coaching in Japan stark zugenommen. In den letzten Jahren geht sie deutlich zurück. Dies könnte meiner Einschätzung nach ein Indikator dafür sein, dass Coaching als „westliche Mode-Welle“ seine Attraktivität verliert.

Rollenbilder: Wie würden Sie die typische Beziehung zwischen Coach und Coachee einschätzen?

Der Coach eher ein erfahrener Mentor

Es herrscht mitunter die Einstellung: „Mir wird ein Coaching gegeben“ – der Coach wird als erfahrener Mentor und hierarchisch höherer Ratgeber wahrgenommen.

In welchen Bereichen mussten Sie das klassische Grundkonzept von Coaching anpassen, um erfolgreich coachen zu können?

Coaching in konfuzianistisch geprägten Kulturen unterscheidet sich nach Dreyer (2012) von Coaching im Westen u.a. in den folgenden Punkten:

1. Coaching ist die Frage nach der Stimmigkeit einer Beziehung und einer Situation – Coaching ist keine Reflexion über das Selbst im westlichen Sinne.
2. Im Mittelpunkt des Coachings steht der Umgang des Coachingpartners mit seinem Umfeld: Seinem Vorgesetzten, seinen Kollegen, seinen Mitarbeitern. Nicht seine individuellen Ziele sind wichtig, sondern das, was er für sein Umfeld tut.
3. Gecoacht wird die Rolle, weniger die Persönlichkeit des Coachingpartners.

Haben Sie ein konkretes Beispiel?

Ein in Deutschland tätiger japanischer Manager gilt bei seinen deutschen Mitarbeitern als unnahbar, autoritär und nur an seiner Karriere interessiert. Die Personalabteilung der deutschen Niederlassung spricht einen deutschen Coach an, ob er mit dem Japaner nicht ein Coaching zur Entwicklung der Führungskompetenz durchführen könne. Der Coach stimmt zu. Vor einem Erstgespräch muss der Kontakt zum zukünftigen Kunden hergestellt werden. Dies erfolgt über einen „Go-Between", einen Vermittler, der schon eine Beziehung zu dem betreffenden Manager und zu seinem späteren Coach hat. Im vorliegenden Fall ist dies ein deutsch-japanisches Tandem aus der Personalabteilung. Nach einem Kontaktanbahnungsgespräch zu viert treffen sich der Manager und sein Coach zu einem Abendessen. Alle Schritte bis hierhin dienen dem Beziehungsaufbau und haben noch nichts mit dem eigentlichen Thema zu tun.

In einer der nächsten Sitzungen wurde das Tool „Filmbesprechung" eingesetzt, welches im weiteren Verlauf dieses Kapitels beschrieben wird.

2. Passende Coaching-Tools

Passend: Filmbesprechung

Zielgruppe, Themen

Zielgruppe sind Coachingpartner aus Kulturen, in denen emotionale und unangenehme oder negative Dinge nicht direkt angesprochen werden. Zusätzlich eignet es sich für Kunden, die sich eher über Erfahrung als über Reflexion mit einem Thema auseinandersetzen. Betrachtet werden können Themen aus allen Bereichen des Zusammenlebens und der Zusammenarbeit, u.a. zu Führung, zwischenmenschlicher Kommunikation und Konfliktlösung. Das Instrument eignet sich zur Bearbeitung von Business- und Life Coaching-Themen.

Einsatzziel

Ziel des Einsatzes des Tools ist es, Verhalten vor dem Hintergrund unterschiedlicher kultureller Werte nachvollziehbar zu machen und daraus alternative Verhaltensmöglichkeiten entwickeln zu können. Es geht um ein Sensibilisieren des Coachingpartners für kulturspezifische Verhaltensunterschiede und das Erkennen der eigenen Gefühle diesen gegenüber.

Coaching-Phase

Das Tool kann in allen Phasen des Coachings eingesetzt werden:

- Zu Beginn im Rahmen der Auftragsklärung: Um was geht es? Welche Themen bewegen den Coachingpartner?
- Im Verlauf des Coachings: u.a. zum Verständnis und zur Verarbeitung erlebter Situationen.
- Gegen Ende des Coachingprozesses: z.B. um weitere Verhaltensalternativen über Modelle zu erschließen.

Funktioniert meist gut, weil ...

Das Vorgehen passt gut zu japanischen Werten und Normen. Der Coach stellt dem Coachingpartner während der Sitzung offene Fragen zu einem thematisch passenden Film. Der Film dient als Medium, um unangenehme Situationen beschreiben zu können und um im Dialog kulturelle Hintergründe bewusst zu machen, ohne eigene Gefühle direkt anzusprechen und ohne sich sich kritisch über andere äußern zu müssen.

Umsetzung

Beschrieben wird ein konkretes Beispiel eines Business Coachings mit einem japanischen Manager aus einem deutsch-japanischen Joint Venture. Ziel: Verbesserung der Zusammenarbeit mit deutschen Kollegen. Die Sitzung findet im Büro des Coachs statt. Der japanische Coachingpartner wundert sich über das Verhalten seiner deutschen Kollegen: Sie diskutieren über scheinbar sinnlose Aufträge ihres Vorgesetzten, was er als mangelnde Loyalität der Firma gegenüber empfindet.

Dauer

Ca. 45 Minuten.

Voraussetzung/ Vorbereitung

Der Coachingpartner sollte einen Film gesehen haben, in dem es um Japaner und Menschen aus einer anderen Kultur geht – am besten um die, die ihn in seinem Coaching-Anliegen interessieren.

Beschreibung

Abb.: ©Ambro, Stock photo.

Ich werde die Durchführung dieses Tools anhand eines konkreten Beispiels beschreiben. Der Coach fragt den Coachingpartner, ob er den Film „Last Samurai" gesehen hat. „Last Samurai" beschreibt den Kampf-Einsatz eines amerikanischen Soldaten in Japan Mitte des 19. Jahrhunderts, in welchem dieser von seinen japanischen Gegnern gefangen genommen wird. Der Soldat wird in der Gefangenschaft mit der japanischen Vorstellung von Hierarchie, Gehorsam, Zusammenarbeit und Loyalität konfrontiert und lernt nach anfänglicher Abneigung Japan zu lieben. Der Film ist eine amerikanisch-japanische Co-Produktion.

Der Kunde kennt den Film und findet ihn interessant. Es gibt amerikanische und japanische Schauspieler. Die japanischen Schauspieler verhalten sich aus seiner Sicht oft sehr japanisch – und manchmal etwas komisch. Er erzählt, was er vertraut und was er befremdlich findet. Ein Beispiel: Der amerikanische Soldat tötet einen japanischen Gegner im Kampf. Dessen Witwe nimmt ihn auf Wunsch des Clan-Chefs auf und pflegt ihn gesund. Aus Sicht des Kunden ist dies ein typisch japanisches Verhalten: Bei der Japanerin ist die Verpflichtung dem Clan-Chef gegenüber wichtiger als ihr eigenes Abneigungsgefühl dem Amerikaner gegenüber.

Etwas befremdet den Kunden allerdings: Die junge Witwe verliebt sich im Laufe des Films in den Amerikaner und beginnt eine Beziehung mit ihm – ein Verhalten, welches in Japan so überhaupt nicht möglich wäre. Der Coach merkt an, dass der Umgang mit den eigenen Gefühlen im Osten und im Westen unterschiedlich ist, was das Äußern und Bewerten der eigenen Emotionen angeht. In Japan ist das Erfüllen der Wünsche des Ranghöheren und somit der Wünsche des eigenen Clans viel wichtiger, als auf die eigenen Gefühle zu hören. Für viele Menschen im Westen sind persönliche Gefühle dagegen ein wichtiges Kriterium bei der Entscheidungsfindung.

Beides kann jedoch als Loyalität verstanden werden: Im Osten als Anpassung an die Gruppe, im Westen im Sinne von Offenheit und Transparenz.

Der Coach überlässt es seinem Kunden, die durch den Film gewonnenen Erkenntnisse auf die Unternehmenssituation zu übertragen. Der Japaner wird das Verhalten seiner deutschen Kollegen auch ohne rationale Auflösung beim nächsten Kontakt aus einer anderen Perspektive betrachten können.

Das Vorgehen ist ein Wechsel von Impulsen und personenunabhängiger Reflexion dieser Impulse. Es lässt sich folgendermaßen beschreiben:

- Der Coach wählt einen Film aus, dessen Inhalte zum Coaching-Thema passen. Wichtig ist, dass der Kunde den Film gesehen hat.
- Der Coach stellt dem Kunden offene Fragen zum Film: Wie war der Film? Was war interessant? Der Coach lässt den Kunden erzählen.
- Der Coach erzählt von seinen Eindrücken bezogen auf den Film – nicht bezogen auf den Kunden oder seine Reflexion.
- Wenn der Kunde seinerseits diese Gedanken aufnimmt und laut für sich weiterentwickelt, bestätigt der Coach dies.
- Wenn sich Kernthemen, z.B. zu unterschiedlichem Verhalten von Menschen, ergeben, kann der Coach sein interkulturelles Hinter-

grundwissen als Impuls einbringen – wieder ohne Aussagen zum Verhalten des Kunden oder zu dessen Reflexion.

- Das Gespräch endet mit einer gemeinsamen Perspektive von Coach und Coachingpartner auf den Film. Es gibt kein Resumee und keine erklärende Zusammenfassung. Der Kunde nimmt seine Eindrücke mit und wird sie für sich weiterberarbeiten.
- Im weiteren Verlauf des Coachingprozesses kann der Coach bei passenden Situationen immer wieder auf den Film verweisen. Ein Beispiel: Wenn der japanische Kunde von einem Erlebnis mit aus seiner Sicht sehr direkten und lauten westlichen Kollegen berichtet, kann der Coach sagen: „Wie bei Last Samurai" – damit ist wieder ein Impuls auf den Film als Anker gesetzt.

Mögliche Probleme

Der Einsatz des Films als Medium ähnelt Verfahren wie dem Einsatz von Metaphern oder der Arbeit mit Texten. Die Besprechung eines Films ermöglicht aufgrund seiner Erlebnistiefe ein stärker erfahrungsorientiertes Lernen.

Das Format trägt von der Didaktik her gesehen verschiedenen Aspekten des Lernens in Asien Rechnung:

- Indirekte Kommunikation: Es wird über andere gesprochen, nicht über den Coachingpartner selbst.
- Gesichtswahrung: Der besprochene Film ist ein positives Beispiel der erfolgreichen Zusammenarbeit zwischen Japanern und Menschen aus dem Westen.
- Lernen über Erfahrung statt Lernen über Reflexion: Die Frage nach dem „Warum" wird nicht explizit gestellt.
- Coach als Lehrer: Der Coach schildert seine Sicht auf den Film und spricht über seine Erfahrungen – ohne den Kunden zu beraten oder ihm einen Ratschlag zu erteilen.

Beim Einsatz des Instruments sollte auf Folgendes geachtet werden:

- Der Film sollte eine reale und positiv verlaufende Handlung haben.
- Es geht um Erfahrungen und Empfindungen des Coachingpartners, nicht um eine tief gehende Filmanalyse.
- Es gibt kein falsches und kein richtiges Verhalten – der Reiz liegt im Einnehmen der unterschiedlichen Perspektiven.

Passend: Beziehungsorientierte Erlebnislinie

Die „Beziehungsorientierte Erlebnislinie" ist ein von mir in Anlehnung an die „Lebenslinie" (James & Woodsmall, 2006) entwickeltes Tool.

Zielgruppe, Themen

Zielgruppe sind Coachingpartner aus kollektivistischen Kulturen, in denen das Zusammenleben mit anderen im Mittelpunkt steht. Betrachtet werden können Themen aus allen Bereichen des Zusammenlebens und der Zusammenarbeit, insbesondere wenn sie mit unangenehmen Gefühlen verbunden sind. Das Instrument eignet sich zur Bearbeitung von Business- und Life Coaching-Themen.

Einsatzziel

Ziel des Tool-Einsatzes ist es, in einer belastenden Situation das Gute zu erkennen und auf diese Weise neue Ressourcen zu wecken. Dies erfolgt darüber, dass dem Coachingpartner der Stellenwert seiner Beziehungen zu seinem Umfeld vermittelt wird. Eingesetzt werden kann das Tool in Coachings, in denen japanische Coachingpartner durch die Konfrontation mit ausländischen Werten in der Zusammenarbeit verunsichert sind, bis hin zum sich abzeichnenden Kulturschock. Der Einsatz des Tools wirkt dann stabilisierend und setzt Ressourcen frei.

©savit keawtavee, Stock photo.

Coaching-Phase

Das Tool wird in der Regel zu Beginn des Coachingprozesses nach der Auftragsklärung eingesetzt.

Funktioniert meist gut, weil ...

Das Vorgehen passt gut zum japanischen Wert der Beziehungsorientierung. Es ist von der Ausrichtung her angelehnt an die japanische Therapie des Naikan: Therapie durch Selbsterforschung (Reynolds, 1994). Das Tool kann mit Einzelpersonen oder auch mit Gruppen durchgeführt werden. Voraussetzung ist, dass die Gruppe über geteilte Erfahrungen in der Zusammenarbeit oder im Zusammenleben mit anderen verfügt.

Umsetzung

Business Coaching mit einem japanischen Team, das sich in der Zusammenarbeit mit deutschen Kollegen zunehmend unwohl fühlt.

Dauer

Ca. 90 Minuten.

Voraussetzung/ Vorbereitung

Eine Pinnwand und Stifte.

Beschreibung

Der Coach lädt das Team ein, sich gemeinsam die Zusammenarbeit mit den deutschen Kollegen zu betrachten. Zu diesem Zweck fragt er, wann die Zusammenarbeit mit den Kollegen begonnen hat. Er malt diesen Zeitpunkt auf die linke Seite der Pinnwand. Dann malt er den heutigen Zeitpunkt auf die rechte Seite und verbindet beide Zeitpunkte mit einem Zeitstrahl.

Nun gibt er der Gruppe den Stift und stellt verschiedene Fragen:

- *„Beschreiben Sie, wann Sie die Kollegen zum ersten Mal kontaktiert haben."*
- *„Wann haben Sie sie das erste Mal gesehen?"*
- *„Was war die erste gemeinsame Aktivität?"*
- *„Welche Aktivität folgte dann?"*
- *„Was war der nächste wichtige Schritt?"*

Wichtig ist, dass die Coachingpartner die Ereignisse beschreiben, nicht bewerten. Anschließend bittet der Coach seine Kunden, die Erfahrungslinie zu betrachten. Er fordert sie auf, an jeder Stelle der Zusammenarbeit herauszuarbeiten, was an der Stelle positiv war:

- Wurde gelacht?
- Gab es eine schöne Erfahrung?
- Gab es gutes Essen?
- Wurde ein besonderes Arbeitsergebnis erreicht?

Die Gruppe wird gebeten, diese positiven Aspekte der Zusammenarbeit auf die Pinnwand zu schreiben.

Als Nächstes wird die Gruppe gebeten, Erlebnisse aufzuschreiben, die sie überrascht haben oder die in Japan anders gewesen wären. Jede dieser Erfahrungen wird vom Coach vor einer kulturbezogenen Perspektive beschrieben: *„Deutsche sind es gewohnt, selbst zu entscheiden. Ich glaube, in Japan ist das anders?"*

Die Gruppe beschreibt, wie es in Japan ist. Irgendwann wird die Sitzung ohne zusammenfassende Analyse beendet.

Mögliche Probleme

Für westliche Coachs sind einige Charakteristika im Vorgehen mitunter schwierig:

- Die Erlebnisse auf der Erfahrungsebene zu belassen und nicht tiefer gehend zu analysieren, was passiert ist.
- In einer von kritischen Erfahrungen geprägten Situation genau diese kritischen Punkte nicht anzusprechen.
- Keine Gefühle und Empfindungen anzusprechen.
- Mit der Gruppe als Ganzes und nicht mit einzelnen Teammitgliedern zu arbeiten.

Das Format trägt verschiedenen Aspekten des Lernens in Asien Rechnung:

- Gecoacht wird die Gruppe, nicht eine Einzelperson.
- Über die Visualisierung wird das Erlebte bildhaft verarbeitet – Asiaten verarbeiten Informationen eher in Bildform als analytisch (Dreyer, 1998).
- Indirekte Kommunikation: Es wird über Erfahrungen und Situationen gesprochen, nicht über den Coachingpartner selbst.
- Gesichtswahrung: Es wird über positive und überraschende Situationen gesprochen, nicht über kritische.
- Lernen über Erfahrung statt Lernen über Reflexion: Die Frage nach dem „Warum" wird nicht explizit gestellt.
- Coach als Lehrer: Der Coach macht Anmerkungen, die sich auf sein kulturelles Hintergrundwissen beziehen – ohne den Kunden zu beraten oder ihm einen Ratschlag zu geben.

Beim Einsatz des Instruments sollte auf Folgendes geachtet werden:

- Es geht um Erfahrungen der Coachingpartner, nicht um tief gehende Analysen.
- Es gibt kein falsches und kein richtiges Verhalten – der Reiz liegt im Einnehmen der unterschiedlichen Perspektiven.

3. Kritische Coaching-Tools

Kritisch: Lebenslinie

Nach James & Woodsmall, 2006.

Zielgruppe, Themen

Führungskräfte mit Themen der Karriereentwicklung, andere Coachingpartner mit Orientierungsthemen.

Einsatzziel

Ressourcen aktivieren, Zusammenhänge des bisherigen Lebens erkennen und Erkenntnisse für die Zukunft ableiten.

Coaching-Phase

Zu verschiedenen Zeitpunkten, oft eher zu Beginn von Coachingprozessen.

Funktioniert weniger gut, weil ...

Das Tool fokussiert stark auf individuelle Erfahrungen und Empfindungen des Coachingpartners. Zusätzlich richtet es den Fokus in Teilen auf die Zukunft aus.

Konkretes Beispiel

Eine Coachingpartnerin ist sich nicht sicher, ob sie nach einem einjährigen Deutschland-Aufenthalt nach Japan zurückkehren soll. Sie weiß nicht, ob sie sich dort noch wohlfühlen wird. Der Coach bearbeitet mit ihr ihre Lebenslinie nach klassischer Vorgehensweise. Die Coachingpartnerin wird immer stiller. Sie bemüht sich, die Übung wie gewünscht auszuführen, hat aber Schwierigkeiten, über individuelle Empfindungen zu berichten. Sie lächelt viel und kommt zu dem Schluss, dass sie doch ein sehr schönes Leben hatte. Sie verabschiedet sich mit einem Dank für die gute Unterstützung und erscheint zur nächsten Sitzung nicht mehr.

Mögliche Ursachen für die Problematik

Für viele Japaner ist es schwierig,

- Gefühle offen zu zeigen,
- Fragen zum persönlichen Empfinden zu beantworten,
- Dinge direkt anzusprechen – vor allem kritische Aspekte,
- auf die eigene persönliche Entwicklung zu achten und
- über die Folgen des eigenen Verhaltens in der Zukunft nachzudenken.

Lösungsoptionen/ Alternativen
Der Coach hätte die Lebenslinie eher in Anlehnung an die Beziehungs-orientierte Erlebnislinie durchführen sollen: ohne kritische Themen und ohne Zukunftsausrichtung.

Kritisch: Persönliches Feedback

Beschrieben nach Rogers, 2012.

Zielgruppe, Themen
Alle Coachingpartner mit vielfältigsten Coaching-Themen.

Einsatzziel
Dem Coachingpartner eine andere Perspektive auf sich vermitteln.

Coaching-Phase
Zu verschiedenen Zeitpunkten in Coachingprozessen.

Funktioniert weniger gut, weil ...
Das Tool fokussiert stark auf die individuelle Person des Coachingpartners. Auch wird gewöhnlich Positives wie Kritisches rückgemeldet.

Konkretes Beispiel
Ein Coachingpartner erzählt seinem Coach, wie er seine deutschen Kollegen wahrnimmt. Der Coach gibt seinem Kunden am Ende der Sitzung ein Feedback, wie er ihn während der Sitzung wahrgenommen hat. Er beschreibt, dass der Japaner viel lächelt, ihm nicht in die Augen schaut und mit leiser und freundlicher Stimme spricht. Der Coach sagt, welche Empfindungen dieses Verhalten bei ihm als deutschem Gesprächspartner auslöst. Der Coachingpartner lächelt, lacht, bedankt sich. Auch er erscheint nicht mehr zur folgenden Coaching-Sitzung.

Mögliche Ursachen für die Problematik
Für viele Japaner ist es schwierig, über sich als Person zu sprechen – über eigene Eigenschaften oder die eigene Außenwirkung. Noch schwieriger ist es, wenn der Coachingpartner als Person mit dafür verantwortlich ist, dass die Zusammenarbeit mit anderen schwierig ist. Der Coaching-Kunde hat sein Gesicht verloren – und kommt nicht mehr wieder.

Lösungsoptionen/ Alternativen
Der Coach hätte etwas über einen Film oder ein Erlebnis in Japan erzählen können – mit anderen Menschen. Beim Sprechen über Dritte ist die Konfrontation des Coachingpartners mit seinem eigenen Verhalten nicht mehr in dem Maße gegeben – er kann sein Gesicht wahren.

4. Hilfestellungen

Zentrale Aspekte für den Erfolg von Coaching in Japan

(Dreyer, 2012)

- Coaching ist die Frage nach der Stimmigkeit einer Beziehung und einer Situation – Coaching ist keine Reflexion über das Selbst im westlichen Sinne (vgl. zur Frage des Selbstkonzeptes in Asien und sich daraus ergebende Implikationen für Coaching Greif, 2008).
- Im Mittelpunkt des Coachings steht der Umgang des Coachingpartners mit seinem Umfeld: seinem Vorgesetzten, seinen Kollegen, seinen Mitarbeitern. Nicht seine individuellen Ziele sind wichtig, sondern das, was er für sein Umfeld tut.
- Gecoacht wird die Rolle, weniger die Persönlichkeit des Coachingpartners.
- Gesprochen wird über die Stimmung in der Gruppe, weniger über individuelle Gefühle oder Einschätzungen.
- Fragetechniken im westlichen Sinne können nur eingeschränkt angewendet werden: Wer eine Situation mit ihren Regeln kennt, muss keine Fragen stellen – wer Fragen stellt, zeigt, dass er nicht dazugehört. Folglich muss sich der Coach mit den Regeln der japanischen Kultur sehr gut auskennen.
- Das Coaching vermittelt dem Kunden Regeln, wie er mit seinem Umfeld umgehen kann.
- Coachingprozesse dauern sehr lange: Bevor über Inhalte gesprochen werden kann, findet ein sehr ausführlicher Beziehungsaufbau statt. Der Coachingpartner wird sich – wenn überhaupt – erst spät hinsichtlich seiner persönlichen Gefühle öffnen.
- Die Kundengewinnung erfolgt i.d.R. über Dritte – direkte Ansprache oder „Cold Calls“ sind tabu.
- Der Coach setzt Impulse über allgemeine „weise“ Aussagen.
- Es herrscht mitunter die Einstellung: „Mir wird ein Coaching gegeben“ – der Coach wird als erfahrener Mentor und hierarchisch höherer Ratgeber wahrgenommen.

- Der Coach bescheinigt seine Kompetenz und somit seinen Status über Zertifikate – die in Japan sehr wichtig sind.
- Gefühle werden verborgen – wahrgenommene Emotionen sollten, falls überhaupt, nur sehr vorsichtig interpretiert werden. Lächeln und positive Gesprächsinhalte schaffen eine positive Atmosphäre.
- Das Vorgehen sollte strukturiert und einschätzbar sein und somit zu keinen Überraschungen führen.
- Damit der Coachingpartner sein Gesicht nicht verliert, wird am besten über Dritte oder über Filme gesprochen.
- Fragen werden nur sehr indirekt gestellt, kritische Aspekte gar nicht erwähnt.
- Veränderungen sollten in kleinen Schritten und auch für das Umfeld behutsam erfolgen.

Literaturhinweise, Quellen

Benedict, R. (2006). Chrysantheme und Schwert. Formen der japanischen Kultur (3. Aufl.). Berlin: Suhrkamp Verlag.

Böning, U. & Fritschle, B. (2008). Coaching fürs Business. Was Coachs, Personaler und Manager über Coaching wissen müssen. (2. Aufl.). Bonn: managerSeminare.

Bresser, F. (2009). The state of coaching across the globe – Results of the Global Coaching Survey 2008/2009. Frank Bresser Consulting Report, 170 Seiten, August 2009.

Coulmas, F. (2009). Die Kultur Japans. Tradition und Moderne. München: C. H. Beck.

Davis, Steve (2001). Coach21 - Coaching in Japan. Verfügbar unter: http://www.coachuchapters.com/communities_up_close_1.html [Zugriff am 20.09.2012]

Doi, T. (1988). The Anatomy of Self: The Individual Versus Society. New York: Kodansha America.

Doi, T. (2002a). Freiheit in Geborgenheit. Zur Struktur japanischer Psyche. Frankfurt/Main: Suhrkamp.

Doi, T. (2002b). The Anatomy of Dependence. Tokyo: Kodansha Int.

Dreyer, P. (2012). Dienstleistung aus der Distanz: E-Coaching in Japan. In: Harald Geißler & Maren Metz (Hrsg.). E-Coaching und Online-Beratung. Heidelberg: VS Verlag.

Dreyer, P. (2010). Jeder Hund ist ein Dackel. Interkulturelle Kompetenz für Führungskräfte-Entwickler. Vortrag auf den Ekeberger Coaching-Tagen 2010, 11./12. Juni 2010, Ekeberg.

Dreyer, P. (2007). Persönlichkeitsentwicklung ohne Persönlichkeit? Coaching in Japan. Vortrag auf den Petersberger Trainertagen, 23./24. März 2007, Königswinter.

Dreyer, P. (1998). Semantische Struktur und Schriftlichkeit am Beispiel des Japanischen. Die Repräsentation phonemischer und bedeutungsbezogener Merkmale bei der kognitiven Verarbeitung von Kanjiwörtern. Frankfurt am Main: Verlag Neue Wissenschaft.

Epstein, M. (2000). Gedanken ohne Denker. Das Wechselspiel von Buddhismus und Psychotherapie. Frankfurt am Main: Wolfgang Krüger. (Im Original erschienen 1995: Thoughts Without a Thinker).

Eshun, H. (1993). Ein Modell zur Selbstinterpretation der Japaner - „Intersubjekt“ und „Zwischensein“. In: Jens Heise (Hrsg.), Die kühle Seele. Selbstinterpretation der japanischen Kultur (138-147). Frankfurt/Main: Fischer.

Greif, S. (2008). Coaching und ergebnisorientierte Selbstreflexion: Theorie, Forschung und Praxis des Einzel- und Gruppencoachings. Göttingen: Hogrefe.

Hofstede, G. (2001). Lokales Denken, globales Handeln. Interkulturelle Zusammenarbeit und globales Management. München: Deutscher Taschenbuch Verlag.

James, T. & Woodsmall, W. (2006). Time Line: NLP-Konzepte zur Grundstruktur der Persönlichkeit. (6. Aufl.). Paderborn: Junfermannsche Verlagsbuchhandlung GmbH & Co. KG.

Jumpertz, S. (2007). Von beredtem Schweigen und schwachen Signalen. Coaching mit Japanern. managerSeminare,112 (7), S. 22-26.

Kevenhörster, P. & Pascha, W., Shire, K. (2010). Japan. Wirtschaft – Gesellschaft – Politik. Wiesbaden: WS Verlag für Sozialwissenschaften.

Kuhnert, I. (2004). Business with the Japanese. Offenbach: Gabal.

Palmer T. & Arnold, V. J. (2009). Coaching in Middle East. In: Jonathan Passmore (Hrsg.), Diversity in Coaching. Working with gender, culture, race and age (110-126). London: Kogan Page.

Passmore; J. (2009). Diversity in Coaching. Working with gender, culture, race and age. London: Kogan Page.

Petzold, I. & Ringel, N., Thomas, A. (2005): Beruflich in Japan. Trainingsprogramm für Manager, Fach- und Führungskräfte. Göttingen: Vadenhoeck & Ruprecht.

Reynolds, D. K. (1994). Die stillen Therapien. Japanische Wege zu persönlichem Wachstum. Essen: Synthesis Verlag.

Rogers, C. (2012). Die klientenzentrierte Gesprächspsychotherapie. (19. Aufl.). Frankfurt/M.: Fischer Taschenbuch Verlag.

Rosinski, P. (2003). Coaching Across Cultures: New tools for leveraging national, corporate, and professional differences. London: Nicholas Brealey Publishing.

Rowland, D. (2010). Japan-Knigge für Manager. (4. Aufl.). Frankfurt/Main: Campus.

Tanaka, T. (2009). Coaching in Japan. In: Jonathan Passmore (Hrsg.), Diversity in Coaching. Working with gender, culture, race and age (147-165). London: Kogan Page.

Van de Wetering, J. (2009). Der leere Spiegel/Reine Leere. Erfahrungen eines Zen-Schülers. Köln: Anaconda.

5. Über den Autor

Seit wann coachen Sie?

Ich coache seit über 20 Jahren Kunden aus verschiedenen Kulturkreisen. Viele meiner Kunden kommen aus Asien, wo nicht der einzelne Mensch im Mittelpunkt steht, sondern das Team, für das er arbeitet. Dies hat Folgen für das soziale Miteinander, für das Selbstbild, für das Rollenverständnis und damit auch für das Coaching und den Coach. Wenn ich mich in Asien vorstelle, stehe nicht ich im Mittelpunkt, sondern meine Firma. Ich arbeite als Asien-Experte für Böning-Consult, welches als Human Ressource Management- und Unternehmensberatung auf nationaler und internationaler Ebene Unternehmen/Organisationen berät (auch seit 25 Jahren im Bereich Business Coaching). Ich verfüge über Expertise in interkulturellen Projekten, u.a. bei der Vorbereitung von Managern auf Asien. Hierbei kann Coaching – wenn es kulturadäquat erfolgt – ein wichtiges Instrument sein.

Welche Coaching-Ausbildung haben Sie?

Ein guter Coach zeichnet sich durch eine professionelle Coaching-Ausbildung, durch ein breites Fachwissen und durch Erfahrungen aus. Zusätzlich sollte er seine Kompetenzen ständig im Sinne seiner Professionalität weiterentwickeln.

Ich habe eine Coaching-Ausbildung in einem Umfang von 32 Tagen abgeschlossen. Zusätzlich habe ich Weiterbildungen in systemischem Coaching, in Gesprächsführung und Mentoring absolviert und habe mich intensiv mit Transaktionsanalyse (TA) und mit Themenzentrierter Interaktion (TZI) beschäftigt. Ergänzt habe ich diese coachingorientierten Weiterbildungen durch Führungsseminare und durch eine stark selbsterfahrungsorientierte Auseinandersetzung mit Konfliktmanagement. Heute lasse ich mich supervidieren, tausche mich intensiv mit Netzwerkpartnern über meine Herangehensweise im Coaching aus und bilde selbst Coachs bei der E.C.C. European Coaching Company mit aus. Im dvct e.V. (Deutscher Verband Coaching und Training e.V.) entwickle ich als Mitglied der Zertifizierungskommission Verfahren zur Beurteilung der Kompetenz von Coachs – zunehmend auch vor einem interkulturellen Hintergrund.

Mein Fachwissen habe ich im Studium von Psychologie, Japanologie und Betriebswirtschaftslehre erworben sowie in meiner Tätigkeit als Wissenschaftler im Bereich „Sprechen und Sprachverstehen im interkulturellen Kontext" in Deutschland und Japan. Mein Wissen erweitere ich heute als Referent und Teilnehmer auf Kongressen, bei Lehrveranstaltungen an Hochschulen und in coachingbezogenen Forschungsprojekten.

Hintergrunderfahrungen für interkulturelles Coaching sammele ich seit 30 Jahren in meiner Arbeit für Firmen in Deutschland und international, u.a. als mittlere Führungskraft. Ich sammele sie aber auch im täglichen Leben: früher im Fußball und im Aikido, und lange Zeit war ich mit einer Japanerin verheiratet und lebte in Japan.

Die Coaching-Ausbildung alleine hätte nicht genügt, um als Business Coach international arbeiten zu können. Dies ermöglicht erst die Verknüpfung der Ausbildungsinhalte mit meinem Fachwissen und meinen Erfahrungen

Seit wann coachen Sie Klienten aus Japan?

Meine ersten Coaching-Kunden hatte ich 1991 in Japan: die Einkäufer eines japanischen Pharmakonzerns, die auf dem deutschen Markt aktiv werden wollten, sowie den späteren Geschäftsführer Deutschland einer namhaften japanischen Automobilmarke, der sich und sein Team auf seine Aufgabe vorbereiten wollte.

In welchem Kontext arbeiten Sie als Coach mit Japanern?

Meine heutigen japanischen Kunden sind Führungskräfte, die in deutschen, japanischen oder sonstigen internationalen Unternehmen arbeiten. Sie haben oft eine Schnittstellen-Funktion und arbeiten mit nichtjapanischen Kollegen zusammen. Vereinzelt führe ich auch Gespräche mit Ehepartnern japanischer Manager, die in Deutschland leben.

Zu welchen Schwerpunktthemen coachen Sie?

In der Regel geht es um Themen der Zusammenarbeit und des Zusammenlebens vor dem Hintergrund unterschiedlicher kultureller Werte, um Führung, zwischenmenschliche Kommunikation und um Konfliktlösung.

Interkulturelles Coaching in ...

Australien

In diesem Beitrag finden Sie:

1. Coaching in Australien – eine Einführung

von Dr. Julia Milner und Anja Leao

Wie verbreitet ist Ihrer Ansicht nach Coaching in Australien?

Coaching in Australien ist recht weit verbreitet

Coaching ist in Australien relativ weit verbreitet. Es gibt ein breites Spektrum an Coaching-Angeboten sowie -Nachfrage in verschiedenen Bereichen. Anthony Grant von der Universität Sydney beschreibt Coaching in Australien mittlerweile als etabliert („Coaching is now mainstream in Australia", Grant, 2008, S. 93) und Australien als wichtiges Beitragsland für die globale Coaching-Bewegung („Australia is an important contributor to the global coaching movement", Grant, 2008, S. 97).

Es gibt unter den Coachs viele Ein-Personen-Unternehmen, Home Offices als Büro sind weit verbreitet. Coachs sind nicht nur im Business-Bereich vertreten, sondern arbeiten z.B. als Life Coach oder kombinieren Coaching mit Consulting, Training etc. (Clegg et al., 2005).

Der Coaching-Markt ist unreguliert, der Beruf ist nicht geschützt. Theoretisch kann jeder Coaching anbieten oder „Zertifikate" in Coaching ausstellen. Das Angebot an Privatanbietern boomt, diese sind jedoch nicht immer von offizieller Seite aus akkreditiert (z.B. von dem Australian Government Vocational Framework, Grant, 2008). Gleichzeitig gibt es jedoch auch Professionalisierungsbewegungen, z.B. hat „Standards Australia" professionelle Coaching-Richtlinien für Australien herausgegeben und dafür Input von mehreren Industrie-Stakeholdern im Bereich Coaching eingeholt (Standards Australia, 2011). Die weite Verbreitung von Coaching in Australien spiegelt sich auch darin wider, dass es verschiedene Universitäten gibt, die bereits seit einigen Jahren Coaching-Abschlüsse anbieten, z.B. als Graduate Certificate, Diploma oder Master. Die erste Universität in Australien bot im Jahr 2000 einen Abschluss in Coaching Psychology an. Daneben gibt es verschiedene kürzere Programme und Universitäten mit unterschiedlichen Schwerpunkten, wie z.B. Business Coaching. Coachs werden im Business-Bereich häufig über folgende Kriterien ausgewählt: Business-

Erfahrung, Industrie-Erfahrung, Qualifikationen, Coaching-Erfahrung und Coaching-Models/-Prozesse (Burns, 2011). Diese Auswahl ähnelt dem Vorgehen in Deutschland. Hinzu kommen die Nutzung von Netzwerken und die Weiterempfehlung als zusätzliche Kriterien.

Australien als multikulturelles Land

Australien ist ein multikulturelles Land. Ein Viertel der australischen Bevölkerung ist nicht in Australien geboren und ein Fünftel hat Elternteile, die in anderen Ländern geboren und später nach Australien immigriert sind (ABS, 2012). Das heißt, in Coaching-Situationen mag die australische Kultur eine Rolle spielen, gleichwohl können auch andere ethnische Hintergründe von Bedeutung sein. Als Coach sollte man sich dementsprechend darüber im Klaren und eventuell vorbereitet sein. Deutschland ist übrigens auf Platz 10 unter den Top-10-Ländern als Geburtsort außerhalb Australiens verzeichnet, neben Großbritannien, Neu-Seeland, China, Indien, Italien, Vietnam, Philippinen, Südafrika und Malaysia (ABS, 2012).

Für welche Anlässe wird Coaching in Australien eingesetzt?

Unserer Erfahrung nach gibt es unterschiedliche Ansätze für Coaching in Australien und dementsprechend auch diverse Coaching-Richtungen, z.B. Life Coaching, Health-Coaching, Career-Coaching, Executive-Coaching.

Wie ist die gesellschaftliche Sicht auf das Thema?

Nach unserer Einschätzung ist Coaching in der Gesellschaft akzeptiert und es ist nicht ungewöhnlich, einen Coach für verschiedene Lebensbereiche zu engagieren. Australier können mit dem Begriff Coaching etwas anfangen, wobei es unterschiedliche Definitionen gibt. Viele Menschen in Australien kennen Coaching aus dem Sport (der Coach als Trainer).

Wenn es um Business Coaching in Organisationen geht, ist es hilfreich, entweder in einem Coaching-Pool des Unternehmens zu sein oder über gute Netzwerke und Empfehlungen Aufträge zu erhalten. Außerdem gibt es einige Vermittlungsagenturen von Coachs und Trainern.

Vorsicht beim Einsatz von spirituellen Tools für Business Coaching

Business Coaching, bzw. Coaching in Organisationen kann unter Umständen dem Life Coaching-Ansatz kritisch gegenüberstehen bzw. als zwei „unterschiedliche" Welten betrachtet werden. Gerade im Business Coaching-Bereich würden wir deswegen von spirituell anmutenden Tools eher abraten. Im Life Coaching geht es z.B. um die Verbesserung des persönlichen Selbstwertgefühls, des Selbstbewusstseins etc., also insbesondere die persönlichen Kompetenzen oder die Optimierung von

Work-Life-Balance, es kann aber auch mehr der Bereich Health-Coaching im Mittelpunkt stehen, die Verbesserung der sportlichen Fitness sowie die Gewichtsreduktion.

Rollenbilder: Wie würden Sie die typische Beziehung zwischen Coach und Coachee beschreiben?

Coach-Coachee-Beziehung meist auf Augenhöhe

Unserer Erfahrung nach ist die typische Beziehung zwischen Coach und Coachee eine auf Augenhöhe. The Standards Australia (2011, S. 10) definieren Coaching wie folgt: „A collaborative endeavour between a coach and a client (an individual or group) for the purpose of enhancing the life experience, skills, performance, capacities or wellbeing of the client. This is achieved through the systematic application of theory and practice to facilitate the attainment of the coachee's goals in the coachee's context." Demnach unterstützen Coachs in einer kooperierenden Arbeitsweise ihre Klienten auf deren Weg zum Erreichen ihrer Ziele. Zugleich sind verschiedene Coachingstile in Australien wahrnehmbar. Zudem gibt es in Australien auch Coachs, die aus der therapeutischen Ausbildung kommen und von verschiedenen therapeutischen Schulen geprägt sind. Wir kennen einige Kollegen in Australien, die als Familientherapeuten, als Psychotherapeuten oder Gestalttherapeuten ausgebildet sind und sich beruflich in Richtung Coaching entwickelt haben. Wir finden es jedoch wichtig, Coaching gegenüber anderen Ansätzen für den Kunden deutlich zu definieren und abzugrenzen.

In welchen Bereichen mussten Sie das klassische Grundkonzept von Coaching anpassen, um erfolgreich coachen zu können?

Im Vergleich zu einem Coaching in Deutschland fällt uns auf, dass die Eingangsphase des Small Talks etwas mehr Zeit benötigt, bzw. sich der Beziehungsaufbau effektiver gestaltet, wenn die Anwärmphase etwas ausdehnt wird. Gleichwohl kommt es natürlich auf den jeweiligen Klienten an. Dabei können auch die unterschiedlichen Kulturen in Australien eine Rolle spielen.

Grundsätzlich nehmen wir viele Australier als Menschen wahr, die das „Glas halb voll" sehen. Daher scheinen uns gerade Tools und Ansätze aus dem Bereich der Positiven Psychologie, der Lösungsorientierung und Zukunftsausrichtung gut zu funktionieren. Nach unserer Wahrnehmung ist der australische Humor anders als der deutsche. Manchmal ist es für „Nicht-Australier" eher schwierig einzuschätzen, inwieweit das Gesagte ernst zu nehmen oder als humorvoller Kommentar zu sehen ist. Deswegen ist es hilfreich, sich mit dem australischen Stil vorher vertraut zu machen.

2. Passende Coaching-Tools

Passend: Positive Scaling-Tool

Beschrieben von Dr. Julia Milner: Dieses Tool habe ich zusammengestellt aus einer Kombination von Scaling (für Scale Tools siehe auch de Shazer, 1994) und Positiver Psychologie, um insbesondere eigene Stärken auf neue Weise einzusetzen (Kauffman et al., 2010).

Zielgruppe, Themen

Das Positive Scaling-Tool kann für verschiedene Zielgruppen und Themen angewendet werden.

Einsatzziel

Das Scale-Tool ist ein praktisches Instrument, das man in verschiedenen Coaching-Situationen anwenden kann. Klienten können sich über Ziele, Idealzustände und praktische Schritte bewusst werden. Gleichzeitig kann man sich darüber klar werden, wie man eigene Stärken auf ungewohnte Situationen anwenden kann.

Coaching-Phase

Das Scale-Tool ist vor allem in der Arbeitsphase zu empfehlen, man kann es jedoch auch zu Beginn einer Coaching-Einheit zur Bestimmung des Status quo einsetzen. Auch zum Ende des Coachingprozesses ist es gut nutzbar, um weitere konkrete Schritte zu planen.

Funktioniert meist gut, weil ...

Ich habe die Erfahrung gemacht, dass viele australische Kunden den Ansatz der Positiven Psychologie befürworten. Der Schwerpunkt liegt darauf, was gut funktioniert, welche Faktoren zu einem glücklichen Leben führen (Biswas-Diener & Dean, 2007). Da ich in meiner Arbeit in Australien häufig merke, dass das Positive in Situationen betont wird, kann der Ansatz der Positiven Psychologie gut aufgenommen werden. Die klare Richtung der Skala erlaubt hierfür praktische, umsetzbare Schritte. Ein Prozess oder Problem wird in handhabbare praktische Schritte unterteilt und Coaching-Kunden, die ich bisher in Australien erlebt habe, wollen auch klare Resultate aus den Sitzungen mitnehmen.

Dauer

Je nachdem, wie intensiv man die einzelnen Schritte auf der Skala bespricht, kann der Einsatz des Tools zwischen 15 und 90 Minuten dauern.

Voraussetzung/ Vorbereitung

Als Coach sollte man sich die einzelnen Schritte vergegenwärtigen, Papier und Stifte bereithaben.

Beschreibung

Schritt 1: Vorgespräch und Analyse von Stärken

Zunächst sollten im Gespräch Stärken von Klienten besprochen und gefunden werden. Dies kann für manche durchaus schwer sein und bedarf manchmal einer intensiven Reflexion. Hilfreiche Fragen können sein: Was kann ich sehr gut? Für welche Fähigkeiten bekomme ich gutes Feedback von anderen? Welche meiner Fähigkeiten bringt mein Team/ andere Menschen weiter? Steckt der Klient hier fest, können auch Tests durchführt werden, wie z.B. der gebührenfreie VIA Character Strength Test (Peterson & Seligman, 2004; www.authentichappiness.org). Man kann man auch danach fragen, was denn wohl der beste Freund oder jemand, der ihn besonders schätzt und seine Qualitäten kennt, sagen würde. In Bezug auf das Finden von Stärken, kann auch noch eine kulturelle Besonderheit in Australien eine Rolle spielen („Tall-Poppy"-Syndrom), auf diese wird Anja Leao an späterer Stelle genauer eingehen.

Schritt 2: Festlegen des Themas für die Skala

Besprechen Sie mit dem Klienten, für welches Thema die Skala angewendet werden soll. Gute Themen sind häufig solche, bei denen der Kunde einen Endwunsch oder Idealzustand bezeichnen kann, aber sich nicht sicher ist, wie der Weg dorthin aussehen kann. Beispielsweise könnte ein Thema das Verfassen eines professionellen Artikels für die Mitarbeiterzeitschrift sein. Nehmen wir an, Herr Smith (Name geändert) möchte einen Beitrag schreiben, weiß aber nicht, wie er das schaffen soll.

Schritt 3: Optimum definieren

Bitten Sie nun Ihren Klienten, das Optimum zu definieren. Was wäre der Idealzustand? Häufig kann man hier auch mit der abgewandelten Form der Wunderfrage gut arbeiten: *„Nehmen wir an, Sie kommen nächste Woche wieder zur Coaching-Sitzung und sagen mir, jetzt ist es eine ‚10' (der Idealzustand), alles ist wunderbar gelöst und geschafft. Was wäre in der Zwischenzeit passiert? Können Sie das bitte genauer beschreiben?"* Manche Kunden finden eine „10" unrealistisch und beschreiben eine „9" als ihren Idealzustand, weil alles immer noch besser sein könnte. Das ist natürlich völlig in Ordnung, dann lassen Sie die Klienten die „9" definieren.

Schritt 4: Status quo definieren

Bei diesem Schritt gilt es auf einer Skala von 1-10 herauszufinden, wo der Kunde gerade steht. Für Herrn Smith ist momentan nur das Thema klar und etwas Grundwissen liegt vor. Deshalb ordnet er sich auf einer „3“ in der Skala ein. Stellen Sie nun als Coach vertiefende Fragen: *„Was ist schon alles da, sodass es eine ‚3‘ und z.B. keine ‚2‘ ist? Können Sie das bitte genauer beschreiben, können Sie mir bitte ein Beispiel geben?“* Etc.

Schritt 5: Schritte nach oben definieren und Stärken einsetzen

Nun geht es darum, die Schritte vom Status quo nach oben hin zu definieren. Fangen Sie mit kleinen Schritten an, also was müsste passieren, um von einer „3“ auf eine „4“ zu kommen? *„Stellen Sie sich vor, wir würden uns nächste Woche treffen und Sie sagen zu mir, super, jetzt bin ich auf einer ‚4‘. Was wäre passiert? Wie sind Sie dort hingekommen? Welche Ihrer Stärken könnten Sie bewusst für diese neue Situation einsetzen? Wie könnten Sie z.B. ihre Stärke xy nun für die jetzige Situation einsetzen?“*

Sie können alle Stufen bis zur „10“ definieren oder, wenn die Zeit knapp ist, größere Sprünge vornehmen. Dem Kunden sollte dabei klar werden, wie man Schritt für Schritt zum Ziel kommen kann und wie die eigenen Stärken dabei eingesetzt werden können.

Auch eine Rückwärtsarbeit von 10 herunter kann bei manchem Klienten hilfreich sein. Dann würde die Frage lauten: *„Wenn bei ‚10‘ der Optimalzustand folgendermaßen aussieht, wie sieht dann eine ‚9‘ aus? Was ist bei ‚9‘ bereits da, geschafft, erreicht, was aber noch nicht die ‚10‘ bedeutet? Und was ist bei ‚8‘ vorhanden, was die ‚7‘ gerne hätte?“* Diese Kombination hat je nach Fragestellung manchmal einen humorvoll-paradoxen Anklang, wird aber oft sehr positiv von den Klienten beantwortet.

Schritt 6: Abschluss

Am Ende frage ich die Klienten immer, ob und welche Schritte sie bis zur nächsten Coaching-Sitzung oder bis zu einem anderen Zeitpunkt unternommen haben wollen. Dabei würde ich, je nach Klient, eher kleine Schritte empfehlen, da ein Erfolgserlebnis häufig zum Weitermachen anspornt. Wenn man sich zu viel auf einmal vornimmt, könnte eine Enttäuschung vorprogrammiert sein.

Ein Beispiel

Bleiben wir bei dem Fallbeispiel von Herrn Smith. Er hat einen technischen Hintergrund und ist von seinem Vorgesetzten gefragt worden, einen Beitrag über virtuelle Teamarbeit für die Mitarbeiterzeitschrift zu schreiben. Obwohl er mit virtueller Teamarbeit Erfahrungen gesammelt hat, fällt es ihm zunächst sehr schwer, den Artikel anzugehen. Als seine Stärken nennt er Neugierde, seine verbale Kommunikationsfähigkeit, strategisches Vorgehen und Planungsqualitäten sowie schnelle Anpassungsfähigkeit. Die beschriebenen Schritte des Skalen-Tools werden durchgeführt und Herr Smith füllt die Skala wie folgt aus:

Thema:
Erstellen eines Artikels zum Thema virtuelle Teamarbeit für die Mitarbeiterzeitschrift

10 – Der Artikel ist fertig geschrieben und angenommen worden. Ich lege den Artikel meinem Boss auf den Tisch.
9 – Ich könnte Feedback von Kollegen einholen und ihnen den Artikel zum Lesen geben. Meine Stärke der verbalen Kommunikation könnte hier wieder zum Tragen kommen.
8 – Nun würde ich den Artikel überarbeiten. Wieder schnelle Anpassungsfähigkeit einsetzen und Verbesserungen vornehmen.
7 – Ich könnte einen ersten Entwurf schreiben. Da ich mich schnell an neue Situationen anpassen kann, könnte ich diesen Schritt als Herausforderung anstatt als negative Aufgabe sehen.
6 – Meine Stärke „strategisches Vorgehen und Planung“ könnte ich nun auf dieser Stufe einsetzen, um einzelne Bereiche und Überschriften für den Artikel festzulegen.
5 – Ich könnte ein Brainstorming durchführen und alle Ideen für den Artikel aufschreiben. Meine Stärke „Neugierde“ könnte mir dabei helfen, meinen Perfektionismus zur Seite zu legen und einfach nur mal erste Punkte zu sammeln.
4 – Um eine Stufe weiter nach oben zu kommen, müsste ich vielleicht konkrete Ideen für das Thema sammeln. Als Stärke könnte ich meine verbale Kommunikation einsetzen und mich mit den Kollegen aus meinem virtuellen Team unterhalten und sie fragen, wie sie die Zusammenarbeit empfunden haben.
3 – Im Moment bin ich auf der Stufe „3“. Ich habe Erfahrung mit virtueller Teamarbeit gesammelt, weiß also etwas über das Thema. Ich habe aber keine Ahnung, wie ich das zu Papier bringen soll.
2 – Diese Stufe hatte der Klient bereits hinter sich gelassen.
1 – Diese Stufe hatte der Klient bereits hinter sich gelassen.

Als Coach würde ich auf jeder Stufe immer wieder nachfragen: *„Welche Stärken könnten Sie wie für diesen Schritt einsetzen?“* Hat der Klient die Skala ausgefüllt, können dann auch konkrete Aktionen bis zur nächsten Coaching-Sitzung vereinbart werden, z.B. arbeitet Herr Smith an den Stufen 4 und 5 bis zu unserem nächsten Treffen.

Mögliche Probleme

Manche Klienten finden es schwierig, sich über die eigenen Stärken bewusst zu werden und zum Teil kann dafür sogar eine Extra-Coaching-Sitzung benötigt werden (siehe hierzu für den australischen Kontext auch das Tool von Anja Leao). Zudem brauchen manche Kunden mehr Zeit zum Nachdenken, um sich darüber klar zu werden, was nun ein Schritt nach oben auf der Skala für sie bedeuten würde. Als Coach sollte man sich vorher ein paar Fragen zurechtlegen, die man unterstützend einbringen kann. Auch kann es passieren, dass die „Leiter" am falschen „Gebäude" steht, dass man intensiv an den Schritten arbeitet, wobei sich vielleicht die „10", also der Idealzustand, bereits geändert hat. Der Coach sollte deswegen gerade am Anfang bei der Wahl des Themas nicht zu schnell vorgehen und ab und zu sicherstellen, dass es noch das wichtige und richtige Thema ist, an dem gearbeitet wird.

Passend: „Action versus Wants"-Tool

Beschrieben von Julia Milner (auch „AvW-Tool" genannt).

Zielgruppe, Themen

Das „AvW-Tool" funktioniert besonders gut für den Karrierebereich, entweder um eine aktuelle Stelle besser zu gestalten oder um sich klar zu werden, welche und wie eine neue Karriererichtung eingeschlagen werden könnte.

Einsatzziel

Das Ziel des „AvW-Tools" ist es, anhand von vier Feldern die eigenen Vorlieben und Abneigungen zu klären und Tätigkeiten herauszukristallisieren, aus denen dann konkrete Schritte abgeleitet werden können.

Coaching-Phase

Ich würde das „AvW-Tool" in der Arbeitsphase anwenden. Vertrauen sollte aufgebaut und das Ziel des Coachingprozesses klar sein.

Funktioniert meist gut, weil ...

Das „AvW-Tool" ist praktisch und zielorientiert. Meiner Erfahrung nach funktioniert dieses Tool gut im australischen Kulturkreis, da es zum einen um Selbstreflexion geht und zum anderen konkrete Schritte, bzw. Entscheidungen abgeleitet werden können.

Dauer

Wenigstens 30 Minuten, je nachdem, ob und wie intensiv man auch weitere Schritte oder Schlussfolgerungen bespricht.

Voraussetzung/ Vorbereitung

Als Coach sollte man sich die einzelnen Schritte vergegenwärtigen, Papier und Stifte bereithaben.

Beschreibung

Bei dem „AvW-Tool" geht es darum, die vier unten stehenden Felder auszufüllen. Wendet man dies auf eine Karrieresituation an, dann behandeln die vier Felder folgende Aspekte:

Actions versus Wants

	Want to do	**Do not want to do**
Doing	**Feld 1** (Aspekte, die man momentan im Job macht und die man gerne tut, die einem gefallen.)	**Feld 2** (Aspekte, die man momentan macht, die einem aber nicht gefallen.)
Not doing	**Feld 3** (Aspekte, die man nicht macht, aber gerne tun würde.)	**Feld 4** (Aspekte, die man nicht macht und auch nicht gerne tun würde.)

Als Coach ist es hilfreich, Fragen zu stellen, die verschiedene Bereiche betreffen können. Das heißt, das Wort „doing" oder „machen" kann sich auf mehr beziehen, als nur auf Tätigkeiten selbst. Wenn es um die Karriere geht, kann es sich z.B. um Aufgaben handeln, um die Organisationskultur, um das Team, den Standort, die Aufstiegsperspektiven etc. Man kann z.B. fragen: *„Wie sieht es mit der Organisationkultur aus?"*

Ein Beispiel

Claire kommt zu mir in die Coaching-Sitzung. Sie ist eine junge Frau, arbeitet im Bereich Marketing und ist unzufrieden mit ihrer aktuellen beruflichen Situation, weiß aber nicht, was sie anders machen soll. Um genau herauszufinden, was sie momentan stört, was sie ändern, aber auch beibehalten will, wende ich das „AvW-Tool" an. Sie füllt die folgenden vier Felder aus und ich unterstütze sie durch aktives Nachfragen. *„Kannst Du das bitte genauer erklären, was meinst Du damit, hast Du vielleicht ein Beispiel dafür?"* Die folgende Grafik stellt einen Auszug dar. Generell würde ich Kunden ausreichend Zeit geben, um die Punkte aufzuführen, die ihnen wichtig erscheinen.

	Want to do	**Do not want to do**
Doing	**Feld 1** Ich mag das strategische Vorgehen meiner Arbeit. • Mehr davon • Alternative Job-Ideen	**Feld 2** Die Überstunden sind sehr heftig. • Klärungsgespräch mit dem Chef
Not doing	**Feld 3** Der Kontakt mit Kunden und anderen Mitarbeitern fehlt mir. • Job-Anreicherung • Projekte, die diesen Wunsch integrieren	**Feld 4** Ich bin froh, dass ich nicht viel Zeit in superlangen, nicht effektiven Meetings verbringen muss, das würde ich gerne beibehalten. • Wie gut, dass ich weiß, was ich nicht will!

Nachdem Claire verschiedene Punkte für sich reflektiert hat, schauen wir uns die Felder an und entwickeln erste Ideen und Schritte, wie ihr zukünftiger Job aussehen kann. So kommen mehrere Alternativen zustande. Sie könnte erstens mit ihrem Vorgesetzten sprechen und schauen, dass sie z.B. mehr Aufgaben aus Feld 3 übernehmen und die aus Feld 2 reduzieren kann. Gleichzeitig kann sie nun auch klar ausdrücken, was ihr an ihrem jetzigen Job gefällt, sodass die zweite Variante, sich eine neue Karriereperspektive zu schaffen, von ihr für die nächsten drei Monate zurückgestellt wird. Danach will sie noch mal Bilanz zu ziehen.

Mögliche Probleme

Manchen Klienten fällt es zunächst schwer, zu reflektieren, welche anderen Aspekte, neben den inhaltlichen Tätigkeiten, relevant für die persönliche Job-Zufriedenheit sind. Deswegen kann es unter Umständen helfen, vorher ein Brainstorming durchzuführen. Also: *„Welche Aspekte sind für Dich wichtig, um zufrieden im Job zu sein?"*

3. Kritische Coaching-Tools

Das Herausarbeiten von persönlichen Stärken und besonders auch die Darstellung dieser Stärken im Sinne von Selbstmarketing ist nicht immer einfach. In diesem Zusammenhang ist uns eine kulturelle Besonderheit in Australien aufgefallen, weswegen im Folgenden ein Coaching-Tool beschrieben wird, das in Australien z.T. angepasst werden musste. Gleichwohl soll erwähnt sein, dass sich selbst dieses Tool bei einigen Australiern erfolgreich einsetzen ließ. Dabei erklären vielleicht die multikulturellen Wurzeln der Bevölkerung eine solche unterschiedliche Resonanz des Tools.

Kritisch: Fähigkeiten-/Kompetenzanalyse + Selbstmarketing

Beschrieben von Anja Leao.

Zielgruppe, Themen

In der Regel werden mit diesem Tool Führungskräfte bei ihrer Karrieregestaltung begleitet.

Einsatzziel

Das Ziel ist es, sich der eigenen Fähigkeiten und Kompetenzen bewusst(er) zu werden und diese gezielt herauszuarbeiten, um auf dieser Basis einen eigenen Entwicklungs- und Karriereplan (weiter) zu entwickeln. Außerdem geht es darum, sich gezielt und konstruktiv mit eben diesem Plan zu positionieren und sich berufliche Chancen zu sichern, also sich gut selbst zu vermarkten.

Coaching-Phase

Grundsätzlich ist die Erarbeitung von Fähigkeiten und Kompetenzen während jeder Phase des Coachingprozesses hilfreich.

Funktioniert weniger gut, weil ...

Das Herausarbeiten der eigenen Stärken und Fähigkeiten kann je nach kulturellem Hintergrund des Klienten herausfordernd sein.

Dauer

Je nach Methodik voraussichtlich zwischen 15-90 Minuten. Sabine Asgodom hat eine Methodik veröffentlicht, auf die hier hingewiesen werden soll (Asgodom, 2012), allerdings gibt es eine große Anzahl weiterer Tools zur Erarbeitung von Fähigkeiten.

Voraussetzung/ Vorbereitung

Keine besonderen Voraussetzungen erforderlich.

Beschreibung

Schritt 1

Mit dem Klienten wird das Ziel geklärt und welches Resultat ein gutes Ergebnis für die Coaching-Sitzung darstellen würde. Außerdem wird die Problematik, die der Klient mitbringt, geklärt.

Schritt 2

Es folgt eine Einführungserklärung an den Klienten, wieso die Analyse von Stärken und Fähigkeiten hilfreich zur Lösungsunterstützung ist.

Stärken und Fähigkeiten sind die eigenen, bereits vorhandenen Ressourcen, die der Klient nutzen kann, um eine schwierige Situation gut meistern zu können. Oft ist es jedoch so, dass der Klient, wenn er sich gerade in einer schwierigen Situation befindet, die eigenen Ressourcen nicht abrufen und zur Hilfe heranziehen kann. Der Coach hilft in der Klärungsphase, diese Fähigkeiten und Stärken zu analysieren und auch Situationen in Erinnerung zu rufen, in denen der Klient diese hilfreich eingesetzt hat und damit erfolgreich war. Wenn diese Situationen und Fähigkeiten erst einmal klar sind, können sie gut auf die Problematik des Klienten übertragen und neue Lösungen entwickelt werden. Den gesamten Coachingprozess bezeichnet man auch als „lösungsorientiertes Kurzzeit-Coaching“ (Meier & Szabo, 2008; Berg & Szabo, 2005).

Schritt 3

Die eigentliche Identifikation der Stärken und Fähigkeiten kann über verschiedene Methoden analysiert werden, entweder über ein strukturiertes Interview oder auch über eine vorab vorbereitete Liste, die ausgefüllt wird (Asgodom, 2012). Der Kompetenz-Check eignet sich ebenfalls (Landwehr, 2007), in dem die Kompetenzen gemeinsam mit dem Klienten in einem persönlichen Kompetenz-Diagramm gesammelt werden. Dieses wird in die Schwerpunkte „persönliche, soziale und fachliche Kompetenz“ unterteilt und ist visuell sehr anschaulich.
Um die Kompetenzen genauer unterteilen und verstehen zu können, kann zur ergänzenden Erklärung auch gut der Baum der „Emotionalen Kompetenz“ genutzt werden (Leao & Sass-Schreiber, 2011).

Schritt 4

Hier finden die Überlegungen statt, inwieweit sich diese Fähigkeiten hilfreich zur Lösung der in Schritt 1 beschriebenen Thematik einsetzen lassen.

Es gibt unendlich viele weitere Möglichkeiten, Fähigkeiten und Kompetenzen von Klienten zu analysieren. Mir geht es in dieser Thematik weniger um die Beschreibung des Tools an sich, als um die kulturelle Erkenntnis. Die nun beschriebene Problematik lag nicht an der Wahl des richtigen oder falschen Tools, sondern an einer kulturellen Besonderheit, die mir zunächst nicht klar bewusst war.

Konkretes Beispiel

Wie Julia Milner bereits beschrieben hat, kann sich das Herausarbeiten der eigenen Fähigkeiten und Stärken manchmal als nicht ganz einfach darstellen. Das ist sicher nicht nur ein Kulturspezifikum Australiens, auch in Deutschland fällt es vielen Menschen nicht so leicht, die eigenen Fähigkeiten zusammenzutragen oder über diese explizit zu sprechen. In Australien ist es mir jedoch mehrfach aufgefallen, dass es besonders schwer zu sein schien, und das bei den ansonsten zu sehr vielen Themen entspannten und freudvollen Australiern. Das wunderte mich doch sehr.

Noch herausfordernder wurde die Coaching-Session, als es darum ging, im Sinne von Selbstmarketing zur Stärkung der eigenen Position in einer Company oder zur Intensivierung der Karriere die eigenen Fähigkeiten bestmöglich zu präsentieren und sich angemessen zu positionieren (Wehrle, 2010). Mich wunderte das sehr, erschien mir doch diese Situation zäh und schwierig.

Ich analysierte die Sitzung und bat um Feedback. Die Antworten waren in etwa: *„Es ist ungewohnt, über meine Stärken zu sprechen, ich habe darüber auch noch nicht so nachgedacht oder oft gesprochen.“*

Dann sprach ich mit einer Kollegin, die seit ca. 25 Jahren in Australien lebt und ebenfalls als Trainerin und Coach dort arbeitet. Sie meinte, ob ich schon mal von dem „Tall-Poppy“-Syndrom gehört hätte. Ich verneinte. Sie erklärte mir, dass es ein kulturspezifisches Symptom in Australien sei, dass man sich innerhalb eines Teams, aber auch innerhalb von Organisationen überhaupt sehr teamkonform verhalten würde. Jeder, der zu weit ausschere oder sich zu proaktiv hervorhebe, stünde in dem Risiko, „abrasiert“ zu werden, wie die „Tall Poppies“, die aus dem Kornfeld hervorragen und daher „abgemäht“ werden. Die

Tendenz in Australien sei stark teamausgeprägt im positiven Sinne. Einzelkämpfer, die sich individualistisch hervortun, würden weniger geschätzt.

Mit dieser Erkenntnis bewaffnet veränderte ich meine Formulierung. Wenn es von da an um die Analyse von Fähigkeiten, Stärken, Kompetenzen, etc. ging, verwandte ich immer Formulierungen wie: *„Welche Stärken, die Du mitbringst, können im Sinne des Erfolgs für das gesamte Team eingesetzt werden?“* Oder: *„Welche Deiner Fähigkeiten benötigt Dein Team insbesondere, damit es die gesamte Kraft auf ein bestmögliches Ergebnis ausrichten kann?“* Oder: *„Welche Fähigkeiten werden in Deinem Team/Deiner Organisation insbesondere benötigt, um erfolgreich zu sein und welche davon bringst Du mit, die dem großen Ganzen dienen?“*

Ab da hatte ich wesentlich weniger Schwierigkeiten mit der Analyse der Stärken und Fähigkeiten eines Klienten. Ähnlich arbeitete ich, wenn es um das Thema „Selbstmarketing, eigene Positionierung“ ging. Es war immer wichtig, dass für die Klienten das große Ganze, der Erfolg des Teams im Vordergrund stand und die eigenen Fähigkeiten ein hilfreiches Mittel zum Zweck darstellten. Damit kamen sie gut klar.

Mögliche Ursachen für die Problematik

Die Erklärung beschreibt vermutlich sehr gut, wieso die ausgeführte Coaching-Vorgehensweise zur Identifikation von Fähigkeiten schwierig sein kann. Wenn diese Beschreibung stimmt, dann kann ein Herausarbeiten der eigenen Fähigkeiten und noch ausgeprägter die Überlegung, wie diese gut nach außen im Sinne von Selbstmarketing positioniert werden können, u. U. kontraproduktiv sein und es könnte im australischen Kontext zum Teil als destruktives Teamverhalten wahrgenommen werden (Lewis, 2006).

Es geht in Australien sehr stark darum, die Familien, Gemeinden, Vereine und auch Organisationen, in denen man aktiv und tätig ist, zu unterstützen und als Gemeinschaft voranzukommen, da man viel mehr als in Europa auf die Unterstützung des Einzelnen angewiesen ist.

Vielleicht macht das noch ein weiteres Beispiel deutlich: Als ich das erste Mal mit dem Auto um die Melbourner Bucht an der Ocean-Road oder auch durch das Hinterland fuhr, fiel mir auf, dass es alle paar hundert Meter ein Schild gibt, auf dem „Neighbourhood watch“ steht (siehe Foto auf der Folgeseite, oberstes Schild).

Ich fragte mich, was das wohl für „Überwachungsmethoden“ sind. Doch die Häufung machte mich so neugierig, dass ich mich alsbald bei mei-

Abb.: „Neighbourhood watch".

nen Nachbarn erkundigte, was diese Schilder zu bedeuten hätten. Und die Erklärung war sehr einfach: *„Wir brauchen einander und die gegenseitige Hilfe und Achtsamkeit, denn das Land ist so groß und die Gefahren immer noch vielfältig, dass im Zweifel das eigene Leben von der Achtsamkeit des anderen abhängig sein kann."* Geht jemand in Australien an einem 10 km langen Strand schwimmen, kann es sein, dass sich an dem gesamten Strand 20 Menschen befinden. Wenn jemand im Wasser Schwierigkeiten hat, dann kann die Achtsamkeit von Einzelnen auch Leben retten. Dasselbe gilt für Nachbarschaftshilfe: Wenn die Nachbarn einander ein paar Tage nicht sehen und z.B. wissen, dass jemand schwanger ist, gesundheitliche Probleme hat oder allein ist und im Zweifel niemand merkt, ob jemand verletzt irgendwo liegt oder von einer Schlange oder Spinne vergiftet wurde, dann klingeln die Nachbarn und prüfen, ob alles in Ordnung ist. Es handelt sich schlicht um ein achtsames Miteinander. Und dies geht vermutlich einher mit Verhaltensweisen von Integration und Partizipation, „Teil von etwas zu sein", aber nicht, sich hervorzutun als ein Besonderer vor anderen.

Diese Darstellung entbehrt vermutlich der wissenschaftlichen Belegbarkeit, entspricht jedoch sehr stark auch meinem eigenen Erleben und dem von mehreren deutschen Kollegen in Australien über mehrere Jahre und hat mir, nachdem ich von dem „Tall-Poppy"-Syndrom erst mal gehört hatte, sehr verständlich erklärt, wieso ich mit der Fähigkeitenanalyse und dem Selbstmarketing irgendwie nicht wirklich weiterkam in Karriere-Coaching-Sessions, sehr wohl aber mit „systemischen Methoden", die dem Beteiligten halfen, jeweils Bedarf und Sichtweisen aller Beteiligten zu einer Situation oder Problematik mit einzubeziehen.

4. Hilfestellungen

Zentrale Aspekte für den Erfolg von Coaching in Australien

- In einem Coaching in Australien ist immer zu berücksichtigen, dass unterschiedliche Kulturen Einfluss in die persönliche Entwicklung und Prägung genommen haben können.
- Wir haben beide gute Erfahrungen mit dem Einsatz von positiv formulierten, lösungsorientierten, zukunftsorientierten und praktischen Ansätzen gemacht, denn in Australien wird häufig „das Glas eher halb voll als halb leer" wahrgenommen.
- Vor allem im Business Coaching-Bereich würden wir von spirituellen Tools eher abraten.
- Auch ist der australische Humor unserer Wahrnehmung nach anders als der deutsche. Wir haben Australier erlebt, die gerne mal ironisch sind. Gerade wenn Englisch nicht die Muttersprache ist, kann es schwierig sein festzustellen, inwieweit das Gesagte ernst gemeint oder als humorvoller Kommentar zu sehen ist. Wir würden nicht unbedingt vom Einsatz von Humor im Coaching abraten, allerdings ist es hilfreich, sich mit dem australischen Stil vorher vertraut gemacht zu haben.
- Trotz des Bekanntheitsgrades von Coaching ist es hilfreich, im Eingangsgespräch deutlich klarzustellen, was das eigene Coachingverständnis als Coach ist – und was Coaching leisten kann und was nicht. Wir haben die Erfahrung gemacht, dass es in Australien begrüßt wird, wenn Sie sich bemühen, ein gemeinsames Verständnis von Beginn an zu erzeugen – man schätzt den Stellenwert von Internationalität und Interkulturalität. Eine Vorgehensweise, die bei der Auftragsklärung diese Gesichtspunkte berücksichtigt, wird positiv wahrgenommen.

Literaturhinweise, Quellen

Australian Bureau of Statistics (2012). Reflecting a Nation: Stories from the 2011 Census – Cultural Diversity in Australia. Catalogue No. 2071.0 Verfügbar unter: http://www.abs.gov.au/ausstats/abs@.nsf/Lookup/2071.0main+features902012-2013 [zugriff am 28.08.2012].

Asgodom, S. (2012). So coache ich. 25 überraschende Impulse, mit denen Sie erfolgreicher werden. München: Kösel-Verlag.

Berg, I.K. & Szabo, P. (2005). Brief Coaching for lasting solutions. New York: Norton & Co.

Biswas-Diener, R. & Dean, B. (2007). Positive psychology coaching: Putting the science of happiness to work for your clients. Hoboken, NJ US: John Wiley & Sons Inc.

Burns, D. (2011). Trends in the Australian Coaching Industry: How do the buyers of coaching services find, select and remunerate Coachs? MBC (Master of Business Coaching) Research, University of Wollongong.

Clegg, S. & Rhodes, C., Kornberger, M., Stilin, R. (2005). Business coaching: Challenges for an emerging industry. Industrial and Commercial Training, Vol. 37, S. 218 – 223.

de Shazer, S. (1994). Words were originally magic. New York: Norton & Co.

Grant, A. M. (2008). Coaching in Australia: The view from the Ivory Tower. Coaching: An International Journal of Research, Theory and Practice 1, S. 29-45.

Kauffman, C. & Boniwell, I., Silberman, J. (2010). The Positive Psychology Approach to Coaching. In: E. Cox, T. Bachkirova & D. Clutterbuck (Eds.), The Complete Handbook of Coaching (155-171). London: Sage.

Lewis, R. D. (2006). When cultures collide. Managing successfully across cultures. London: Nicholas Brealey Publishing.

Landwehr, N. (2007). Kompetenz-Check, In: C. Rauen (Hrsg.), Coaching-Tools II. Erfolgreiche Coachs präsentieren Interventionstechniken aus ihrer Coaching-Praxis (S. 143-148). Bonn: ManagerSeminare Verlag.

Leao, L. & Sass-Schreiber, G. (2011). EQ-Tools. Die 42 besten Führungswerkzeuge zur Entwicklung von emotionaler Intelligenz Bonn: managerSeminare.

Meier, D. & Szabo, P. (2008). Coaching – erfrischend einfach. Einführung ins lösungsorientierte Kurzzeitcoaching. Luzern: SolutionSurfers GmbH.

Peterson, C. & Seligman, M. (2004). Character strengths and virtues: A handbook of classification. Washington, DC: American Psychological Association.

Standards Australia (2011). Standards Australia Guidelines for Coaching in Organizations.

Wehrle, M. (2010). Das Gold der Kompetenzen schürfen. In: Wehrle, M.: Die 100 besten Coaching-Übungen (S. 220-232). Bonn: managerSeminare.

www.AuthenticHappiness.org [Zugriff am 20.06.2012].

5. Über die Autorinnen

Seit wann coachen Sie?

Dr. Julia Milner: Seit 2004 arbeite ich im Trainings- und Coaching-Bereich.

Anja Leao: Ich arbeite seit 1998 als Coach, zunächst u.a. als Personal- und Organisationsentwicklungsleiterin auch intern coachend, seit Anfang 2004 als selbstständiger Coach, Trainerin, Moderatorin und Prozessbegleiterin für Veränderungsprozesse.

Welche Coaching-Ausbildung haben Sie?

Dr. Julia Milner: Zunächst habe ich auf Magister BWL, Kommunikationswissenschaften, Rechtswissenschaften sowie Medien & Öffentlichkeitsarbeit studiert und danach meine Doktorarbeit in Kommunikationswissenschaften geschrieben. Zudem Studium (M.A.) in Business Coaching & Change-Management, Studium sowie eine praktische Ausbildung in Coaching und Moderation, Graduate Certificate in Higher Education (in Australien) und weitere Aus- und Fortbildungen, z.B. Fernsehmoderation. „Deutscher Coaching Award" 2010 (Kategorie unter 35 Jahren).

Anja Leao: Siehe unter: Coaching in Deutschland und UK.

Seit wann coachen Sie Klienten im Kulturkreis Australien?

Dr. Julia Milner: Zwischen 2005 und 2008 war ich für mehrere Forschungsaufenthalte in Australien, seit ca. vier Jahren lebe und arbeite ich „down under", bin aber auch mehrmals im Jahr für Projekte in Europa.

Anja Leao: Ich komme aus Deutschland, habe dort, in UK und in Australien gelebt und gearbeitet und lebe mittlerweile wieder in Deutschland. Seit ca. 15 Jahren coache ich mit Schwerpunkt in großen, international operierenden Unternehmen verschiedender Branchen. In Deutschland außerdem in privat geführten, mittelständischen Unternehmen, die sowohl national wie auch international agieren.

In welchem Kontext arbeiten Sie als Coach mit Australiern?

Dr. Julia Milner: In Australien coache ich vor allem in Melbourne und Sydney, arbeite mit Organisationen und Individuen zusammen, entwickle und führe Trainingskonzepte durch, z.B. „Manager- & Coaching-Skills". Zusätzlich lehre und forsche ich im Bereich Coaching an mehreren Universitäten, u.a. an der Sydney Business School im „Master of Business Coaching"-Studiengang. In diesem Zusammenhang habe ich auch zwei Coaching-Studiengänge mit konzipiert und entwickelt. Präsentationen auf Konferenzen und Keynotes, zahlreiche wissenschaftliche und professionelle Veröffentlichungen im Bereich Coaching.

Anja Leao: Schwerpunkte im Coaching sind Einzelcoachings von Executives und Senior Executives sowie auch von ausgewählten „High Potentials", die auf zukünftige Tätigkeiten gezielt durch Coaching begleitet und vorbereitet werden sollen. Industrie- und Branchenschwerpunkte sind u.a. die Automobilindustrie sowie die Automobilzulieferer-Industrie, die Energiebranche, die IT-Branche, Beratungsbranche und Modeindustrie.

Zu welchen Schwerpunktthemen coachen Sie?

Dr. Julia Milner: Meine Schwerpunkte sind Executive Coaching, Leadership (z.B. Managerial Coaching), Karriere-Coaching, Business Coaching, Work-Life-Balance.

Anja Leao: Siehe unter: Coaching in Deutschland und UK.

Interkulturelles Coaching in ...

China

In diesem Beitrag finden Sie:

1. Coaching in China – eine Einführung

von Aniko Willems

Wie verbreitet ist Ihrer Ansicht nach Coaching in China?

China ist ein Land der Vielfalt in vieler Hinsicht. Daher wird man dem Land nicht gerecht, wenn man über „die Chinesen" oder „das China" spricht. Es gibt allerdings gemeinsame „Tendenzen", die für das Coaching wichtig sind, die später weiter ausgeführt werden.

Widersprüche können nebeneinander existieren

In den letzten 20 Jahren hat China eine rasante Entwicklung durchgemacht und führt sie auch weiter. Tradition und Moderne, konfuzianische Werte und Kapitalismus, Planwirtschaft und absolute Flexibilität vermischen sich und es zeigt sich oft, dass China ein Land des verbindenden „Sowohl-als-auch" ist, weniger des „Entweder-oder". Dies hat eine lange geschichtliche Tradition aus dem Taoismus (Weggel, 1994, S. 234) und ist auf der unbewussten Ebene auch heute noch in der chinesischen Kultur tief verankert. Widersprüche können daher nebeneinander existieren und als Bereicherung gesehen werden. Dies hat natürlich auch weitreichende Implikationen für das Thema Coaching in China. Der Coach muss offen für die Kontexte der Klienten sein und kann hier weniger mit einem festen Konzept arbeiten.

Meiner Einschätzung nach kann Coaching in China in Abhängigkeit der Zielgruppen in unterschiedliche Bereiche eingeteilt werden:

- Chinesen, die längere Zeit im Ausland leben bzw. gelebt haben oder längere Zeit bereits mit/in ausländischen Firmen arbeiten und chinesischstämmige Ausländer
- Chinesen, die immer in China gelebt haben und in chinesischen Unternehmen arbeiten

Jede dieser Zielgruppen bedeutet einen anderen Rahmen für das Coaching. Westliche Ausländer, die in China tätig sind, bilden seit vielen Jahren eine große Gruppe für das Coaching, insbesondere für den Bereich interkulturelles Coaching. Hier stehen Fragestellungen wie

„Wie kann ich mit Chinesen zusammenarbeiten?", „Wie führe ich chinesische Mitarbeiter?", „Wie kann ich Geschäftsbeziehungen mit Chinesen aufbauen?" etc. im Vordergrund. Hierzu gibt es viele gute Bücher, Seminare und Anbieter in Deutschland und auch in China. Die Beziehungsgestaltung zwischen Coach und Coachee und auch die Coachingansätze entsprechen meiner Einschätzung nach unserem westlichen Rahmen, wobei genaue Kenntnisse über die chinesische Kultur und Verhaltensweisen wichtig sind. Es steht also der Wissenstransfer zur chinesischen Welt im Fokus. Gerne möchte ich mich im Folgenden mehr auf die nächsten beiden Zielgruppen fokussieren.

Immer mehr Chinesen studieren im Ausland

Seit den 1990er-Jahren sind viele Chinesen zum Studium ins Ausland gegangen und kehren wieder zurück nach China, da die Bindung zum Heimatland bei vielen sehr hoch ist. Zudem haben sie mit dem westlichen Bildungshintergrund, dem Sprachschatz und einem fundierten Fachwissen ausgezeichnete berufliche Möglichkeiten in China. Diese Chinesen haben bereits unterschiedliche Denkweisen intensiv kennengelernt und adaptiert. Nicht wenige treffen aber auf Herausforderungen, wenn sie wieder nach China zurückkehren (die bekannten Themen der Rückkehrer) und wieder mit den eigenen Landsleuten zusammenarbeiten.

Auch Chinesen, die bereits längere Zeit bei einer ausländischen Firma tätig sind bzw. mit ausländischen Firmen zusammenarbeiten, sind mit verschiedenen Managementstilen vertraut und haben sich gerade in den Bereichen Kommunikation und Sichtweisen geöffnet.

Chinesischstämmige Ausländer, z.B. aus Singapur (Anmerkung: Taiwan wird in der Volksrepublik China als ein Teil von China definiert, sodass Taiwanesen aus dortiger Sicht Chinesen sind) haben einen großen Vorteil (wenn sie das Hochchinesisch beherrschen), da sie sich in der westlichen und auch chinesischen Welt frei bewegen können. Jedoch nehmen sie meiner Erfahrung nach eine gewisse „Außenseiterrolle" ein, da sie zwar Chinesen sind, aber in den Augen der Festlandchinesen dann doch wieder nicht.

Für Chinesen, die immer in China gelebt haben und für chinesische Firmen arbeiten, ist meiner Einschätzung nach Coaching und viele der damit verbundenen Denkansätze eher fremd. Traditionell ist die chinesische Welt sehr hierarchisch geprägt. Der Kaiser hat über Jahrtausende das Land regiert und jeder, der sich widersetzt hat, verlor seine Existenz. Heute liegt die Macht bei der Regierung. Daher ist meiner Meinung nach in China das Bedürfnis an Harmonie auch so hoch. Direkte Konfrontation gibt es nur in Ausnahmefällen. Es gibt große

Unterschiede zwischen der Produktivität und dem Arbeitsdruck bei Staatsbetrieben und der Privatwirtschaft. Chinesische Unternehmen, die sich am weltweiten Markt behaupten, sind sehr erfolgreich, da sie es schaffen, neue Ansätze aufzunehmen und in ihrem System weiterzuentwickeln. Dies bedeutet auch für die Mitarbeiter eine höhere Bereitschaft, neues Wissen anzunehmen und sich weiterzuentwickeln. Ein guter Rahmen für die Entwicklung des Coaching-Marktes in China.

„Guanxi": soziale Beziehungen, die auf gegenseitiger Unterstützung beruhen

Ein wichtiger Aspekt hier ist „Guanxi" – soziale Beziehungen (zwischen Chinesen), die auf gegenseitiger Unterstützung (Taten) beruhen – „Eine Hand wäscht die andere". Hat der Coach keine oder nur wenige „Guanxi" wird es für ihn/sie schwierig, in China mit Chinesen zu arbeiten, da der Mensch und die Beziehung zueinander im Vordergrund stehen. Wissenstransfer im Sinne von Lehrer-Schüler-Verhältnis ist bei entsprechender Seniorität und Erfahrung möglich, jedoch wird das Arbeiten an persönlichen Kernthemen auf einer kognitiven Eben meiner Erfahrung nach eher schwierig.

Sprachkenntnisse sind entscheidend

Zudem ist auch die sprachliche Ebene wichtig. Ohne Chinesischkenntnisse wird es schwierig, Chinesen zu coachen, deren Englisch nicht sicher genug ist. Auch für das Coaching von Chinesen, die im Ausland gelebt haben und/oder über genügend Englischkenntnisse verfügen, ist es wichtig, einen Zugang über die chinesische Sprache zu haben, da sich auch in der Sprache wichtige Denkmuster zeigen. Zum Beispiel ist das Arbeiten mit Metaphern und Symbolen in China besonders hilfreich, da die Sprache selbst auch aus Symbolen und Metaphern besteht und es daher den Chinesen leichtfällt, sich auf dieser Ebene mit den Themen auseinanderzusetzen.

Coaching für Chinesen entwickelt sich in China erst und steckt meiner Meinung nach noch in den Kinderschuhen. Es gibt aber zweifellos viele Möglichkeiten. In der Psychotherapie gab es schon Mitte der 1990er-Jahre Wissenstransfer und Anpassungen an den chinesischen Kulturkreis. Nun gilt es, Coaching in den Business-Bereich zu bringen. Hierzu sind auch der Ausbau professioneller Netzwerke, Coaching-Vereinigungen, Aufbau von Ausbildungsinstituten und Zertifizierungen wichtige Grundsteine. Ich denke, es wird aber noch einige Jahre benötigen, Coaching in eine ähnliche Position zu bringen wie in den westlichen Ländern.

Ich erlebe, dass in China die Neugier auf Neues groß und auch der Wille, besser zu sein als die anderen, sehr stark ist. In China habe ich einen sehr ausgeprägten Konkurrenzkampf zwischen chinesischen Fach- und Führungskräften wahrgenommen: Jeder will nach oben und gibt dafür viel. Insbesondere Macht und die finanzielle Vergütung haben hier einen großen Anreiz. Zu beachten ist auch, dass die Führungswelt in China eher von Männern geprägt wird. Es gibt wenige Frauen in Top-Führungspositionen. Es bleiben also noch viele Bereiche, in denen Coaching Unternehmen, Führungskräfte und Einzelpersonen in ihrer Entwicklung nachhaltig unterstützen kann.

Für welche Anlässe wird Coaching in China eingesetzt?

Bei chinesischen Mitarbeitern und in chinesischen Unternehmen entwickelt sich meiner Meinung nach der Einsatz von Business Coaching erst.

Wie ist die gesellschaftliche Sicht auf das Thema?

Eine Auszeichnung ist es in China sicherlich noch nicht. Jedoch sind die Chinesen meiner Erfahrung nach sehr offen für Wissen, das sie unterstützt, weiter voranzukommen und erfolgreich zu sein. Es hat mich stets fasziniert, dass die Chinesen Produkte, Wissen, Ansätze etc. übernehmen können und diese für sich und ihre Bedürfnisse flexibel anpassen. So wird dann ein Mehrwert für das Individuum und das Unternehmen geschaffen.

Rollenbilder: Wie würden Sie die typische Beziehung zwischen Coach und Coachee in China beschreiben?

Rollenbild: eher ein Lehrer-Schüler-Verhältnis

Traditionell ist die Beziehung zwischen Coach und Coachee eher an eine Lehrer-Schüler Ebene angelehnt. Dies funktioniert auch besonders gut bei Mentoren-Programmen. Ich habe den Eindruck, dass Chinesen eher ungeduldig sind und schnell Erfolge und Veränderungen sehen möchten. Durch das Wissen und die Beziehungen, die ein Mentor an seinen Schützling weitergibt, passiert dies relativ zügig. Mentoren verfügen traditionell nicht über eine Coaching-Ausbildung und geben daher ihre Erfahrungen, ihr Wissen weiter und stellen weniger das Selbstlernen des Mentee in den Vordergrund. So kann es sein, dass die Erfahrungen oder das Wissen des einen nicht passend sind für den anderen. Zudem ist es fraglich, ob jeder Mentor seinen Mentee „über sich hinaus“ wachsen lässt, denn dann wäre das Lehrer-Schüler-Verhältnis aufgelöst. Ich habe die Erfahrung gemacht, dass Chinesen selten Fragen stellen, da man damit auch den Lehrer „in Frage“ stellen würde. Der Schüler muss sich bemühen, die gewünschte Leistung zu bringen. Ich denke, dies gilt genauso für den Mitarbeiter, der sich bemühen muss, die Erwartungen seines Chefs zu erfüllen.

Es empfiehlt sich daher, die Beziehung zwischen Coach und Coachee immer wieder zu reflektieren und zu sehen, welche Konstellation in welcher Situation/Phase hilfreich ist. Hier muss immer wieder die Erwartung des Coachees und die Möglichkeiten im Coaching transparent gemacht und aufeinander abgeglichen werden.

In welchen Bereichen mussten Sie das klassische Grundkonzept von Coaching anpassen, um erfolgreich coachen zu können?

Vor dem Coaching muss Vertrauen aufgebaut werden

Absolute Voraussetzung für ein gelungenes Coaching in China ist die Vertrauensbasis, die zu Beginn aufgebaut werden muss. Vertrauen muss wachsen. Daher ist es wichtig, dass sich auch der Coach „als Mensch" zeigt und nicht nur in seiner Professionalität. Wobei meiner Meinung nach der Coach hier nicht zu viel von seinen eigenen „Lernkurven" erzählen sollte, da sonst die Gefahr besteht, im Ansehen zu sinken. Seniorität und Ansehen sind in China sehr wichtig und sollten nicht verspielt werden.

In China ist es besonders wichtig, auf Formulierungen und deren mögliche Interpretation zu achten. Damit meine ich die Übersetzung in die andere Kultursprache. Wenn zum Beispiel eine Führungskraft zum Mitarbeiter sagt *„Geht es Ihrer Familie gut? Sie sehen in letzter Zeit erschöpft aus"*, könnte dies in China so viel bedeuten wie: *„Ich merke, dass Ihre Leistung in letzter Zeit nachlässt! Ändern Sie das bitte!"* Redewendungen sind auch wichtig und helfen, Themen indirekt mitzuteilen. Als Beispiel: „Wir sitzen in einem Boot, aber blicken in unterschiedliche Richtungen." Auch hier zeigt sich, dass man in China wunderbar mit Metaphern und Symbolen arbeiten kann.

2. Passende Coaching-Tools

Passend: Arbeit mit Symbolen und Metaphern

Tool-Beschreibung nach Dr. Gunther Schmidt, für Einzelcoaching und auch bei Teamcoaching.

Zielgruppe, Themen

Durch die Arbeit mit Symbolen und Metaphern können selbst sensible Themen bearbeitet werden, da sie nicht direkt angesprochen/ausgesprochen werden müssen. Der Coach kann unterschiedliche Ideen geben und den Coachee dazu ermuntern, die Geschichte/Metapher mit seinen eigenen Bildern weiterzuentwickeln. Außerdem kann man durch die Symbole, die sich in einer Metapher zeigen auch wunderbare Anker setzen, sodass die Veränderung im Alltag integriert werden kann.
Das Tool kann für alle Zielgruppen und Themen eingesetzt werden.

Einsatzziel

Durch diese Arbeit erhält der Coachee die Möglichkeit aus unterschiedlichen Perspektiven und in einem geschützten Raum das Thema zu bearbeiten. Zudem führt diese Arbeit auch dazu, dass eine Entwicklung angestoßen wird und Veränderungen schnell erlebbar sind. Auch werden unbewusste Prozesse und Haltungen integriert und ins Bewusstsein gerufen. Dadurch werden diese Prozesse und Haltungen veränderbar gemacht.

Coaching-Phase

Zu jeder Zeit. Kann auch wunderbar für das Kennenlernen eingesetzt werden und auch für die Beziehungsgestaltung zwischen Coach und Coachee.

Funktioniert meist gut, weil ...

Die chinesische Sprache bsteht aus Symbolen und Metaphern. Daher fällt es Chinesen oftmals sehr leicht, sich hier einzubringen. Zudem erfolgt durch diese Arbeit auch keine Bewertung von richtig oder falsch, sondern „Was ist für diese Situation hilfreich bzw. weiterführend". Ich habe die Erfahrung gemacht, dass chinesische Klienten einen hohen Anspruch an sich selbst haben und die Erwartungen des „Lehrers" erfüllen wollen. In Metaphern gibt es keine Erwartungen zu erfüllen, und die Gedanken können sich freier entwickeln. Ein Leistungsdruck entsteht ebenfalls nicht. Ein Transfer in konkrete Situationen kann zusammen mit dem Coach gemacht werden. Oft erhält der Coachee so schon viele Impulse aus der Geschichte, sodass er selbst Ideen für die Umsetzung entwickelt und somit auch sein eigenes Handlungsfeld erweitert.

Dauer

Sehr unterschiedlich, abhängig vom Thema 30-120 Minuten.

Voraussetzung/ Vorbereitung

Keine Voraussetzungen, da auch die Arbeit mit Symbolen und Metaphern für das Kennenlernen zwischen Coach und Coachee eingesetzt werden kann. Auch kann die Beziehung zwischen den beiden in einer Metapher definiert werden.

Beschreibung

Man kann diese Arbeit unterschiedlich starten, je nach Kontext bzw. Bedarf. Wenn der Klient zum Beispiel an einem Thema arbeiten möchte, aber „um den heißen Brei herumredet" (was ich in China häufig erlebe, da Probleme nicht direkt adressiert werden), kann man versuchen, dies in ein Bild, eine Metapher oder eine Geschichte zu übersetzen. Der Coach kann spontan Ideen anbieten und den Coachee bitten, dies für sich nach Stimmigkeit zu überprüfen bzw. die Gedanken weiterzuentwickeln. Der Coach hält den Prozess am Laufen und gibt immer wieder neue Impulse, ohne den Coachee in Frage zu stellen. Es geht nicht um „richtig" oder „falsch", sondern um hilfreiche Ideen für den Coachee. Daher sollte der Coach auch immer wieder nachfragen, ob es für den Coachee stimmig ist bzw. welche körperlichen Wahrnehmungen er/sie hat. Meiner Erfahrung nach haben die Chinesen ein sehr sensibles Gespür für ihren Körper und die körperlichen Reaktionen. Diese kann man dann wieder wunderbar in den weiteren Verlauf einbinden.

Ein Beispiel für ein Einzelcoaching

Ein Coachee hatte eine Blockade, die er nicht genauer beschreiben wollte. Er hat auch nicht den Begriff der Blockade benutzt, sondern es in eigenen Worten umschrieben. Wir haben dann im Gespräch herausgefunden, wo er „es" in seinem Körper besonders spürt, wenn „es" passiert. Um auf einer anderen Ebene darüber sprechen zu können, habe ich ihm erläutert, dass es eine ganz gesunde Reaktion seines klugen „Körperverstandes" ist, um diese Situation zu regeln und dass es Möglichkeiten gibt, dies weiterzuentwickeln. Zusammen haben wir dann nach einem Symbol bzw. einer Metapher gesucht, die dies am besten darstellen konnte. In dem weiteren Gespräch haben wir dann über das Symbol gesprochen und wie es sich weiter verändern könnte, sodass es für ihn in der Situation hilfreicher wäre. Da es ein „hypothetisches Spiel" war, konnte sich der Coachee auch gut darauf einlassen. Interessanterweise hat sich auch die Körperwahrnehmung verändert, als sich das Symbol verändern durfte. Mit dem neuen Symbol haben wir dann etwas intensiver gearbeitet und eine stimmige Version gefunden, die wir durch Anker auf der körperlichen Ebene und mit tatsächlichen Gegenständen hilfreich in den Alltag transferieren konnten. Der Coachee hatte eine veränderte Einstellung zu seiner am Anfang unwillkürlichen Blockade und konnte aus der Wertschätzung heraus eine Weiterentwicklung eingehen.

Ein Beispiel für Teamcoaching

Im Rahmen einer größeren Umorganisation innerhalb einer Niederlassung eines deutschen Großkonzerns in China stand der Wandel von der traditionellen Buchhaltung (besonders in China ist die Buchhaltung sehr wichtig, da das System dort sehr komplex ist) hin zu einem internen Serviceanbieter an. Daher sollte der Kundenfokus geweckt und gestärkt werden. Während einer Großgruppenveranstaltung (140 Teilnehmer) wurden Teilgruppen gebildet und gebeten, jeweils ein Symbol für die Vergangenheit der Organisation und eines für die Zukunft zu suchen. Hierfür stand das ganze Hotel zur Verfügung. Es wurde rege in den Gruppen diskutiert und es entstand ein intensiver Austausch. So wurden auch unterschiedliche Erfahrungen und Sichtweisen „symbolisch" ausgetauscht. Nach einer Stunde kamen die Gruppen wieder zusammen und präsentierten sich gegenseitig die Symbole. Die Symbole für die Vergangenheit wurden auf einen Tisch gestellt und die für die Zukunft auf einen anderen. Nach der Veranstaltung wurden die Symbole für die Zukunft in den Büros aufgestellt bzw. Bilder davon aufgehängt. So entwickelten sich Metaphern in der Organisation und bildeten wertvolle Anker.

Mögliche Probleme

Wie in jedem Coaching ist auch hier besonders darauf zu achten, dass nicht die Neugier des Coachs befriedigt wird bzw. in den Vordergrund kommt. Nicht der Coach entscheidet, welches Symbol oder welche Metapher für den Coachee „richtig" ist. Die Autonomie liegt beim Coachee. Meine chinesischen Klienten waren es weniger gewohnt, selbst zu entscheiden bzw. frei zu denken, deswegen sollte man meiner Ansicht nach als Coach mit offener Neugier und einem Lächeln „vorangehen" und mit den Symbolen und Metaphern auch „spielen". Zudem sollte man auch nicht zu viel interpretieren. Es ist wichtig, was das Symbol bzw. die Metapher beim Coachee auslöst und ob es hilfreich ist im Hinblick auf das Ziel oder nicht.

3. Kritische Coaching-Tools

Kritisch: Provokatives Coaching

Beschrieben nach dem therapeutischen Ansatz von Frank Farrelly.

Zielgruppe, Themen

Einzelcoaching bei allen Zielgruppen, insbesondere bei „chronischen Problemen" mit großer Widerstandshaltung.

Einsatzziel

Durch die sehr direkte, provokative Verstärkung des Problemmusters wird der Widerstand beim Coachee geweckt, sodass er in den „Widerstand gegen den Widerstand" geht oder den Impuls bekommt, seine bisherige Wahrnehmung in Frage zu stellen.

Coaching-Phase

Zu jeder Phase im Coaching, kann auch für 10 Minuten gezielt eingesetzt werden als Teil eines „normalen" Coachings.

Funktioniert weniger gut, weil ...

Ich kann nur davon abraten, provokatives Coaching/Gesprächsführung in China einzusetzen. Der Humor in China unterscheidet sich vom westlichen Humor und ein so direktes und auch noch verstärktes Betonen des Problems würde bei den meisten Chinesen keinen „positiven" Widerstand hervorrufen, sondern einen Gesichtsverlust bedeuten. Ein Vertrauen zwischen Coach und Coachee würde nicht entstehen bzw. das bereits aufgebaute würde zerstört werden. In China sind eher die „leisen" Töne wichtig und werden sehr genau aufgenommen und gedeutet. Kleine Andeutungen können schon Wellen auslösen, eine gezielte Provokation einen Tsunami. Es könnte passieren, dass der Coachee einfach aufsteht und den Raum verlässt, selbst wenn vorher der Ansatz erläutert worden ist.

Konkretes Beispiel

Da ich diesen Ansatz in China nicht einsetze, kann ich kein konkretes Beispiel dazu erläutern.

Mögliche Ursachen für die Problematik

Im alltäglichen Leben merkt man bereits sehr deutlich, dass der Humor zwischen westlichen Kulturen und China sehr unterschiedlich ausgeprägt ist und spaßige Bemerkungen sehr schnell Kränkungen hervorrufen können. Wertschätzung ist ein wichtiger Bestandteil im Alltag und auch im Coaching, sehr direktes „In-Frage-Stellen" nicht.

Lösungsoptionen/ Alternativen

Provokatives Coaching in China nicht einsetzen.

4. Hilfestellungen

Zentrale Aspekte für den Erfolg von Coaching in China

- Seien Sie offen interessiert für die oft ganz andere Kultur in China, ohne Bewertungen nach unserem westlichen Schema vorzunehmen (klingt einfach, aber es ist durchaus spannend!).
- Informieren Sie sich im Vorfeld ausführlich über die Gepflogenheiten in China, sodass Sie nicht gleich zu Beginn in Fettnäpfchen treten und gleich zu Beginn einen schlechten Start haben.
- Üben Sie sich selbst in einer sehr aufmerksamen und sensiblen Haltung, sodass Sie Andeutungen, Veränderungen im Verhalten des Coachee wahrnehmen und dann darauf eingehen können.
- Vermeiden Sie direktes, provokatives Vorgehen.
- Erwarten Sie nicht vom Coachee, dass er Ihnen sofort direkt und klar sagt, welche Probleme er bearbeiten möchte und welche Ziele er hat. Dies muss im Coaching sensibel herausgearbeitet werden.
- Der geschützte Raum und gegenseitiges Vertrauen sind essenziell für das Coaching.
- Wenn Sie es ermöglichen, dass Sie den Prozess begleiten und der Coachee an seinen Themen inhaltlich selbst arbeiten kann – ohne Bewertung und Leistungsdruck –, wird das Coaching einen nachhaltigen Erfolg haben.

Literaturhinweise, Quellen

Teuber, St. (2005). Praxishandbuch Coaching. Einsatzfelder, Grenzen und Chancen. München: Vahlen.

Braun & Gawlas, Schmalz, Dauz (2004). Die Coaching Fibel. Vom Ratgeber zum High Performance Coach. Wien: Linde.

Hofstede, G. (1991). Software of the mind. Intercultural cooperation and its importance for survival. McGraw-Hill.

Rothlauf, J. (1999). Interkulturelles Management. München Wien: R. Oldenbourg.

Trompenaars, F. & Hampden-Turner, Ch. (1998). Riding the waves of culture. Understanding diversity in global business. Second Edition. McGraw-Hill.

Voigt, C. (2009). Inter-Kulturell führen. Diversity 2.0 als Wettbewerbsvorteil. Wien: Gabal.

Von Senger, H. (2005). 36 Strategeme für Manager. München, Wien: Carl Hanser.

Mohl, A. (1999). Nach China unterwegs. Ein Trainingshandbuch zur Vorbereitung auf China. Paderborn: Junfermann.

Sieren, F. (2005). Der China Code. Wie das boomende Reich der Mitte Deutschland verändert. Berlin: Econ.

Tang, Z. & Reisch, B. (1995). Erfolg im Chinageschäft. Von Personalauswahl bis Kundenmanagement. Frankfurt/New York: Campus.

Schmidt, G. (2011). Einführung in die hypnosystemische Therapie und Beratung. Heidelberg: Carl-Auer Compact.

5. Über die Autorin

Seit wann coachen Sie?

Coaching war für viele Jahre ein Teil meiner Rolle als Führungskraft und Experte in einem Großkonzern in Deutschland und China: Menschen und Organisationen zu begleiten, ihre Potenziale zu entdecken und zu entfalten. Mit „link to connect" habe ich einen Rahmen geschaffen, mein Wissen und meinen Erfahrungsschatz Unternehmen und Privatpersonen zur Verfügung zu stellen und sie nachhaltig bei Veränderungen zu unterstützen. Gerade im interkulturellen Bereich kommt mein eigener multikultureller Hintergrund ins Spiel: ungarische Eltern, in Deutschland geboren und aufgewachsen, holländischer Exmann und mehrjährige Auslandsaufenthalte in New York City, USA, Peking und Schanghai, P.R. China.

Welche Coaching-Ausbildung haben Sie?

Das Fundament meiner Arbeit bilden mein betriebswirtschaftlicher Hintergrund, meine erfolgreiche Praxiserfahrung und weitgreifende Ausbildungen in: Curriculum systemische Unternehmensentwicklung, Curriculum für systemisches Coaching und Teamentwicklung, hypnotherapeutische Kommunikation, Generative Trance, Heroes Journey und hypnosystemische Konzepte für Coaching, Beratung und Teamentwicklung.

Seit wann coachen Sie Klienten aus China?

In meiner Zeit als Führungskraft und Experte in China lag der Fokus auf Coaching bei Ausländern, die in China tätig waren. In der Zwischenzeit ist der Bedarf an Business Coaching durch die rasante Entwicklung auch bei Chinesen sehr stark gewachsen.

In welchem Kontext arbeiten Sie als Coach mit Chinesen?

Mein Fokus liegt hier bei internationalen Teams, Fach- und Führungskräfte, die gerade in China arbeiten, arbeiten werden oder gearbeitet haben, und Chinesen in Deutschland.

Zu welchen Schwerpunktthemen coachen Sie?

„Sinnvolle Veränderung mit nachhaltiger Wirkung auf allen Ebenen", ist mein Motto. So unterstütze ich Unternehmen bei Fragestellungen in den Bereichen internationale Arbeit, Diversity (vor allem Ausländer und Frauen) und familienfreundliche Personalarbeit sowie Einzelpersonen bei allen Themenstellungen. Insbesondere liegt mir die Einbeziehung der unbewussten Prozesse und Ressourcen am Herzen. Wenn es gelingt, Prozesse und Ressourcen aus der unbewussten in die bewusste Ebene zu bringen, ist eine nachhaltige Veränderung möglich. Hierzu werden auch die somatischen und neuronalen Prozesse und Wahrnehmungen eingebunden.

Interkulturelles Coaching in ...

Indien

In diesem Beitrag finden Sie:

1. Coaching in Indien – eine Einführung

von Alexandra Mietusch

Wie verbreitet ist Ihrer Ansicht nach Coaching in Indien?

Indien hat eine sehr lange Tradition hinsichtlich coachingbezogener Dienstleistungen, so hatten alle großen Machthaber Indiens einen Guru - einen spirituellen Lehrer - der ihr Leben und ihren Erfolg beeinflusste. Allerdings wird die Coaching-Idee in modernen indischen Organisationen nur langsam integriert.

Für welche Anlässe wird Coaching in Indien eingesetzt?

Business Coaching ist noch relativ neu

Business Coaching ist in Indien noch relativ neu und wird noch immer als Modewort für Beratungs- und Trainingsdienstleitungen verstanden (www.wabccoaches.com). Auch wenn meiner Erfahrung nach in den letzten Jahren der Bedarf in Indien gewachsen ist, so existiert Business Coaching nur im Unternehmenssektor in Gebieten der Großstädte. Zertifizierte Business Coachs sind jedoch nahezu kaum vorhanden.

Life Coaching ist ebenfalls im Vergleich zur westlichen Welt in Indien ein neues Karrierekonzept. Der Coach wird im indischen Kulturraum als ein helfender Führer, guter Freund und ausgebildeter bzw. fachkundiger Berater verstanden, der den Coachee anleitet, seine Gedanken zu stärken, der hilft, schmerzliche Erfahrungen aus der Vergangenheit zu heilen und den Coachee unterstützt, dessen Visionen und Ziele zu erkennen und diese zu erlangen (www.swatinstitute.com).

Weitaus verbreiteter ist in Indien Educational Coaching, was in jeder Klein- und Großstadt Indiens zu finden ist. Hierbei handelt es sich um Lern- und Nachhilfezentren. Diese dürfen aber nicht mit dem westlichen Verständnis von Coaching verwechselt werden, trotz gleicher Bezeichnung (www.coachingindians.com).

Wie ist die gesellschaftliche Sicht auf das Thema ?

Allgemein wird Coaching bislang hauptsächlich in großen multinationalen Unternehmen Indiens zur Mitarbeiterbetreuung eingesetzt. Viele Unternehmen haben bisher Mentoring-Programme und tun sich schwer, Coaching zu integrieren, oftmals aus der Unwissenheit heraus, was der Unterschied zwischen Mentoring und Coaching ist (www.wabccoaches.com).

Rollenbilder: Wie würden Sie die typische Beziehung zwischen Coach und Coachee in Indien beschreiben?

Das Rollenverhältnis ist tendenziell immer noch asymmetrisch

Das gegenwärtige Rollenverhältnis zwischen Coach und Coachee ist meiner Erfahrung nach in Indien immer noch ein tendenziell asymmetrisches Guru-Schüler- oder zumindest ein Lehrer-Schüler-Verhältnis, was der kulturellen Tradition spiritueller Lehrer entspringt. Es ist demzufolge notwendig, dass der Coach eine stärker beratende Rolle einnimmt als im westlichen Kontext. Diesbezüglich würde ich ein Verhältnis von 80% Coaching zu 20% Beratung empfehlen.

In welchen Bereichen mussten Sie das klassische Grundkonzept von Coaching anpassen, um erfolgreich coachen zu können?

Aus kulturell-gesellschaftlicher Perspektive ist meiner Erfahrung nach Coaching in Indien schwer zu adaptieren: Für die meisten Inder ist das „Fragen nach Hilfe“ gleichbedeutend mit „etwas nicht zu wissen“ und wird interpretiert als „nicht klug zu sein“. Der Besuch eines Psychologen oder Therapeuten ist in Indien ein Tabuthema. Auch wenn Coaching dazu dient, die Leistung zu steigern und Ziele zu erreichen, bedeutet es zunächst, verletzlich zu sein und sich einem Fremden zu öffnen. Dies geht nur, wenn der Coach in hohem Maße empfohlen wird oder bereits eine persönliche, vertrauensbasierte Beziehung zum Coachee aufgebaut hat.

Unterschiedliches Zeitverständnis

Darüber hinaus würde ich eine Anpassung des klassischen westlichen Coaching-Konzepts hinsichtlich verschiedener Parameter wie Kommunikation, Fragestellung, Zeitplanung und Themen empfehlen. Das indische Verständnis von Zeit und das damit einhergehende Arbeitstempo ist ein anderes als im westlichen Coaching-Kontext und wesentlich flexibler. Dies hat einen maßgeblichen Einfluss auf den zeitlichen Verlauf des Coachingprozesses: Der zeitliche Ablauf eines Coachings kann meiner Erfahrung nach durchaus doppelt so viel Zeit in Anspruch nehmen, denn tendenziell nehmen sich Inder viel mehr Zeit zum Nachdenken und Reflektieren als wir es im westlichen Kulturraum gewohnt sind.

Coaching als Empowerment

Da erfahrungsgemäß die meisten Inder um Handlungsempfehlungen bitten, ist es ratsam, im Coaching bewusst die Themen Selbstverantwortlichkeit und Selbstwirksamkeitserwartung zu kommunizieren. Hierfür mögen Gründe in der Religiosität und dem damit einhergehenden Kas-tensystem sowie in den Familienstrukturen liegen, weshalb tendenziell Inder – ohne Auslandserfahrung – wesentlich weniger mit dem westlichen Konzept der Selbstbestimmung vertraut sind. Deshalb kann gelegentlich Coaching auch als ein Prozess des Empowerments zu verstehen sein, im Sinne einer Stärkung des Glaubens an die eigenen Fähigkeiten, was gut im Rahmen eines Career-Management-Prozesses funktioniert. Coachen wir im indischen Kontext mit der westlichen Idee des selbstbestimmten Handelns, ist es erfahrungsgemäß angemessen, dieses im Coaching bewusst zu thematisieren und zu kommunizieren. Darüber hinaus ist die indische Kommunikation eine eher indirekte, sodass z.B. Probleme nicht direkt kommuniziert werden. Als Beispiel dieser „High Context"- Kultur sei das indische Nicken angeführt, das sowohl als „ja", „nein" oder „vielleicht" interpretiert werden kann.

Probleme werden üblicherweise nicht direkt kommuniziert

Haben Sie ein konkretes Beispiel?

In meiner Funktion und Arbeit als Coach wurde ich immer durch eine dritte Vertrauensperson des potenziellen Coachee empfohlen. Auch an die Ansprache durch den Coachee mit „Yes Mam" oder „Yes Sir" muss man sich als Coach gewöhnen. Diese spiegelt die Haltung der indischen Coachee gegenüber dem Coach wider, ihn also tendenziell als Lehrer anzuerkennen, was u.a. die Konsequenz nach sich zieht, dass der Coachee vom Coach erwartet, Entscheidungen zu treffen. Die ersten Coaching-Treffen dienen dem Beziehungs- und Vertrauensaufbau und sind eher mit informellen Gesprächen und dem gemeinsamen Trinken von Chai eingeleitet, um sich langsam an die Thematik heranzutasten. Wichtig sind viel Zeit, Geduld und Kreativität im Um- und Eindenken in die indische Psyche.

2. Passende Coaching-Tools

Grundsätzlich habe ich die Erfahrung gemacht, dass im indischen Coaching-Kontext Methoden hinsichtlich Selbstanalyse und Selbstbeobachtung, Entdecken von natürlichen Stärken und Schwächen, Aufdecken von unförderlichen Überzeugungen, Bewusstmachen und Unterbrechen von negativen Denkmustern, Visualisierungstools, Psychometrische Tools, Praxisbeispiele und Rollenspiele, Meditationen und Teamarbeit gut funktionieren. Im Folgenden sollen zwei Tools ausführlicher beschrieben werden: die Schatzkiste und das Tetralemma.

Passend: Die Schatzkiste

Zielgruppe, Themen Uneingeschränkte Zielgruppe, Themen sind Ressourcen des Coachee und Coaching-Anliegen in Form von Problematisierungen und Fragen.

Einsatzziel Ressourcen identifizieren und stärken und Identifikation der Problemstellung und potenzieller Coaching-Themen des Klienten.

Coaching-Phase Orientation – Inhaltliche Orientierung.

Funktioniert meist gut, weil ... Die indirekte Fragestellung ermöglicht es, an berufliche und private Ressourcen, Fragen und Problemstellungen zu kommen, ohne diese direkt benennen zu müssen. Zudem gestattet das Tool, auf sanfte Weise in einen vertrauenstiftenden Dialog mit dem Klienten einzutreten.

Abb. 1: Die Schatzkiste.

1. Which are your greatest successes and achievements?
Which challenges did you master already?
...

2. Which are currently your major concerns? What do you want to achieve or solve in your life? What do you don't want anymore?
...

Dauer

40-90 Minuten.

Vorbereitung

Schreibmaterial für den Coachee.

Beschreibung

Nach der Phase des Vertrauensaufbaus geht es in der Phase der Orientierung darum, Stärken und Ressourcen des Coachee zu identifizieren, um erst im zweiten Schritt die Frage- und Problemstellungen, also sein Anliegen, zu eruieren. Somit wird die Wahrnehmung des Coachee zuerst auf das gelenkt, was bereits funktioniert. Mit dem Tool „Schatzkiste" können berufliche und private Informationen indirekt erfragt werden. Der Coachee wird gebeten, folgende zwei Fragen im Coaching schriftlich oder mündlich zu beantworten. Dabei liegt der Vorteil der Verschriftlichung in der Visualisierung der Fülle der Erfolge und der Möglichkeit der Ergänzung der Liste auch außerhalb des Coachings:

- *„Was sind Ihre größten Erfolge? Was haben Sie schon gemeistert?"*

Vordergründig geht es hier um subjektive Erfolge, die auch über die klassischen Erfolge, wie berufliche Erfolge, Zertifikate und Bewältigung schwieriger Situationen hinausgehen. Zeitlich können dem Coachee zwischen 15 und 30 Minuten zur Beantwortung der Frage gelassen werden. Dahinter steht die Annahme, dass wir häufig eher das sehen und kennen, was nicht funktioniert. Es wird der Fokus verschoben auf das, was bereits gut läuft. Nachdem er diese schriftlich beantwortet hat, folgt die zweite Frage:

- *„Was beschäftigt Sie momentan am meisten? Was möchten Sie gern erreichen, lösen oder was möchten Sie nicht mehr in Ihrem Leben?"*

Mit den Antworten gibt der Coachee die Richtung an, in die er sich im Coachingprozess bewegen will. Für die schriftliche Beantwortung der Frage sollten dem Coachee wieder zwischen 15 und 30 Minuten gegeben werden. Auch hier empfiehlt es sich, als Coach unterstützend den Prozess zu begleiten.

Im Anschluss bespricht der Coach zusammenfassend erst alle Erfolge und anschließend alle Probleme und die sich daraus ergebenden Fragen. Zum Abschluss kann man dem Coachee nochmals Zeit geben, sich seinen subjektiv momentan wichtigsten Erfolg auszuwählen und seine wichtigste Frage zu formulieren. Auch dieser Prozess des Hierarchisierens ist vonseiten des Coachs zu unterstützen.

Konkretes Beispiel

Während eines Coachingprozesses mit einer indischen Klientin Puja (Anfang 20), arbeitssuchend, nutzte ich das Tool „Schatzkiste" in der zweiten Sitzung. In dem Coachingprozess ging es vordergründig darum, Pujas Ressourcen zu identifizieren, sie in ihre Kraft zu bringen und aus ihren negativen Gedanken zu holen. In einem eineinhalbstündigen Coaching-Setting erarbeiteten wir ihre Erfolge, sodass Puja sich erstmals in ihrem Leben dieser bewusst wurde und anerkennen konnte. Für meine indische Klientin ein absolutes Novum. Während des Prozesses war es notwendig, Puja konkretisierende Fragen hinsichtlich ihrer Erfolge im Beruflichen, Privaten und Familiären zu stellen. Die Fragen *„Worauf sind Sie stolz?"* und *„Was finden Sie und andere gut in Ihrem Leben?"* halfen der Identifikation. Hinsichtlich der Frage *„Was beschäftigt Sie gerade am meisten?"* fragte ich unterstützend *„Woran denken Sie zurzeit oft? Was tut Ihnen weh, was macht Sie traurig, sorgt Sie?"*

Es war während des Frageprozesses notwendig, wichtige Hilfestellungen zu geben, Themen vorzuschlagen, die es Puja erleichterten und ermöglichten, diese Themen zustimmend benennen zu können. Dies schuf bei Puja, die anfänglich unsicher war und keine Schwierigkeiten oder Probleme benannte, außer körperlichen Erscheinungen wie Kopfschmerzen, die Offenheit zuzugeben, Angst zu haben, verheiratet zu werden (rund 70% der Ehen in Indien sind arrangierte Hochzeiten) und den Druck, einen Job finden zu müssen bzw. die Angst, keinen zu finden und somit nicht die Familie (Mutter und Geschwister) zu unterstützen. Diese beiden großen Themen wurden im Anschluss zum Inhalt des Coachingprozesses. So ging es zum einen darum, sie zu empowern durch das Stärken ihrer Ressourcen hinsichtlich ihrer beruflichen Ausrichtung und Zukunftsgestaltung mit Anleitung und Beratung zu ihrer Lebenslaufgestaltung und zur Vorbereitung auf Vorstellungsgespräche. Und zum anderen ging es um ihre individuellen Ängste und ihren Umgang mit diesen.

Mögliche Probleme

Es kann zu Verständnisschwierigkeiten hinsichtlich der Fragen kommen. Gegebenenfalls muss der Coach die Fragen umformulieren, um dem Coachee die Aufgabe verständlich zu machen. Wichtig ist klarzustellen, dass der Coachee die Frage richtig verstanden hat. Dies bedeutet auch, während des Prozesses des Schreibens den Coachee bei der Findung der Antworten zu begleiten. Ich beobachte, dass es hilfreich ist, mehr Zeit zu geben, als wenn ich mit westlichen Klienten zusammenarbeite.

Dies bedeutet, dass es vonseiten des Coachs wichtig ist, den Beantwortungsprozess zu unterstützen und zudem zeitlich flexibel zu sein. Der Erkenntnisprozess ist i.d.R. begleitet von vielen Fragen des Klienten. Es kann durchaus vorkommen, dass der Einsatz des Tools eine ganze Coaching-Sitzung von 90 Minuten einnimmt, wohingegen meiner Erfahrung nach im westlichen Kulturkreis dieses Tool ca. 20 Minuten in Anspruch nimmt.

Passend: Das Tetralemma

Nach u.a. Varga von Kibéd und Sparrer, 2003.

Zielgruppe, Themen

Keine Einschränkung in der Zielgruppe.

Einsatzziel

Das Tool dient der kreativen Problemanalyse und Problemlösung, um eine Entscheidungsfindung zu unterstützen.

Coaching-Phase

Analysis.

Funktioniert meist gut, weil ...

Der in Indien verbreiteten analytisch-intellektuellen Denkweise entsprechend werden Problemlösungen alternativ und kreativ gefunden. Dieses in der indischen Kultur verwurzelte Problemlösungs-Tool entspringt der indischen Überzeugung, dass es für jedes Problem mindestens fünf Lösungen gibt. Im Indischen ist diese Logik als Catuskoti (Sanskrit) bekannt (vgl. u.a. Ganeri 2001, Remmert 2010).

Dauer

60-90 Minuten.

Voraussetzung/ Vorbereitung

Schreibzeug oder Flipchart zum Aufzeichnen der Lösungen.

Beschreibung

Das aus der indischen Philosophie stammende Analyse- und Entscheidungsfindungswerkzeug setzt sich aus fünf verschiedenen Positionen zusammen, die es zu identifizieren gilt und damit neue Lösungen für ein Problem bzw. eine Entscheidungsfindung heranzuziehen, was dem Coachee mindestens vier verschiedene neue Lösungen aufzeigt. Vargas von Kibéd und Sparrer (2003, S. 77-93) definieren die 5 Positionen wie folgt:

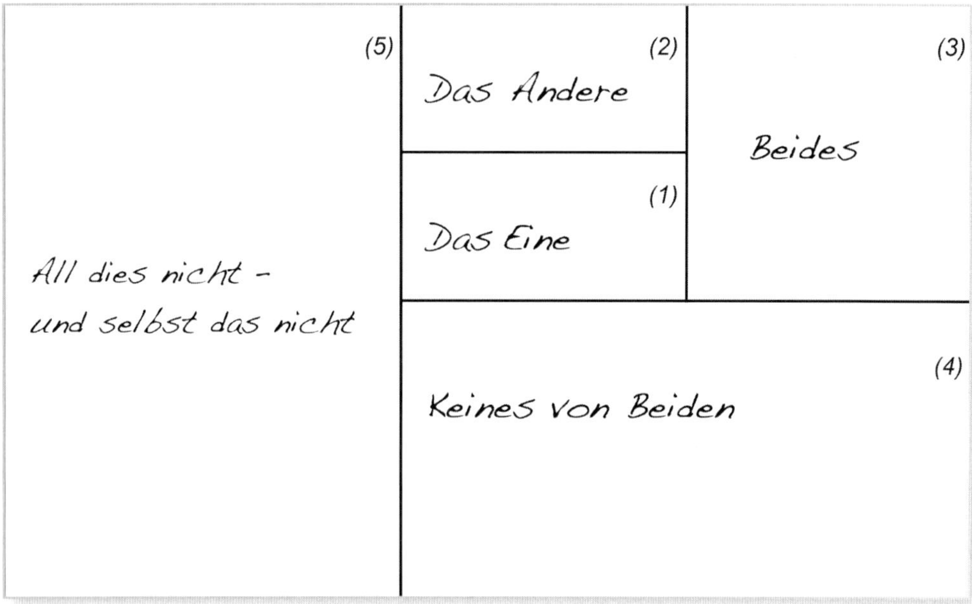

Abb. 2: Tetralemma.

- *Position 1 – Das Eine:* Die Lösung, die sich für den Coachee als einzig wahre darstellt oder die er in der Vergangenheit immer angewendet hat.
- *Position 2 – Das Andere:* Der Gegensatz zur „richtigen Lösung", der – indem er eine echte Alternative darstellt – ein Dilemma auslöst. Er bildet das Gegengewicht zur Position „Das Eine".
- *Position 3 – Beides:* Metaposition zum Dilemma, von der aus Gemeinsamkeiten und Unterschiede beider Positionen erkannt werden können, um sie möglicherweise miteinander zu vereinbaren (Sowohl-als-auch-Position).
- *Position 4 – Keines von beiden:* Distanzierte Betrachtung des Konfliktes von außen (Weder-noch-Position).
- *Position 5 – Das Neue:* Die Entwicklung einer ganz neuen Perspektive und damit Lösung – bis diese neue fünfte Position auch nicht mehr neu sein wird, und ihre Gegenposition provoziert. Die Entwicklung kann damit weitergehen.

Der Coach lässt sich zuerst die Thematik des Klienten darstellen und unterstützt mithilfe von Fragen den Coachee darin, die zwei möglichen Positionen mit ihren Vor- und Nachteilen zu identifizieren (Position 1 und Position 2). Anschließend geht es darum, von der Metaposition aus „Beides" (Position 3) zu erkennen, also wie beide Positionen zusammenwirken. Der Coachee kann beide Positionen gleichzeitig betrachten, um Gemeinsamkeiten und Unterschiede bei ihnen zu entdecken und um eine eventuelle Vereinbarkeit beider Positionen zu erarbeiten. Durch das Erfragen und Entwickeln der 4. Position „Keines von beiden" wird dem Coachee ermöglicht, sich aus dem Konflikt zu lösen und den Kontext, in dem das Dilemma „falsch oder richtig" bzw. „entweder oder" entstanden ist, zu verstehen. Es geht nicht mehr nur um Vereinbarkeit sondern darum, der Konfliktsituation eine neue Dimension und unter Umständen einen neuen Sinn zu geben. Zum Abschluss des Prozesses geht es darum, „das Neue" (Position 5) zu erarbeiten; nach dem Motto: „All dies nicht, und selbst das nicht!" (Position 1-4). Das Wort „dies" bezieht sich auf die ersten vier Positionen und auf die Einsicht, dass keine dieser Positionen einen Standpunkt darstellt, der alle Aspekte des Problems umfasst. Mit der Formulierung „Und selbst das nicht" erinnert die fünfte Position daran, dass auch sie kein endgültiger Standpunkt ist. Sie hebt sich daher selbst auf.

Konkretes Beispiel

Dr. Raj, Führungskraft in einer multinationalen indischen Organisation, hatte eine Entscheidung hinsichtlich eines Mitarbeiters zu treffen, der mehrmals auffallend den Code of Ethics der Organisation missachtete, ohne dass er informiert wurde. Nach einer Eskalation des Problems ging es darum, eine Entscheidung zu treffen, wie mit dem Mitarbeiter weiter umgegangen werden sollte. Es standen zwei Optionen im Raum: den Vertrag des Mitarbeiters zu kündigen (Position – 1 Das Eine), was u.a. zum nachhaltigen Schaden der Organisation führen würde – oder aber ihn erstmals offiziell zu verwarnen (Position 2 – Das Andere), was Widerstände einzelner Mitarbeiter auslöste, da sie sich zurückgesetzt fühlten.

Nachdem er mir im Coaching seine Lage berichtete, ließ ich ihn die Vor- und Nachteile der beiden Möglichkeiten in zwei verschiedenen Positionen „Das Eine" und „Das Andere" identifizieren. Das konkretisierte für Dr. Raj die Vor- und Nachteile und führte zum klareren Verständnis seines Konfliktes. Eine leichte Präferenz der einen Position führte aber zu der Befürchtung, nicht die richtige Entscheidung zu treffen. Daran anschließend ging es um die Position 3 – Beides. Dort bemerkte Dr. Raj, dass die Entscheidung für das Eine das Andere nicht unbedingt ausschloss. Er sah die Möglichkeit, erst Position 2 in Erwägung zu ziehen und Position 1 als anschließende Option nach offizieller Verwarnung durchzuführen. Diese neue Wahlmöglichkeit nahm er als spürbare Entlastung war. Auf der 4. Position „Keines von beiden" verbrachte Dr. Raj längere Zeit mit Nachdenken. Dann hatte er die Idee, den Mitarbeiter in ein neues Projekt an einem anderen Standort einzusetzen. Doch die 5. Position „All dies nicht und auch das nicht" brachte ernste und eher unernste Lösungen ans Licht: Er überlegte u.a., die Organisation aufzulösen und etwas ganz Neues anzufangen oder die Entscheidung ganz der Human-Resources-Abteilung zu übertragen und entschied sich, das Coaching mit all den gesammelten Optionen zu beenden. Nach mehrtägiger Bedenkzeit – was meiner Meinung nach dem tendenziell indischen Entscheidungsstil der limitierten Prokrastination entspricht, d.h. dem Sammeln genügender Informationen bzw. dem Abwarten des Zeitpunktes, bis sich die Situation stabilisiert hat, welcher im westlichen Denken als eher negativ angesehen wird – entschied sich Dr. Raj dazu, ein weiteres Teamtreffen zu initiieren und die in den Konflikt involvierten Mitarbeiter mittels einer Mediation zu unterstützen. Anschließend ließ er den Mitarbeiter einen anderen Mitarbeiter in seinen Bereich einarbeiten und ihn mit dessen Einverständnis und Einsicht nach Beendigung des Projektes nach Hause schicken. Darüber hinaus führte er eine neue Kommunikationskultur in seiner Organisation ein.

Mögliche Probleme

Da diese Technik verankert ist in der indischen Logik und dem indischen Denken, ist sie problemlos innerhalb der Konfliktanalyse und Problemlösung anwendbar.

3. Kritische Coaching-Tools

Im indischen Coaching-Kontext sind grundsätzlich Tools, die auf den Prinzipien Selbstwirksamkeit und Eigenverantwortung basieren, nach meiner Einschätzung mit Vorbehalt anzuwenden. Dies liegt in der stark religiösen Ausrichtung der Inder, ihrem Götter- und Guruglauben, der Hierarchisierung innerhalb des Kastensystems sowie in Familienstrukturen begründet. Konzepte von Selbst- und Fremdbestimmung, freier Wahl und dem konstruktivistischen Ansatz, seine Zukunft selbst gestalten zu können, stoßen tendenziell auf Unverständnis, trifft man nicht gerade auf Coachees, die bereits mehrere Jahre im Ausland ihre Ausbildung absolviert haben.

Darüber hinaus denke ich, dass es schwierig ist, Tools anzuwenden, die sich auf ein westliches Verständnis des Selbst beziehen, denn dieses Konzept existiert in der indischen Kultur nur als atman – das individuelle Selbst des Menschen, das als Seele verstanden wird. Somit wird im Indischen unter Selbstverwirklichung auch verstanden, das Göttliche in sich zu erkennen und sich von allem Ungöttlichen zu befreien. Das Konzept der Selbstverwirklichung spiegelt sich auch im hinduistischen Moksha oder Mukti wieder, welches die Befreiung bzw. die Erlösung von der Wiedergeburt bezeichnet, was das Lebensziel der Hindus ist. Diesbezüglich ist ein Coaching zur Selbstverwirklichung im westlichen Sinne mit Vorsicht zu genießen, was auch eine Persönlichkeitsanalyse i.S. von Identitäten begrenzt macht, da diese Vorstellung nicht dem klassischen indischen Denken entspricht.

Außerdem müssen Kommunikations-Tools mit Vorbehalt eingesetzt werden, denn es muss immer der typischen indischen Kommunikationsweise Rechnung getragen werden. Tools, die auf direkte Kommunikation, Fragestellungen und Äußerungen von Bedürfnissen und Wünschen abzielen, stoßen meiner Erfahrung nach grundsätzlich auf Widerstand. Eigene Bedürfnisse müssen im kollektivistischen indischen Kulturkreis aufgrund der starken Hierarchisierung immer im sozialen Kontext betrachtet werden, und direkte Kommunikation ist sozial nicht anerkannt und verfestigt zwischenmenschliche Probleme. Exemplarisch soll ein Tool beschrieben werden:

Kritisch: Eisbergmodell als Erkenntnismodell

Beschrieben nach Schwarz-Schilling & Müller Colli, 2008.

Zielgruppe, Themen Uneingeschränkt einsetzbar.

Einsatzziel Identifikation von individuellen Schlussfolgerungen, Meinungen, Überzeugungen und der eigenen Identität zur besseren Selbstanalyse von Verhaltens- und Gedankenmustern sowie emotionalen Mustern und der Wandlung der eigenen Position von einer Opfer- zu einer Urheberhaltung.

Coaching-Phase Analyse und Change.

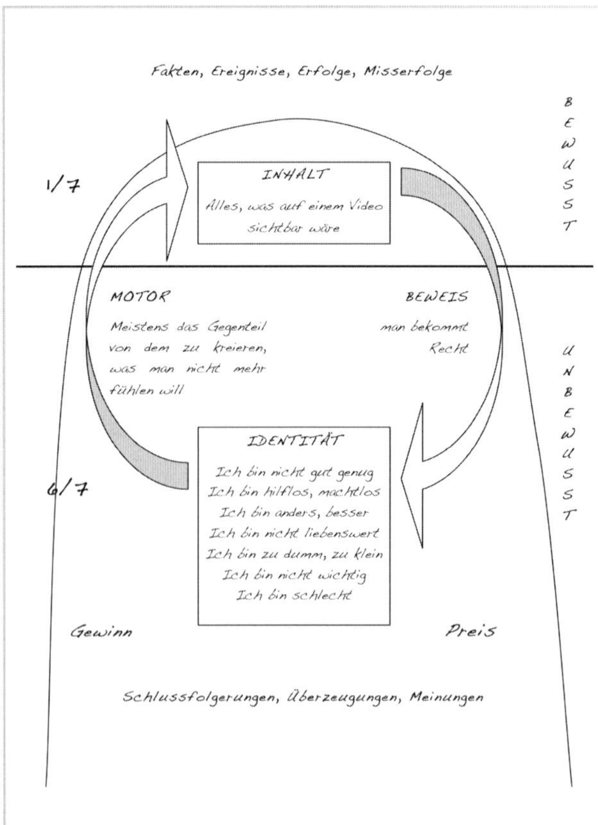

Abb. 3: Eisbergmodell nach Schwarz-Schilling & Müller-Colli (2008: S. 186).

Funktioniert weniger gut, weil ...

Grundsätzlich fällt es im Coachingprozess leicht, die Inhaltsebene zu identifizieren: was der Coachee bisher erreicht hat, wo er im Leben steht, seine Erfolge und Misserfolge, welche Ergebnisse er hat und welche fehlen. Meiner Erfahrung nach ist es schwierig, mit einem indischen Coachee sich dahinter verbergende Muster wie Schlussfolgerungen, Überzeugungen, Meinungen und seine Identität zu erarbeiten sowie darüber hinaus den Gewinn und Preis dieser Muster. Ich erlebe, dass zwar für viele indische Coachees ein Eisberg als Modell nachvollziehbar ist, allerdings nicht die Vorstellung von Gewinn und Preis, von Überzeugungen und von der Vorstellung einer individuellen, zu klassifizierenden Identität.

Konkretes Beispiel

Rajat, Mitte 20, arbeitsuchend, hatte viele negative Gedanken, die um Arbeit und Zukunft kreisten. Er suchte eine Arbeit, um dem Wunsch seines Vaters zu entsprechen, obwohl er sich lieber weiter im Ausland ausbilden lassen wollte. Er fand in Indien keine Anstellung und auch das Visum für Australien und Canada, trotz dort ansässiger enger Verwandter, wurde zum wiederholten Mal abgelehnt. Außerdem wollte Rajat erst in fünf Jahren heiraten, fürchtete jedoch, dass sein Vater ihn in naher Zukunft verheiraten würde.

Diese Ergebnisse und Fakten aus seinem Leben, welche sich auf der Inhaltsebene befinden, konnten mithilfe von Fragen – bereits auch aus vorhergehenden Sitzungen – gut identifiziert werden. Als es im zweiten Schritt darum ging, Rajat das Eisbergmodell zu erklären und es im 3. Schritt anzuwenden, scheiterte der Einsatz des Tools.

So war es schwer möglich, Rajat die Wechselwirkung bzw. Dynamik der Inhalte seines Lebens mit seinen eigenen Überzeugungen zu erklären und darüber hinaus diese zu identifizieren. Auch die theoretische Einführung von Gewinn und Preis eines Musters führte nur zu freundlichem Nicken und wurde von Rajat nicht verstanden, was sich durch indirektes Fragen offenbarte. Mit der Annahme, dass jedes Muster selbst gewählt ist, konnte Rajat auch nichts anfangen und nickte freundlich weiter.

So habe ich mich während der Sitzung als Coach entschlossen, auf andere Art und Weise an den negativen Überzeugungen des Klienten zu arbeiten und auf dieses Modell zu verzichten.

Mögliche Ursachen für die Problematik

Eine mögliche Ursache für das Unverständnis von der Annahme des Urheberstandpunkts und damit Eigenverantwortlichkeit des Coachee hinsichtlich der Ergebnisse und negativen wie positiven Situationen in seinem Leben ist die hinduistische Vorstellung des Karmas. Nach

diesem Konzept ist alles, was geschieht, eine Folge von Taten, also ein Resultat von Handlungen und Gedanken aus früheren Zeiten – auch früheren Leben – was an die Vorstellung von Samsara (Kreislauf der Wiedergeburt) gebunden ist. Dies scheint auf den ersten Blick nicht widersprüchlich, allerdings bezieht sich dieses Konzept auf einen langfristigen Zeitraum und keinen kurzfristigen, wie in der westlichen Kultur. Das heißt, negative Ergebnisse können Strafen aus anderen Zeiten sein, die man aktuell nicht beeinflussen kann. Dies spiegelt die zeitnahe geringe Selbstwirksamkeitserwartung wieder. Auch die Kontrollüberzeugungen sind im indischen Denken zwar internal, sodass die positiven oder negativen Ereignisse als Konsequenz des eigenen Verhaltens wahrgenommen werden. Allerdings liegt das Verständnisproblem auch hier in der kulturell determinierten zeitlichen Orientierung. In der westlichen Vorstellung ist Zeit linear und Menschen sind kurzzeitorientiert, wohingegen in der indischen Vorstellung Zeit zyklisch, also ein sich wiederholender Kreislauf ist, und Inder eher langzeitorientiert denken, also auch nicht mit sofortigen Konsequenzen rechnen.
Dies hat einen wesentlichen Einfluss auf das Ursache-Wirkungs-Verständnis und die Anwendbarkeit des Tools, welches kurzfristige Veränderungen durch Unterbrechung von Gedanken-, Handlungs- und Gefühlsmustern ermöglicht.

Lösungsoptionen/ Alternativen

Abseits des Eisbergmodells empfiehlt sich das Aufdecken von Glaubenssätzen, also unförderlichen Überzeugungen und Gedanken bezüglich der Wahrnehmung von u.a. gegenwärtigen Situationen und Erlebnissen. Alte Überzeugungen können ersetzt werden durch neue, die wie Mantren angewendet werden können und zu einer kognitiven Umstrukturierung führen. Neue förderliche Überzeugungen können als Hausaufgaben in Form von Mantren an den Coachee gegeben werden, mit denen er dann meditieren kann. Wenn die Veränderung von Gedanken also nicht sofort zu einer Veränderung der Ergebnisse führt, so leitet sie eine auch kurzfristig veränderte Wahrnehmung ein.

Das Tool kann jedoch gut als Erkenntnismodell für den westeuropäischen Coach dienen.

4. Hilfestellungen

Zentrale Aspekte für den Erfolg von Coaching in Indien

Im indischen Kontext wird großen Wert auf höfliches Auftreten gelegt. Dies sollte besonders beim Beziehungs- und Vertrauensaufbau im Vordergrund stehen. Hohe Werte innerhalb der indischen Kultur stellen Respekt, Würde, Humor und Gastfreundschaft dar. Dies bringen Inder jedem entgegen und erwarten es gleichermaßen von ihrem Gegenüber. Demzufolge sollte dies immer auch extra in den Coachingprozess mit eingeflochten werden. Ein Einstieg gelingt immer über das Fragen nach Familie, Frau/Mann und Kinder. Hinsichtlich des indischen Humors empfiehlt es sich, Bollywood-Filme zu schauen, um davon Wissen und Beispiele mit einfließen lassen zu können.

- Vertrauensverhältnisse basieren in Indien auf freundschaftlichen Verhältnissen, deshalb ist ein Einstieg leichter auf Grundlage der Empfehlung durch einen seriösen Mittelsmann.
- Ein weiblicher Coach sollte in der stark hierarchisierten und männerdominierten indischen Kultur auf zurückhaltende Bekleidung zurückgreifen und sich hinsichtlich seiner Kompetenz positionieren. Durch eine wachsende Frauenquote kommt es in den jüngeren Generationen bereits zu Veränderungen der alten Hierarchien und der Respekt im Arbeitskontext gegenüber Frauen steigt.
- Im Coachingprozess ist es wichtig, immer das System des Coachee zu berücksichtigen und mit einzubeziehen. Es muss darauf geachtet werden, welches die Rolle des Coachee in Religion (u.a. Kaste), Gesellschaft, Familie, Dorf oder Stadt, Arbeit und als Mann oder Frau ist. Dies hat wesentlichen Einfluss auf die Coaching-Methoden und deren Wirksamkeit.
- Innerhalb des Coachingprozesses ist es immer wieder eine Herausforderung, dem Coachee die Rolle des Coachs im Vergleich zum Berater deutlich zu machen. Ich habe die Erfahrung gemacht, dass viele Inder einen Berater anstelle eines Coachs erwarten und dies im Coachingprozess immer wieder getestet wird. Eine Begründung liegt in dem althergebrachten, traditionellen Guru-Schüler-Verhält-

nis. Als Coach müssen Sie sich immer wieder klar abgrenzen von der Beraterrolle.

- Ich erlebe indische Coachees in ihrem Denken als sehr analytisch und intellektuell, und oft wird mehr als nur praktisches Wissen gewünscht. Nutzen Sie theoretische Modelle, die Sie mit praktischen Beispielen anreichern.
- Eignen Sie sich ein Grundwissen hinsichtlich der hinduistischen Religion und der indischen Mythologie an. Zum einen haben indische Coachees, mit denen ich zusammengearbeitet habe, mein Wissen getestet und zum anderen können Sie damit den Coachingprozess mit Beispielen und indischen Fabeln anreichern und damit Verstehen und Verständnis kreieren.
- Grundsätzlich sollte im Coaching im indischen Kontext auf folgende sensible Themen Rücksicht genommen werden: (1) Religion: Diversität der Religionen und Götter in Indien beachten, Gotteslästerung vermeiden, viele Inder können das Konzept des Atheismus nicht nachvollziehen. (2) Politische und gesellschaftliche Vorbilder genau prüfen. (3) Themen wie Häusliche Gewalt, Vergewaltigung, Sexualität meiden.
- Im indischen Kontext ist es schwer, Nein zu sagen, denn es wird kulturell als beleidigend betrachtet und erschwert den weiteren Beziehungsverlauf. Ich erlebe oft, dass Widersprüche und Meinungsverschiedenheiten des Coachee mittels Vagheit und mangelndem Commitment ausgedrückt werden. Eine Antwort wie „I will try" muss mit Vorsicht betrachtet werden, da es wahrscheinlich ein Nein bedeutet. Darüber hinaus besteht die Gefahr, dass der Coachee sagt, was der Coach vermeintlich hören will, anstelle seiner wirklichen Überzeugung. Versuchen Sie nicht einen indischen Coachee zu drängen, direkter und offener zu kommunizieren, als es für ihn behaglich ist, sonst besteht die Gefahr, den Coachee einzuschüchtern. Seien Sie als Coach vorsichtig mit einem klaren Nein.
- Da Inder oft aus Höflichkeit nicht nachfragen, sollten Sie öfter nachhaken, ob Unklarheiten bestehen. Fragen wie „Haben Sie das verstanden?" werden im indischen Kontext per se mit „Ja" beantwortet. Stellen Sie dem Coachee offene Fragen, die genau prüfen, was er verstanden hat.
- Deuten Sie indische Körpersprache richtig, um Missverständnisse zu vermeiden: Beispielsweise ist ein Kopfnicken nicht immer ein „Ja" oder „Nein", sondern kontextabhängig, oder das Nicht-in-die-Augen-Schauen ein Ausdruck von Respekt und nicht von Unehrlichkeit. Machen Sie sich frühzeitig mit den nonverbalen Codes vertraut!

Literaturhinweise, Quellen

Coaching Indians (2011): India Education. Verfügbar unter: http://www.coachingindians.com [Zugriff am 10.05.2012].

Ganeri, J. (2001). Philosophy in Classical India. The proper work of reason. London/New York: Routledge.

Körppen & Mkhize, Schell-Faucon (2008): Evaluation Report Peacebuilding Programme of Sinani – Kwa Zulu Natal Programme for Survivors of Violence South Africa. Berlin: Berghof Foundation for Peace Support.

Remmert, G. W. (2010). Lösungen mit System: Methoden der lösungsfokussierten systemischen Strukturaufstellungen. Seminarhaus Schmiede. Verfügbar unter: http://www.seminarhaus-schmiede.de/copy/seminarskripts.html [Zugriff am 10.05.2012].

S.W.A.T. Institute Blog. (2011). Life Coaching in India. Verfügbar unter: http://www.swatinstitute.com/blog/Life Coaching-in-india/ [Zugriff am 15.05.2012].

Schwarz-Schilling, A. & Müller-Colli, Ch. (2008). Gemeinsam frei sein. Wege ins Beziehungsglück. Berlin: Orlanda.

Varga von Kibed, Matthias & Sparrer, Insa (2003): Ganz im Gegenteil – Tetralemmaarbeit und andere Grundformen Systemischer Strukturaufstellung für Querdenker und solche, die es werden wollen. Heidelberg: Carl-Auer-Systeme Verlag.

Worldwide Association of Business Coachs. (2011). Five Keys to Successful Business Coaching in India. Verfügbar unter: http://www.wabcCoachs.com/blog/five-keys-to-successful-Business Coaching-in-india-by-kim-benz-and-sasmita-maurya/ [Zugriff am 10.05.2012].

5. Über die Autorin

Seit wann coachen Sie?

Als diplomierte Kommunikationspsychologin und zertifizierter Coach coache ich seit 2007.

Welche Coaching-Ausbildung haben Sie?

Meiner Coaching-Ausbildung bei der Coaching Spirale ® GmbH liegt ein systemisch integrativer, ganzheitlicher Ansatz zugrunde, der schwerpunktmäßig als kontextuelles Coaching zu verstehen ist.

Seit wann coachen Sie Klienten aus Indien?

Klienten aus dem indischen Kulturkreis coache ich seit 2010.

In welchem Kontext arbeiten Sie als Coach mit Indern?

In Indien bin ich als Interkultureller Coach und Trainer für eine nordindische NGO tätig, welche junge indische Expatriats auf weltweite Auslandsaufenthalte vorbereitet.

Zu welchen Schwerpunktthemen coachen Sie?

Im Rahmen des interkulturellen Coachings liegt mein Hauptfokus auf den Themen Intercultural Communication, Work-Life-Balance, Intercultural Awareness Trainings und Cross-Cultural Team Building. Konkret im indischen Setting coache ich schwerpunktmäßig zu den Themen Career und Life Management, Führungskräfteentwicklung und Expatriation.

Interkulturelles Coaching in ...

Arabischen Ländern

In diesem Beitrag finden Sie:

1. Coaching in arabischen Ländern – eine Einführung

von Fadja Ehlail

Wie verbreitet ist Ihrer Ansicht nach Coaching in arabischen Ländern?

Große gesellschaftliche Heterogenität

Den typischen arabischen Klienten gibt es nicht. Mehr noch als viele andere Kulturen zeichnet sich der arabische Kulturkreis durch sehr große Heterogenität sowie soziale, geografische, wirtschaftliche und kulturelle Vielfalt aus. Selbst die arabische Sprache, die häufig als gemeinsames und verbindendes Merkmal herangeführt wird, teilen nicht all jene, die sich selbst als Araber bezeichnen.

Familie als zentrale Einheit

Dennoch gibt es einige Werte, die in weiten Teilen der arabischen Welt, die sich südlich des Mittelmeeres von Marokko bis Ägypten und östlich des Mittelmeeres vom Jemen über die Länder der arabischen Halbinsel bis nach Syrien und den Irak erstreckt, zumeist geteilt werden. So stehen die Familie und deren Wohl als zentrale Einheit im Vordergrund. Individuelle Entscheidungen sind häufig unpopulär und werden häufig nicht sehr geschätzt. Die Familie oder der Clan sichern auch heute noch in vielen Ländern das Überleben des Einzelnen, gerade dort, wo der Staat versagt, wo Korruption und staatliche Unterdrückung zu Armut und Leid führen. Doch auch diese Strukturen können variieren. In Saudi-Arabien finden sich tendenziell eher autoritärere Ausprägungen der familiären Strukturen als beispielsweise im Libanon. Diese Fakten haben entscheidende Auswirkungen auf die Coaching-Beziehung mit arabischen Klienten.

Wunsch nach Harmonie

Neben der Familie ist die Harmonie ein weiterer, sehr wichtiger und entscheidender Faktor in der arabischen Gesellschaft. Konflikte werden nur sehr selten offen angesprochen und es gilt als ungehörig, Probleme offen und direkt zu adressieren. Arabische Führungskräfte geben beispielsweise eher selten direkt Feedback, sie beauftragen oft andere damit, die dann indirekt Feedback an die Mitarbeiter weitergeben, die kritisiert werden sollen.

Coaching kann in diesem Zusammenhang oft als das Anerkennen einer Schwäche gesehen werden. Generell sind Methoden, die in den Dunstkreis der Psychologie gerückt werden, den Angehörigen der arabischen Kultur nach meiner Erfahrung eher suspekt. Hinzu kommt, dass es in der arabischen Kultur eher unüblich ist, sich selbst zu reflektieren, da man das, was man tut, vorrangig im Zusammenhang mit dem Kollektiv und zum Wohle der Gemeinschaft tut. Das eigene Selbst wird nicht in den Vordergrund gerückt in einer Kultur, die von familiären Strukturen geprägt ist und in der die Beschäftigung mit den eigenen Wünschen und Bedürfnissen im schlimmsten Fall zu Konflikten mit dem Clan oder mit der Familie führen kann, die es zu vermeiden gilt.

Coaching ist weniger verbreitet

Coaching ist bisher somit nicht sehr weit verbreitet. Eher finden sich Mediatoren und Vermittler, wie wir sie auch in den Clanstrukturen und im arabischen Rechtssystem, der Scharia, finden. Führungskräfte, die international tätig und mit den westlichen Konzepten des Selbst vertraut sind, können sich wahrscheinlich eher auf ein „herkömmliches Coaching" nach westlichen Vorgaben einlassen. Meine Erfahrung hat jedoch gezeigt, dass Coaching-Konzepte ein wenig angepasst werden sollten an arabische Klienten.

Wie ist die gesellschaftliche Sicht auf das Thema?

Trotz oder gerade wegen der Tendenz zur Konfliktvermeidung entstehen Reibungen in den Teams. Junge Mitarbeiter dürfen häufig keine Fehler machen und haben somit auch wenig Lernfelder, da immer die Gefahr besteht, dass sie durch einen Fehler das eigene Gesicht verlieren und Schande über das Team bringen – ein Konzept, das westlich geprägten Managern und Coachs meist fremd und nur schwer zugänglich ist. Zumeist werden dann Coachs angefragt, die als Vermittler zwischen Teams arbeiten sollen. Die Trennschärfe zwischen Coach und Mediator ist hier nicht so klar wie in westlichen Kulturen.

Coaching kann in den arabischen Ländern kritisch gesehen werden, da es eher als unschicklich gilt, sich zu sehr mit seinen eigenen Belangen und Problemen auseinanderzusetzen. Es kommt meiner Ansicht nach wesentlich häufiger vor, dass sich arabische Führungskräfte, die eng mit westlichen Ländern zusammenarbeiten oder sich für geschäftliche Kooperationen häufig im Westen aufhalten, einen Coach in dem jeweiligen Partnerland suchen, wenn sie bei Kollegen im Westen gesehen haben, dass dies ein wirkungsvolles Instrumentarium zur eigenen Entwicklung sein kann oder wenn Vorgesetzte ein Coaching vorschlagen.

Die Kunst des Geschichtenerzählens

Als Coach habe ich, wie bei Coachings mit westlichen Klienten auch, die Aufgabe, gut zuzuhören, mich auf die Erzählungen des Klienten einzulassen und dem Klienten Raum zu geben, sich auszubreiten. Bei Coaching mit Arabern kommt jedoch dem Aspekt des Ausbreitens des Klienten in meinem Erleben besondere Bedeutung zu, denn eines haben viele Araber gemeinsam – sie sind gute Geschichtenerzähler. Das Geschichtenerzählen hat ja eine sehr lange und tief verwurzelte Tradition in der arabischen Kultur, was auch in einem Coaching zum Tragen kommen kann. Der Coach ist daher besonders gefordert, sich im Zuhören zu üben, genau aufzupassen, was Themen sein könnten, an denen weitergearbeitet werden kann und wie sich der Klient positioniert.

Die blumige Sprache der Araber kann dabei eine zusätzliche Herausforderung für den Coach darstellen. Ich habe die Erfahrung gemacht, dass die meisten Araber selten direkt sagen, was sie meinen und sich ungern festlegen. Aus deutscher Sicht kann dies als „um den heißen Brei reden" wahrgenommen werden, Geschichten können sich in Details verlieren. Jeder, der schon einmal einen Roman von Rafik Schami gelesen hat, weiß, was damit gemeint ist. Daher kann es für den Coach schwierig sein, genau herauszufinden, an welchen Themen tatsächlich weitergearbeitet werden kann. Rafik Schami ist ein begnadeter syrisch-deutscher Schriftsteller, der in zahlreichen Romanen auf sehr arabische Art und Weise die arabische Welt beschreibt und dem Leser das Leben in der vergangenen und heutigen arabischen Welt nahebringt. Jedem Coach, der mit Arabern arbeitet empfehle ich seine Lektüre wärmstens. In der Literaturliste im Anhang finden sich exemplarisch einige Vorschläge.

Sprachbarrieren

Nicht zuletzt ist die Fremdsprache eine Hürde, die zu Missverständnissen führen und den Beziehungsaufbau erschweren kann. Dennoch ist ein Coaching mit Arabern auch in anderen Sprachen als Arabisch möglich und kann durchaus zielführend sein. Die wenigsten im Westen tätigen Coachs werden der arabischen Sprache so mächtig sein, dass sie ein Coaching durchführen können. Ich finde, entscheidender als die Sprache sind die Tools, mit denen der Coach arbeitet, um den Klienten zu unterstützen und die Beziehung zu stärken.

Typische Beziehung zwischen Coach und Coachee in der arabischen Kultur

Vertrauen ist in der arabischen Kultur sehr wichtig. Die Trennung von Beruflichem und Privatem ist unüblich, was meiner Meinung nach einen wesentlichen Unterschied zur westlichen Kultur darstellt. Viele wirtschaftliche Beziehungen basieren nicht auf Verträgen sondern auf

Wirtschaftliche Beziehungen auf gegenseitigem Vertrauen

gegenseitigem Vertrauen und familiären Strukturen. Einen Geschäftspartner zu hintergehen, der einem vertraut, geht mit dem eigenen Gesichtsverlust einher, den die meisten Araber unter keinen Umständen leichtfertig riskieren.

Ich habe die Erfahrung gemacht, dass in westlichen Kulturen Coachs tendenziell eher wenig von sich preisgeben und die Beziehung zu dem Klienten von kurzer Dauer ist – und auch als solche definiert wird. In arabischen Kulturen habe ich es aufgrund der oben beschriebenen Zusammenhänge als hilfreich erlebt, dass der Coach auch etwas von sich selbst zeigt, von seiner Familie erzählt, sich öffnet, vielleicht sogar Fotos zeigt und kleine positive und humorvolle Geschichten aus seinem eigenen Leben preisgibt, die nach westlichem Coachingverständnis vielleicht eher nicht in ein Coaching gehören. Wenn der Coach sich dessen verwehrt, könnte es schwierig werden, mit dem Klienten zu arbeiten. Sobald ein Vertrauensverhältnis etabliert ist, erhöht sich nach meiner Erfahrung die Chance, dass sich der Klient öffnet und mit dem Coach eine Beziehung auf Augenhöhe etabliert. Selbstverständlich gilt dies auch für Coachings im westlichen Kulturraum, der Unterschied liegt meiner Ansicht nach in den Wegen, die zum Vertrauensaufbau mit dem Klienten beschritten werden.

In welchen Bereichen mussten Sie das klassische Grundkonzept von Coaching anpassen, um erfolgreich coachen zu können?

Lebensumstände des Klienten kennenlernen

Um eine fundierte und fruchtbare Beziehung mit dem Klienten eingehen zu können, ist es zunächst von zentraler Bedeutung, die genauen Lebensumstände abzufragen und kennenzulernen. Gleichermaßen erlebe ich es als hilfreich, wenn ich meine eigenen Lebensumstände schildere und nach Gemeinsamkeiten und verbindenden Elementen mit dem Klienten forsche.

Die Kommunikation in arabischen Kulturen ist eher indirekt, daher ist es auch schwierig, direkte Fragen an den Klienten zu stellen. Die Wahrscheinlichkeit, dass dies ins Leere führt, erlebe ich als recht hoch. Vielmehr sehe ich es als meine Aufgabe an, einen Raum zu schaffen, in dem der Klient bereit ist, von seiner Familie, seinen Kindern, seinen Interessen etc. zu berichten, um dann gemeinsam den beruflichen Kontext beleuchten zu können.

Ebenso macht es nach meiner Erfahrung wenig Sinn, den Klienten direkt nach seinen beruflichen Zielen im Coaching zu fragen. Die arabische Kultur ist eher kurzzeitorientiert. Lange und ausführliche Zukunftsplanung ist im Gegensatz zu westlichen Kulturen eher unüblich.

Schaut man sich den Begriff des „Inshallah" (So Gott will) an, den Araber sehr häufig gebrauchen, wird deutlich, dass sie die Verantwortung für die Zieldefinition nicht bei sich selbst, sondern vielmehr in der höheren Instanz, also bei Gott (oder Allah) sehen. In diesem Wahrnehmungskontext halte ich es nicht für zielführend, nach direkten Zielen und Vereinbarungen zu forschen.

Unterschiedlicher Zeitbegriff

Der Zeitbegriff unterscheidet sich darüber hinaus enorm von westlichem Denken und Handeln. Zeit, so denken viele Araber, ist im Übermaß vorhanden und muss nicht so strikt eingeteilt werden. Ein Coach sollte das berücksichtigen, da Hast und Eile als Respektlosigkeit interpretiert werden können. Wenn ein Coaching für 1,5 Stunden angesetzt ist, sollte der Coach damit rechnen, dass es gerne auch mal 3 Stunden dauern kann. Eine Investition, die es möglicherweise in die Preisgestaltung mit einzurechnen gilt.

Offene Geschichten zulassen

Nicht ohne Grund sind viele Araber als gute Geschichtenerzähler bekannt und berühmt. Auf diese Tradition sind viele Araber sehr stolz. Die Kaffeehauskultur in den meisten arabischen Ländern hat sich nicht zuletzt durch diesen Umstand entwickelt – viele Araber lieben es, zusammenzusitzen und zu erzählen, und dabei ist es gar nicht so entscheidend, welche Meinung der Einzelne nun vertritt, sondern vielmehr, dass die Erzählung im Fluss gehalten wird, dass bei Tee mit viel Zucker gelacht und diskutiert wird. Was wie eine stereotype Beschreibung aus einem Reiseführer klingt, erlebe ich tatsächlich als einen integralen Bestandteil der arabischen Kultur, das Geschichtenerzählen spielt somit auch oft eine Rolle im Coaching.

Wenn ich als Coach erfolgreich mit dem Klienten arbeiten will, ist es wichtig, dass der Klient sich entfalten kann, erzählen kann, blumig ausschmücken kann und sich nicht unbedingt festlegen muss. In Coaching-Situationen, wie sie im Westen oft etabliert werden, wird häufig der Kontext mit Rückbezug auf Aussagen des Klienten definiert und festgelegt. Der Coach fragt genau nach, geht ins Detail, klopft die Situation ab. Ich denke, dass Klienten aus den arabischen Ländern sich möglicherweise von diesem gezielten Nachfragen unter Druck gesetzt fühlen können, da sie es in ihren eigenen eher zirkulären und weniger linearen Kommunikationsstrukturen nicht gewohnt sind, auf definitive Aussagen festgelegt zu werden. Daher greife ich auf Methoden zurück, die offene Geschichten zulassen, die Raum lassen für das Erzählen und Berichten, ohne den Klienten zu sehr festzulegen.

2. Passende Coaching-Tools

Passend: Innere Kräfte

Beschreibung in Anlehnung an das Innere Team nach Schulz von Thun (2004) und Voice Dialogue (Stone & Stone (1985).

Zielgruppe, Themen

Wie alle anderen Klienten kommen jene aus den arabischen Ländern mit den unterschiedlichsten Fragestellungen in ein Coaching. Nach dem Aufbau der Beziehung zwischen Klient und Coach geht es den meisten darum, Klärung zu erhalten zu Fragen der beruflichen Entwicklung, wobei zumeist das Private nicht außen vor bleiben kann und sollte. Das Kräftemodell, das sich an das Innere Team von Schulz von Thun anlehnt, ermöglicht dem Klienten, positiv auf Erreichtes zu schauen und ressourcenorientiert Entscheidungen zu treffen. Das Kräftemodell ist passend für Klienten, die sich in einem Entscheidungsprozess befinden und ressourcenorientiert Lösungen erarbeiten wollen.

Einsatzziel

Ziel des Tools ist die Klärung der inneren Prozesse und das Erweitern der Entscheidungsmöglichkeiten. Zudem gilt es, den Klienten darin zu unterstützen, multiperspektivisch auf seine Prozesse zu schauen.

Coaching-Phase

Nachdem der Klient und der Coach sich kennengelernt und Vertrauen gefasst haben, das Coaching wird frühestens in der zweiten Sitzung eingesetzt.

Funktioniert meist gut, weil …

Die arabische Kultur ist sehr gruppenorientiert und eher kollektivistisch, das heißt, dass das Wohl des Einzelnen zum Wohl der Gruppe oft in den Hintergrund tritt. Beim Kräftemodell arbeitet der Klient mit seinem inneren Team, seiner inneren Mannschaft und kann sich selbst eher kollektivistisch als individualisiert aufstellen. Das Tool knüpft damit unmittelbar an die Lebenswirklichkeit arabischer Klienten an.

Dauer

1,5 Stunden bis hin zu mehreren Sitzungen.

Voraussetzung/ Vorbereitung

Der Klient sollte Vertrauen zum Coach aufgebaut haben und bereit sein, etwas von sich selbst preiszugeben. Die Arbeit an den inneren Kräften ist sehr intensiv und kann viele Emotionen anstoßen. Der Coach sollte dafür sorgen, dass der Raum so gestaltet ist, dass für Ruhe gesorgt ist. Außerdem sollte der Coach damit rechnen, dass die Sitzung länger dauern kann als 1,5 Stunden und nicht unbedingt einen unmittelbaren Anschlusstermin nach dem Coaching vereinbaren. Da der Klient bei diesem Tool aufgefordert wird, zu malen, sollten bunte Stifte, am besten Ölkreiden in vielen Farben, bereitliegen.

Beschreibung

Der Klient wird gebeten, sich eine Fragestellung zu überlegen, die ihn unmittelbar beschäftigt. Da der Coach ja bereits mindestens eine Sitzung mit dem Klienten hatte, besteht die Möglichkeit, dass er eine Fragestellung vorschlägt, die er aus der vorangegangenen Arbeit mit dem Klienten herausgearbeitet hat. Für ungeübte Klienten ist es manchmal nicht einfach, eine geeignete Fragestellung zu finden. Fragen, die sich für das Kräftemodell eignen sind beispielsweise: *„Will ich von Abu Dhabi nach Frankfurt umziehen und meine Familie mitnehmen?“; „Will ich meine Stelle kündigen und eine neue Anstellung in einer anderen Firma annehmen?“* Etc. Wenn die Fragestellung klar ist, schreibt der Klient die Frage mit bunten Stiften auf ein großes Papier im DIN-A3-Format. Um die Kreativität zu fördern, kann der Coach den Klienten bitten, den Satz mit der Hand zu schreiben, mit der der Klient normalerweise nicht schreibt, also Linkshänder mit rechts und Rechtshänder mit links. So bekommt der Klient Abstand von den eigenen kognitiven Denkmustern und ist offener für die Arbeit mit den Kräften.

Nun stellt der Klient seine inneren Kräfte auf. Unterstützt durch den Coach erzählt der Klient, welche Stimmen laut werden, wenn er sich diese Fragen stellt. Der Coach kann nachfragen: *„Gibt es jemanden, der zögert? Jemand, der das unbedingt will? Wer ist da noch?“* Und so kommt der Klient auf viele seiner inneren Kräfte, denen er schließlich Namen gibt wie „Superman“, „graue Maus“, „der Zögerer“, „die Nörglerin“ etc.

Im Anschluss daran bittet der Coach den Klienten, die Kräfte zu malen. Dazu sollten bunte Stifte bereitliegen. Am besten funktionieren hier Ölkreiden. Die Kräfte sollten so figürlich wie möglich gemalt werden, nicht abstrakt, keine Strichzeichnungen, es sollten Personen erkennbar sein. Wenn der Klient fertig ist, schauen sich Coach und Klient das Bild gemeinsam an und der Klient berichtet über seine Gefühle beim Malen.

Dann schauen sich beide zusammen noch einmal die Ausgangsfrage an und betrachten den Prozessstand in Bezug auf die Frage nach dem Zeichnen. Meist sieht der Klient klarer und ist erfreut über die vielen Kräfte, die ihm zur Verfügung stehen. Ziel ist es, dass der Klient erkennt, dass all diese Kräfte Teile von ihm sind – und wichtig sind für den Entscheidungsprozess und dass er auch alle befragen kann, wenn es um die Entscheidungsfindung geht – und dass er letztlich doch als Regisseur der Kräfte entscheidet, was passieren kann und soll.

Konkretes Beispiel

Ein Klient hat sich sehr schwergetan mit der Frage, ob er sich beruflich verändern und damit in Kauf nehmen sollte, weniger Zeit für die Familie zu haben, da er sich im neuen Job viel im Ausland aufhalten würde. Oder sollte er den derzeitigen Job behalten und akzeptieren, dass er wenig Chancen auf eine Weiterentwicklung hat, dafür aber mehr Zeit mit der Familie verbringen könnte? Im arabischen Kulturkreis ist oftmals die Familie entscheidend. Ein Leben ohne die Angehörigen wird als nicht wertvoll angesehen.

Nachdem der Klient das Bild mit den Kräften gemalt hatte, wurde sehr deutlich, dass er den Ehrgeiz und die anderen Kräfte, die den Schritt in die berufliche Beförderung vorantreiben, eher abwertete und die Familie eher aufwertete. Positive Kräfte, derer er sich vorher nicht bewusst war, haben mehr Raum bekommen, wie z.B. der Lustige, aber auch der Ängstliche und Scheue. Im Verlauf der Sitzung wurde immer klarer, dass er nicht nur bei seiner Familie bleiben wollte, sondern Angst vor der Veränderung als solche hatte, was ihm vorher nicht klar war. Schließlich hat er am Ende des Prozesses die neue Herausforderung angenommen und ausgehandelt, dass er nicht ganz so oft ins Ausland müsse, wie anfangs geplant, eine Lösung, die zum Zeitpunkt des Coachings mit allen inneren Kräften vereinbar war.

Mögliche Probleme

Manche Klienten tun sich schwer mit dem Malen, weil sie es nicht gewohnt sind und Hemmungen haben, das gilt auch für Klienten aus dem arabischen Kulturkreis. Hier darf der Coach ruhig ermutigen und zur Not auch den Raum verlassen, damit der Klient mit sich selbst und seinen Kräften in Kontakt kommen kann.

Manchmal kann es auch schwierig sein für den Klienten, mit den Kräften in Kontakt zu kommen. Gerade bei arabischen Klienten habe ich die Erfahrung gemacht, dass es helfen kann, den Klienten aufzufordern, einfach zu erzählen, was alles bei dieser Frage eine Rolle spielt und wie die Entscheidungsschwierigkeiten zustande gekommen sind.

Da Araber tendenziell eher fantasievolle Erzähler sind, hilft das Geschichtenerzählen, um sich zu öffnen und Themen und Fragestellungen zu entdecken.

Passend: Du hast eine Wunsch frei (Wunschdyade)

Beschreibung nach Plate (1985) und Vermeulen (2001).

Zielgruppe, Themen

Alle Klienten.

Einsatzziel

Ziel des Tools ist es, Wünsche und verdeckte Fähigkeiten des Klienten aufzudecken und den Klienten mehr in Kontakt zu seinen inneren Vorstellungen und Wünschen zu bringen.

Coaching-Phase

Das Tool kann bereits beim ersten Treffen angewendet werden.

Funktioniert meist gut, weil ...

Da ich viele Araber tendenziell als eher fantasievoll und emotional erlebe und das Wünschen und die Erfüllung von Wünschen in der arabischen Kultur sehr verbreitet sind, habe ich die Erfahrung gemacht, dass sich arabische Klienten gerne auf diese Übung einlassen.

Dauer

15-20 Minuten.

Vorbereitung

Es ist keine besondere Vorbereitung nötig.

Beschreibung

Die Idee von „Du hast einen Wunsch frei" ist, dass der Klient mit Freude auf seine Themen schaut und erkennt, dass er selbst für sein Glück verantwortlich ist. Wünsche haben wir viele, wenn jemand sagt, er sei wunschlos glücklich, dann ist das meist eine Floskel, die mit der Idee von Bescheidenheit als Tugend verknüpft ist.

In der dyadischen Kommunikationsform nach Werner Plate (1985) richtet der Coach immer wieder die gleiche Frage an den Klienten (*„Bassam, Du hast einen Wunsch frei ..."*). Der Klient äußert einen Wunsch. Der Coach bedankt sich, ohne zu kommentieren und fragt die gleiche Frage erneut. Sollte dem Klienten nichts mehr einfallen, wiederholt der Coach die Frage nach einer Weile. Insgesamt fragt der Coach etwa 15 Minuten lang. Der Coach kann die Antworten aufschreiben oder einfach nur zuhören.

Konkretes Beispiel

Ein Klient wurde von seinem Chef in ein Coaching geschickt, weil er in dem Labor, in dem er arbeitete, keine gute Performance ablieferte. Er wirkte sehr unglücklich. Nachdem er seine Wünsche geäußert hatte, lachte er wieder und ihm wurde klar, dass er sich vom Chef mehr Lob und Anerkennung wünscht und auch, dass der Chef sich mehr Zeit für ihn nimmt. Vorher konnte er das so nicht formulieren. Außerdem wünschte er sich mehr Freunde und einen Grillabend bei sich zu Hause. Einige Wochen später hatte er das realisiert und freute sich darüber, nun wieder mehr Einfluss auf sein Leben und die Gestaltung seines Umfeldes zu haben.

Mögliche Probleme

Manchmal fallen Klienten keine Wünsche mehr ein und sie sagen z.B. *„Ich habe keine weiteren Wünsche"*, dann kann der Coach nachhelfen, indem gefragt wird: *„Was würdest Du Dir denn nie erlauben zu wünschen?"; „Denk mal an Deine Kindheit, was hast Du Dir denn am meisten gewünscht?"* Prinzipiell sollte der Coach aber bei der „Du hast einen Wunsch frei"-Frage bleiben. Nur wenn dem Klient die Ideen ausgehen, sollte der Coach nachhelfen.

3. Kritische Coaching-Tools

Analyse der inneren Antreiber nach der Transaktionsanalyse

Beschreibung nach Eric Berne (2001).

Zielgruppe, Themen

Die Analyse der inneren Antreiber ist prinzipiell für alle Klienten geeignet, besonders wenn Konflikte z.B. mit Mitarbeitern oder Kollegen bestehen oder wenn wichtige Entscheidungen anstehen und der Klient sich nicht sicher ist, welche Schritte er als Nächstes unternehmen soll.
Ziel des Tools

Einsatzziel

Das Ziel der Antreiberanalyse, die auf der Theorie der Transaktionsanalyse beruht, ist das Erkennen der eigenen inneren Prädisposition und das Formulieren individueller Erlaubnisse, die zur Konfliktlösung und Entscheidungsfindung verhelfen. Die Transaktionsanalyse legt dar, dass wir in frühester Kindheit bestimmte Verhaltensmuster durch die Interaktion mit Eltern, Lehrer und nahestehenden Personen erlernen, mit denen gewisse kulturelle und soziale Verhaltenserwartungen verbunden sind (Berne, 2001). Sie unterscheidet in drei Ich-Zustände, die sowohl in jedem Einzelnen vorhanden sind als auch in zwischenmenschlichen Interaktionen zum Tragen kommen: Eltern-Ich, Kind-Ich und Erwachsenen-Ich (siehe für weiterführende Literatur die Liste am Ende dieses Kapitels). Um unterbewusste Verhaltensmuster aufzudecken und zu verändern, arbeitet die Transaktionsanalyse unter anderem mit den fünf inneren Antreibern, die in unterschiedlich starker Ausprägung in jedem von uns vorhanden sind. Die Ausprägung der Antreiber („Sei stark", „Mach es allen recht", „Streng Dich an", „Sei perfekt" und „Mach schnell") lässt sich anhand eines einfachen Tests (z.B.: http://kibnet.org/fix/lpb/content/05_der_lernende/5_6_lerntest.html) leicht herausarbeiten. Der Klient erhält Fragen, die er ankreuzt und die im Anschluss an die Auswertung nach einem vorgegebenen Schlüssel Aufschluss darüber geben, welche Antreiber sein Handeln dominieren.

Meist sind die Klienten nicht sehr überrascht über das Ergebnis und fühlen sich in den Gefühlen, die sie hatten, bestätigt. Durch das Sichtbarmachen dessen, was der Klient bereits unterbewusst spürt, ist die Weiterarbeit mit den Antreibern im Allgemeinen sehr fruchtbar. Jeder Antreiber ist mit Erlaubnissen verknüpft, die dazu dienen, die positiven Kräfte der Antreiber in den Vordergrund zu stellen und mit den weniger produktiven Kräfte in Einklang zu bringen. Dies bearbeite ich mit den Klienten im Anschluss an den Test. Häufig wende ich in Coachings den Antreibertest an, um eine Grundlage für die Arbeit mit den Kräften und dem inneren Team zu legen.

Coaching-Phase

Den Test verwende ich meist in der zweiten Sitzung, wenn bereits ein Vertrauensverhältnis besteht. Der Test und die Antreiber bieten eine gute Grundlage zum Weiterarbeiten mit verschiedenen Tools und Interventionen.

Funktioniert weniger gut, weil ...

Nach meiner Erfahrung mit arabischen Klienten führt das Arbeiten mit dem Test eher zu Irritation als zu Aha-Erlebnissen. Generell habe ich einen Widerstand gegen die normative Form des Vorgehens gespürt. Die Fragen im Test basieren auf einer Theorie, die das Individuum und dessen Handeln in den Vordergrund stellt. Arabische Klienten haben geäußert, dass sie sich sowohl mit den Fragen schwertun als auch die Form der Analyse fremd und wenig ansprechend finden. Möglicherweise liegt dies in der eher kollektiven Orientierung der Araber begründet.

Konkretes Beispiel

Wohl wissend, dass der Antreibertest bei Klienten aus eher kollektiv orientieren Kulturen schwierig sein könnte, habe ich mich dennoch in zwei Fällen dafür entschieden, das Tool einzusetzen. Beide Klienten haben lange Arbeitserfahrung in westlichen Strukturen und sind vertraut mit individualistischem Denken. Beide Klienten befanden sich in einem Konflikt mit Kollegen und fanden es schwierig, einerseits den Konflikt als solchen zu beschreiben und andererseits eine Idee zu entwickeln, wie sie den Konflikt lösen könnten. Deutlich wurde lediglich, dass es Unstimmigkeiten gab, die die Arbeit blockierten und zu Unzufriedenheit führten. Auch wenn beide Konflikte unterschiedlich geartet waren, hatten sie durchaus gemeinsam, dass sie verfahren waren und meine Klienten keinen Weg zur Lösung sahen. Die Antreiberanalyse habe ich eingesetzt, um herauszuarbeiten, welche unterschiedlichen Einstellungen in den jeweiligen Konfliktsituationen aufeinander prallen können und welche Lösungsmöglichkeiten formuliert werden könnten.

Beide Klienten fanden das Ankreuzen und Beantworten der Fragen an sich schon befremdlich und wollten immer wieder wissen, was mit den Fragen gemeint sei und wie der Kontext der Fragen zu interpretieren sei. Nachdem ich sie wiederholt ermutigt hatte, einfach das anzukreuzen, was ihnen spontan am meisten entspräche, gaben beide nach einer gewissen Zeit auf und baten mich zu erklären, was hinter dem Test stünde und worauf ich hinauswolle. Auch das Konzept der Transaktionsanalyse stieß bei beiden Klienten eher auf Widerstand und Unverständnis.

Wir versuchten schließlich in beiden Fällen gemeinsam, die Ich-Zustände der Transaktionsanalyse auf die jeweiligen Kontexte anzuwenden, was wiederum gut gelang, da ja familiäre Konzepte in der arabischen Kultur eine sehr große Rolle spielen. Schließlich konnten wir uns am Ende auch den Antreibern nähern und schauen, was in dem Konflikt, den beide Klienten hatten, bezüglich der Antreiber sichtbar geworden war.

Mögliche Ursachen für die Problematik

Generell war die Arbeit mit dem Test mit diesen beiden Klienten nicht sehr zielführend und ich kann mir vorstellen, dass dies kulturell bedingt sein könnte. Prinzipiell entsprechen Testverfahren, bei denen angekreuzt werden muss, eher einer linear-logischen Denkweise. Im arabischen Kulturkreis herrscht meiner Einschätzung nach eher eine zirkuläre Denkweise vor, was eine Erklärung für die Befremdung beim Arbeiten mit derartigen Tools sein kann.

Lösungsoptionen/ Alternativen

Die Diskussion über das Tool und die herausgearbeiteten kulturellen Implikationen haben schließlich doch zu einem fruchtbaren Ergebnis geführt. Beide Klienten haben für sich am Ende vieles erkannt, auch wenn es anfänglich Schwierigkeiten und Widerstände gab. Möglicherweise macht es mehr Sinn, die Antreiber vorzustellen und den Klienten zu bitten, sich dazu zu positionieren, um dann über Erzählungen und beschriebene Situationen mehr über die Prädisposition der Antreiber beim Klienten herauszufinden.

4. Hilfestellungen

Zentrale Aspekte für den Erfolg von Coaching in arabischen Ländern

- In meinem Erleben sind Araber eher humorvoll und gesellig und schätzen es, sich mit Menschen zu umgeben und Zeit mit anderen zu verbringen. Coaching als Methode kommt dieser Vorliebe prinzipiell entgegen. Wenn Coachs eine Prise Humor in das Coaching mit einbringen, ist die Wahrscheinlichkeit hoch, dass sich rasch eine Vertrauensbasis etabliert und das Coaching gute Chancen hat, erfolgreich zu sein.
- Kenntnisse der Landeskultur können nicht schaden. Die meisten Araber sind eng verbunden mit der Kultur, aus der sie kommen und reagieren positiv, wenn der Coach sich ein wenig in ihrer Region auskennt. Wichtig ist, dass der Coach kein Halbwissen anwendet und Themen und Strukturen durcheinanderwirft, was bei der komplexen Situation in der arabischen Welt schon einmal passieren kann. Themen wie die politische Situation und Religion empfehle ich, eher zu meiden. Besser eigenen sich für ein Gespräch kulturelle Eindrücke, die der Coach bei einem Besuch in einem arabischen Land gewonnen haben mag, Essensgewohnheiten, besondere Speisen, die der Coach gekostet hat oder andere unverfängliche Themen wie das Wetter oder Musik.
- Ein weiterer entscheidender Aspekt ist der zeitliche Rahmen. Coachs, die mit arabischen Klienten arbeiten, sollten ausreichend Zeit zum Beziehungsaufbau mit einplanen und sich von der Idee einer strikten Einhaltung eines Zeitplans verabschieden.
- Aus eigener Erfahrung mit meiner arabischen Familie und meinen Klienten weiß ich, dass die Familie in der arabischen Kultur sehr wichtig ist. Der Coach sollte immer nach der Familie fragen und auch selbst von seiner Familie erzählen. Häufig fragen Klienten von sich aus nach der familiären Situation des Coachs und können schon einmal erstaunt oder mit Befremden reagieren, wenn der Coach nicht verheiratet und/oder kinderlos ist. Coachs sollten auf diese Frage vorbereitet sein.

- Die weit verbreitete Annahme, dass Menschen aus dem arabischen Kulturkreis ein Problem damit haben, sich auf ein Coaching mit einer Frau einzulassen, kann ich nicht teilen. Meiner Einschätzung nach ist die Mehrzahl der Araber, die im Westen arbeitet, mit den Strukturen der Gesellschaft vertraut und kennt die Position der Frau. Manche arabische Fach- und Führungskräfte bevorzugen es dennoch, mit einem Mann zu arbeiten – eine Tatsache, die man genauso bei westlichen Fach- und Führungskräften erleben kann.
- Und schließlich passt einfach nicht jeder Klient zu jedem Coach – unabhängig von der Kultur, aus der der Klient oder der Coach stammen. Offenheit, Ambiguitätstoleranz und Neugier sind integrale Eigenschaften eines jeden Coachs – gepaart mit Freude an der Arbeit und ein paar Kenntnissen über die jeweilige Landeskultur und deren geteilten Werten. Hieraus ergeben sich beste Voraussetzungen für ein gelungenes Coaching mit Angehörigen des arabischen Kulturkreises (oder auch jeder anderen Kultur).

Literaturhinweise, Quellen

Barnes, G. et al. (1979): Transaktionsanalyse seit Eric Berne, Bd. 1 und 2. Kandern: Kottwitz.

Berne, E. (2002): Spiele der Erwachsenen. Psychologie der menschlichen Beziehungen. Hamburg: Rowohlt.

Flores, A. (2002). Die arabische Welt. Ein kleines Sachlexikon. Stuttgart: Reclam.

Kälin, Karl et al. (2005). Sich und andere führen, Bern: Ott-Verlag.

Kratochwil, G. (2008): Business-Knigge Arabische Welt. Erfolgreich kommunizieren mit arabischen Geschäftspartnern. Zürich: Orell Fuessli.

Perthes, V. (2006). Orientalische Promenaden. München: Pantheon.

Plate, Werner(1995). Intensiver Leben. München: Kösel-Verlag.

Rosenberg, Marshall B. (2007). Gewaltfreie Kommunikation, eine Sprache des Lebens. Paderborn: Jungfermann.

Schami, R. (2008). Das Geheimnis des Kalligraphen. München: Hanser.

Schami, R. (2011). Eine deutsche Leidenschaft namens Nudelsalat und andere seltsame Geschichten. München: dtv.

Schmidt, Rainer (2009). Immer richtig miteinander reden - Transaktionsanalyse in Beruf und Alltag. Paderborn: Junfermann.

Schulz von Thun, F. (1998). Miteinander reden 3 – Das ‚innere Team' und situationsgerechte Kommunikation. Hamburg: Rowohlt.

Schulz von Thun, Friedemann & Stegemann, Wibke (Hrsg.) (2004): Das Innere Team in Aktion. Praktische Arbeit mit dem Modell. Hamburg: Rowohlt.

Stone, H. & Stone, S. (1985). Embracing Ourselves. New Delhi: Nataraj Publishing.

Vermeulen Drs., B. (2001). Plädoyer für eine Renaissance des Wünschens oder warum wir Ziele und Wünsche brauchen, München: Selbstverlag.

Wiedemann, C. (2008). „Ihr wisst nichts über uns!" - Meine Reisen durch einen unbekannten Islam. Freiburg: Herder.

5. Über die Autorin

Seit wann coachen Sie?

Seit zehn Jahren arbeite ich mit meiner Firma COM-ACROSS als Trainerin und Coach im interkulturellen Umfeld und habe in diesem Zusammenhang auch immer Klienten und Kunden beraten und in Einzelsitzungen Themen herausgearbeitet. Meine Erfahrung im Umgang mit arabischen Klienten bezieht sich auf die gesamte Zeitspanne, in der ich trainiere und coache. Darüber hinaus bin ich als Tochter eines Palästinensers und einer Deutschen und mit familiären Bindungen in den Vereinigten Arabischen Emiraten mit der arabischen und der deutschen Kultur aufgewachsen und kenne die kulturellen Eigenheiten aus eigener Erfahrung sehr gut.

Welche Coaching-Ausbildung haben Sie?

Bereits während meines Studiums in Mannheim und London habe ich mich intensiv mit dem Thema zwischenmenschliche Kommunikation, Interaktion und Indentitäts- und Wirklichkeitskonstruktion von Individuen auseinandergesetzt. Meine erste Trainerausbildung habe ich 1998 absolviert. Es folgten eine interkulturelle Trainer- und Beraterausbildung, eine systemische Coaching-Ausbildung, weitere Trainerqualifizierungen und schließlich eine Ausbildung zum körperorientierten Coaching. Seit 2008 bilde ich darüber hinaus interkulturelle Trainer und Berater in Kooperation mit der Akademie für wissenschaftliche Weiterbildung in Heidelberg aus.

Seit wann coachen Sie Klienten im arabischen Kulturkreis?

Meine Zusammenarbeit mit Kunden und Teilnehmern aus arabischen Ländern erstreckt sich über die gesamte Zeit, in der ich als Trainerin und Coach arbeite.

In welchem Kontext arbeiten Sie als Coach mit Menschen aus arabischen Ländern?

Ich arbeite mit Menschen, die international tätig sind, in internationalen Teams arbeiten und aufgrund beruflicher Anforderungen mit Menschen aus anderen Kulturkreisen zusammenarbeiten. Die meisten haben bereits interkulturelle Erfahrungen gemacht und haben konkrete Fragen und Herausforderungen in der internationalen Zusammenarbeit. Die Menschen, die ich coache, arbeiten im wissenschaftlichen oder wirtschaftlichen Umfeld.

Zu welchen Schwerpunktthemen coachen Sie?

Das Ziel meiner Arbeit ist, meine Klienten ins Handeln zu bringen und sie dabei zu unterstützen, selbstverantwortlich Lösungen zu entwickeln, die zu ihren Fragestellungen passen und die ihnen dabei helfen, sich ihren täglichen Anforderungen kompetent und selbstsicher zu stellen.

Nach meiner Erfahrung suchen arabische Klienten eher im Zusammenhang beruflicher Herausforderungen einen Coach auf. Die Zusammenarbeit mit Coachs in privaten Belangen ist eher selten. Auch wenn sich häufig im Verlauf eines Coachings herausstellt, dass es um persönliche Belange der Klienten geht, ist doch zumeist die Optimierung im professionellen Umfeld der Anlass, um ein Coaching zu beginnen.

In diesem Beitrag finden Sie:

1. Coaching in der Türkei – eine Einführung

von Heike Kolles

Wie verbreitet ist Ihrer Ansicht nach Coaching in der Türkei?

Bei der Beschreibung von Coaching-Methoden und deren kulturspezifische Anpassungen fokussiere ich mich auf zwei Klientengruppen:

- Menschen mit türkischem Migrationshintergrund, die in Deutschland und Österreich leben.
- Expatriates: Menschen mit türkischer Nationalität, die aus beruflichen Gründen für eine begrenzte Zeit im deutschsprachigen Raum arbeiten und leben.

Coaching hat noch keine lange Historie in der Türkei

Die folgenden Aspekte zum Thema „Coaching in der Türkei" sind insbesondere als Hintergrundinformationen für Coachs im deutschsprachigen Raum interessant, die mit türkischen Expatriates arbeiten. Um Ihnen ein aktuelles und praxisnahes Bild über den Coaching-Markt in der Türkei zu geben, habe ich mit der Vertretung der internationalen Vereinigung Professioneller Coachs (International Coach Federation, ICF) in der Türkei Kontakt aufgenommen. Diese wurde 2005 von drei Mitgliedern gegründet und erhielt 2009 ihre offizielle Zulassung. Die Vereinigung ist die Hauptplattform für Coachs in der Türkei mit ca. 200 Mitgliedern. Ihr Ziel ist, das Bewusstsein für Coaching und dessen Aufgaben und Beiträge für die Gesellschaft zu stärken. Des Weiteren hat ICF Türkei sich zum Ziel gesetzt, die Kompetenzen und die Effektivität ihrer Mitglieder zu verbessern. Obwohl Coaching keine lange Historie in der Türkei hat und ICF Türkei jung ist, wurden bereits zwei ihrer Entwicklungsprojekte von ICF International ausgezeichnet.

Ich habe die Leiterin der Marktforschungsaktivitäten von ICF Türkei, Nuray Turkkan, im Juli 2012 in Istanbul getroffen. Sie hat mir einen Einblick in die aktuelle Situation des Coaching-Markts in der Türkei gegeben. Diese Aspekte wurden noch durch Erfahrungen der zum Zeitpunkt dieses Beitrags amtierenden Vorstandsvorsitzenden der ICF

Türkei, Nur Velidedeoglu Kavuncu, angereichert. Nuray Turkkan führte mit ihr vor unserem Termin ein Interview. Einige Erkenntnisse werden durch die Ergebnisse der aktuellen Coaching-Studie der International Coach Federation (2012 ICF Global Coaching Study) ergänzt bzw. untermauert.

Laut Nur Velidedeoglu Kavuncu ist Coaching in der Türkei insgesamt noch nicht sehr stark verbreitet. Am stärksten verbreitet ist Coaching in den großen Städten wie Istanbul, Ankara und Izmir, wobei Istanbul das Zentrum für Coaching ist. Viele Coachs gibt es auch in Bursa, Antalya und Bodrum.

Ein wachsender Markt

Der Coaching-Markt in der Türkei ist sowohl für Business- als auch Life Coaching jung und wachsend. Der 2012 ICF Global Coaching Study folgend, rechnen türkische Coachs in Zukunft mit einer steigenden Coaching-Nachfrage bei einem gleichbleibenden oder gar steigenden Honorar (www.coachfederation.org/coachingstudy2012). Dies geht auch einher mit der prosperierenden wirtschaftlichen Entwicklung des Landes, die zu einer steigenden Nachfrage insbesondere nach Executive- bzw. Business Coaching in internationalen und türkischen Unternehmen führt.

Hoher Frauenanteil unter den Coachs

Entsprechend der 2012 ICF Global Coaching Study sind türkische Coachs im globalen Vergleich jünger (www.coachfederation.org/coachingstudy2012). Türkische Coachs beginnen ihre Coaching-Karriere früher und haben durchschnittlich weniger Jahre an Coaching-Erfahrungen, bevor sie starten, verglichen mit dem globalen Durchschnitt (www.coachfederation.org/coachingstudy2012). 75% der praktizierenden Coachs sind Frauen (www.coachfederation.org/coachingstudy2012). Gemäß Nuray Turkkan werden die Coaching-Angebote von Männern und Frauen gleich verteilt in Anspruch genommen. Die meisten Klienten sind junge Erwachsene, Studenten, Young Professionals, Manager oder Executives. Eine persönliche Anmerkung von Nuray Turkkan ist, dass gemäß ihrer Erfahrungen der türkische Lebensstil vielmehr eine Mischung von Osten und Westen ist, eine Mischung von Modernität und Tradition. Der westliche Teil der Türkei ist eher modern und westlich orientiert. Dort finden auch derzeit die meisten Coaching-Aktivitäten statt. Die meisten Klienten sind sehr aufgeschlossen.

Im Rahmen ihrer Tätigkeit als Leiterin der Marktforschungsaktivitäten von ICF Türkei bestätigt sie, dass Berufstätige Coaching-Sitzungen vorwiegend von internationalen und türkischen Unternehmen als Teil ihrer Personalführungsstrategie finanziert bekommen. Junge Erwachsene und Studenten werden bei der Berufsorientierung und Jobsuche sowie allgemeinen Lebensthemen im Rahmen unterschiedlicher ehrenamtlicher Projekte gecoacht. ICF Türkei hat unterschiedliche ehrenamtliche Projekte ins Leben gerufen und dafür bereits Auszeichnungen erhalten (z.B. www.yenibiris.com).

Für welche Anlässe wird Coaching in der Türkei eingesetzt?

Meine Interviewpartnerin Nur Velidedeoglu Kavuncu bestätigte, dass die Bandbreite an Coaching-Bereichen in der Türkei groß ist. Sie reicht von Executive Coaching über Business-, Team- und Karriere-Coaching bis hin zu Life Coaching.

Im Trend: Life- und Karriere-Coaching

Life- und Karriere-Themen sind hoch im Trend. Gemäß Nuray Turkkan sehen immer mehr junge Frauen und Männer im Coaching einen Schlüssel zum beruflichen Erfolg und privaten Glück. Coaching-Themen wie Selbstfindung und sinnstiftende Selbstverwirklichung stehen hoch auf der Agenda, sowie die dafür notwendige Stärkung von Selbstvertrauen und Selbstbewusstsein. Ein weiterer Coaching-Schwerpunkt ist der Aufbau von emotionaler und sozialer Kompetenz (www.coachfederation.org/coachingstudy2012).

Derzeit werden Coaching-Angebote insbesondere von Unternehmen finanziert und der Fokus liegt dabei auf Executive-und Business Coaching. Doch einige Unternehmen geben den Mitarbeitern auch die Möglichkeit, persönliche und private Themen in ihren Coaching- Sitzungen zu bearbeiten, da diese oft eng mit den beruflichen Themen verknüpft sind.

Wie ist die gesellschaftliche Sicht auf das Thema?

Nach Aussage von Nuray Turkkan ist der derzeitige Coaching-Klient in der Türkei eher aufgeschlossen und führt einen modernen Lebensstil. Die Möglichkeit, zu einem Coach zu gehen und die Sitzungen durch den Arbeitgeber finanziert zu bekommen, wird als „Auszeichnung“ und sozialer Vorteil wahrgenommen. Ein Grund dafür ist auch, dass Coaching exklusiv nur den Mitarbeitern zur Verfügung steht, die seitens des Unternehmens aufgrund ihres zukünftigen Potenzials nominiert wurden. Da Coaching auch ein hochpreisiges Angebot ist, zählt es zu den „Luxusprodukten“. Diese Aussagen von Nuray Turkkan decken sich mit den Erfahrungen aus meiner Coaching-Praxis.

Rollenbilder: Wie würden Sie die typische Beziehung zwischen Coach und Coachee in der Türkei beschreiben?

Nur Velidedeoglu Kavuncu folgend, nimmt der Coach in der Türkei die Rolle des Partners und Beraters ein. Im Vordergrund steht, dass der Coach durch seine Funktion eine neutrale und objektive Perspektive einnimmt.

In welchen Bereichen mussten Sie das klassische Grundkonzept von Coaching anpassen, um erfolgreich coachen zu können?

Das folgende Beispiel handelt von einem meiner Klienten in Deutschland mit türkischem Migrationshintergrund.

Vertrauensaufbau

Den Vertrauensaufbau, der im Coaching erfolgsentscheidend ist, gestalte ich bei türkischen Klienten intensiver als bei deutschen Klienten. Der Grund dafür ist, dass gemäß meiner Erfahrung türkische Klienten erst zum Geschäftlichen übergehen, wenn sie ihr Gegenüber kennen und zu ihm eine persönliche Beziehung aufgebaut haben. Entsprechend plane ich insbesondere in der ersten Coaching-Phase mehr Zeit für Small Talk und gegenseitiges Kennenlernen ein.

Nicht selten anzutreffen: eine innere Zerrissenheit

Im Gegensatz zu Coaching-Sitzungen mit deutschen Klienten und auch dem typischen türkischen Klienten (z.B. Expatriates) habe ich die Erfahrung gemacht, dass Klienten mit türkischem Hintergrund, die im deutschsprachigen Raum leben, oft sehr schnell das Thema des Hin- und Hergerissenseins zwischen zwei gegensätzlichen kulturellen Wertewelten und Rollenbildern ansprechen. Dieses Thema ist normalerweise nicht der ursprüngliche Anlass für die Coaching-Sitzung, doch kristallisiert es sich häufig als unterschwelliges Thema heraus, das zu bearbeiten ist. Ein Grund dafür mag u.a. sein, dass die Familien mit türkischem Migrationshintergrund, die im deutschsprachigen Raum leben und mit einer westlichen Lebensweise und modernen Rollenverständnissen konfrontiert sind, oft aus traditionelleren Gegenden der Türkei kommen.

Die Klienten sind somit oft hin- und hergerissen zwischen ihren eigenen Wünschen und dem eventuellen Anspruch der Familie, traditionelle Wertewelten und Rollenbilder weiter aufrechtzuerhalten. Sobald ich eine sehr gute Vertrauensbasis zu meinen Klienten aufgebaut habe, verwende ich während des Coachings Zeit, um ihr persönliches Verständnis zu ihrer individuellen Lebenssituation und Rolle zu verstehen. Meine Erfahrung mit vielen Coaching-Kunden ist, dass sie sich dadurch in ihrer persönlichen Welt und inneren Zerrissenheit abgeholt fühlen. Der Vertrauensaufbau und die Kenntnisse über die Lebenssituation und

Rolle des Klienten in seinem familiären bzw. sozialen Umfeld waren bisher immer wesentliche Voraussetzungen für Erfolgserlebnisse in meiner nachfolgenden Coaching-Arbeit.

Indirekte Kommunikation häufig bevorzugt

Ein weiterer Punkt ist die Art der Kommunikation. Viele türkische Menschen verwenden meiner Einschätzung nach eher eine indirekte Kommunikation. Dies wurde mir auch von Nuray Turkkan bestätigt. Werte wie Höflichkeit und Respekt sind gemäß meiner Erfahrung für viele Türken äußerst wichtig. Auch hier gilt es, mit Feingefühl und Wertschätzung darauf zu achten, dass diese Werte bei der Auswahl der Coaching-Methoden und im Gespräch mit dem Coachee eingehalten werden.

Haben Sie ein konkretes Beispiel?

Ein türkischer Klient, Diplomkaufmann, 35 Jahre, Vater mehrerer Kinder, in Deutschland lebend, aktuell arbeitslos, kam in Hektik und niedergeschlagen mit großer Verspätung in die erste Sitzung, um mittels Karriere-Coaching eine Festanstellung zu finden.

Auch mit dem Risiko, aufgrund des zeitlichen Engpasses nicht alle für den Termin vereinbarten Coaching-Themen bearbeiten zu können, nahm ich mir zu Beginn viel Zeit, um seine aktuelle Lebenssituation zu verstehen. Ich erfuhr vom plötzlichen Tod seines Vaters und der daraus kulturell bedingt folgenden Verantwortung, als finanzieller Versorger seiner Mutter einzuspringen, die nun gemeinsam mit seiner Familie lebt. Als finanzieller Versorger war der Druck für ihn kaum auszuhalten.

Ausschlaggebend für den Erfolg dieser Sitzung war, dass ich die kulturellen Aspekte kannte, sodass ich ihn wertschätzend und aktiv zuhörend in seiner Gefühlswelt abholen und durch die unterschiedlichen Übungen (z.B. Rollenspiele) führen konnte.

2. Passende Coaching-Tools

Passend: Ressourcentransformation

Für meine Coaching-Tätigkeit habe ich dieses Tool entwickelt.

Zielgruppe, Themen

Zielgruppe für die „Ressourcentransformation" sind Menschen, die ihrem Leben eine neue Ausrichtung geben und ihre Persönlichkeit entfalten möchten. Entweder ist der Klient in seiner beruflichen Situation unzufrieden, da er eine Tätigkeit ausübt, die nicht konform ist mit seiner Persönlichkeit, oder er ist bereits mit seinen erreichten (Karriere-) Zielen zufrieden und fragt sich nun: „Was bringt die weitere Zukunft?", „War's das schon?"

Einsatzziel

In der „Ressourcentransformation" habe ich unterschiedliche Coaching-Tools kombiniert. Ziel des Tools ist, den Klienten zu unterstützen, Visionen umzusetzen, die auf der Entfaltung seiner einzigartigen Ressourcen beruhen. Dadurch agiert der Klient authentisch. Seine Visionen und sein Handeln zur Umsetzung liegen in seiner Person begründet und sind daher verwurzelt mit seinen einzigartigen Ressourcen. Somit begleitet die „Ressourcentransformation" den Klienten entlang seines Visionsfindungs- und Umsetzungsprozesses. Es gibt drei unterschiedliche Phasen:

- Ressourcen entdeckt,
- Vision entwickelt und
- Vision umgesetzt.

In diesem Buch stelle ich die erste Phase des Tools „Ressourcentransformation" vor.

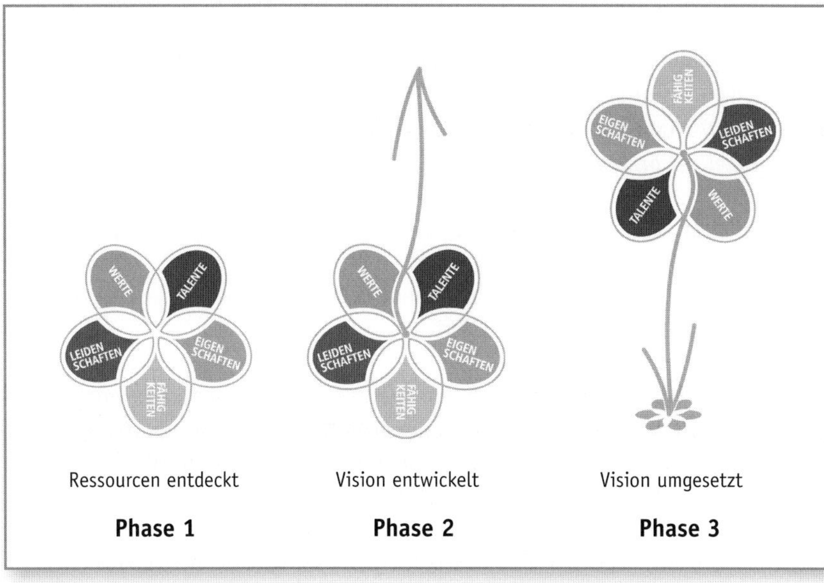

Abb.: Ressourcentransformation.

Ziel der ersten Phase ist, dass der Klient im Rahmen einer persönlichen Standortanalyse die eigenen Ressourcen, sprich Talente, Leidenschaften, Eigenschaften, Fähigkeiten und Werte zusammenstellt. Dies erweitert gemäß meiner Erfahrung u.a. den Horizont der Möglichkeiten, stärkt das Selbstvertrauen und Selbstbewusstsein und setzt eigenverantwortliche Umsetzungskräfte frei. Der gezielte Einsatz und die Weiterentwicklung der Ressourcen führen zu einem persönlich erfüllten und glücklichen Leben.

Coaching-Phase

Die „Ressourcentransformation“ nutze ich u.a. für die erste Coaching-Phase, da die Ergebnisse das elementare Fundament für die weiteren Coaching-Phasen sind, die das Finden der eigenen Visionen und Ziele sowie deren Umsetzung umfassen. Sie beantwortet die Frage *„Wer bin ich?“* und führt zu Fragen wie: *„Wohin will ich?“* und *„Wie komme ich dorthin?“*

Funktioniert meist gut, weil ...

Die „Ressourcentransformation“ ist grundsätzlich für Menschen aus verschiedenen Kulturkreisen wertschaffend. Je weniger der Klient bereits die Möglichkeit zur Selbstreflexion hatte, desto mehr bringt sie ihm. Werte wie Individualität, Selbstfindung und Eigenbestimmung sind Voraussetzungen für eine gelungene Selbstentfaltung. Gemäß meiner Erfahrung mit Klienten mit türkischem Hintergrund sind aber diese Werte bislang nur selten Bestandteil seiner türkisch geprägten Lebensweise bzw. Erziehung. In der Regel ist die Familie die wichtigste soziale Einheit und nicht das Individuum. Viele türkische Klienten sind daher von der Ressourcentransformation begeistert. Einige erwähnen, dass es für sie das erste Mal in ihrem Leben ist, das sie als Individuum im Mittelpunkt stehen und über sich selbst in diesem Ausmaß reflektieren können.

Dauer

Ich empfehle, für die „Ressourcentransformation“ vier bis fünf Coaching-Stunden (à 60 Minuten) einzuplanen. Die Dauer ist abhängig davon, ob und inwieweit der Klient sich bereits seiner Ressourcen bewusst ist und diese reflektiert hat.

Voraussetzung/ Vorbereitung

Voraussetzung für eine erfolgreiche Durchführung der „Ressourcentransformation“ ist, dass der türkische Klient Veränderungsbereitschaft zeigt, eine hohe Eigenmotivation mitbringt und offen für Selbstreflexion und Perspektivenwechsel ist. Es ist u.a. sehr empfehlenswert, dass der Klient als Hauptmotivation für die Übung nicht die bestmögliche Erfüllung der Erwartungshaltung seines beeinflussenden sozio-kulturellen Umfelds sieht, sondern die Erfüllung seiner eigenen persönlichen Bedürfnisse und Wahrnehmungen.

Beschreibung

Die „Ressourcentransformation“ kombiniert verschiedene Coaching-Techniken. Abhängig von der Persönlichkeit des Klienten verwende ich zur Definition der Ressourcen Instrumente, die jeweils am besten zum Coachee passen. So werden zur Definition der Ressourcen „Leidenschaften, Talente, Eigenschaften und Fähigkeiten“ Brainstorming- und Fragetechniken angewendet.

In einem ersten Schritt erfolgt ein Brainstorming pro Ressource und die Notierung der Ergebnisse auf einer Pinnwand. Im zweiten Schritt werden Fragetechniken nach Wehrle (2011) zur Vertiefung eingesetzt. Diese Fragen lauten beispielsweise wie folgt:

- Leidenschaft: *„In welchen Momenten in Ihrem Leben haben Sie voller Begeisterung gesprüht? Was haben Sie da gemacht?“* (Ressourcenfrage)
- Talente: *„Was fällt Ihnen leicht?“* (Offene Frage)
- Eigenschaften: *„Welche positiven Eigenschaften werden Ihnen zum Beispiel von Ihren Lehrern, Ihren Eltern, Professoren und/oder Chefs zugesprochen?“* (Zirkuläre Frage)
- Fähigkeiten: *„Welchen Fähigkeiten verdanken Sie es, dass Sie xy in Ihrem Leben erreicht haben?“* (Ressourcenfrage)

Zur Definition der Ressource „Werte“ wird auf die Technik „Werte im Visier“ nach Wehrle (2011) zurückgegriffen.

Interkulturelles Coaching in ...

Türkei

Dabei sammelt der Klient drei bis fünf Erlebnisse, in denen er besonders glücklich oder zufrieden war und filtert gemeinsam mit dem Coach aus den Erlebnissen seine entsprechenden Werte. Abschließend erfolgt eine Reflexion des Gesamtbildes der Ressourcen, die regelmäßig zu Aha-Erlebnissen führt.

Ein Beispiel

Eine Klientin, 18 Jahre, Abiturientin, kam zu mir in die Karriereberatung bzgl. Berufsorientierung. Sie stand stark unter dem Einfluss ihrer Eltern. Ihre Eltern hatten bereits nicht verstanden, weshalb ihre Tochter das Abitur gemacht hatte. Nun wollten sie nicht, dass ihre Tochter studiert, sondern dass sie eine Lehrstelle in einem traditionellen Berufsbereich annimmt. Die beruflichen Erwartungen an sie waren gering aufgrund der Annahme, dass sie gemäß der Tradition bald heiraten würde. Zu Beginn setzte ich die „Ressourcentransformation" ein. Einen wesentlichen Mehrwert ergaben die Fragen zu ihren Leidenschaften.

Frage: *„In welchen Momenten in Ihrem Leben haben Sie voller Begeisterung gesprüht? Was haben Sie da gemacht?"*
Klientin: *„Ich liebe es, in meiner Freizeit zu nähen! Ich kann stundenlang Modezeitschriften durchstöbern und vergesse die Zeit darüber. Und ich liebe es, durch die unterschiedlichsten Modegeschäfte zu gehen und mir neue Anregungen zu suchen!"*
Frage: *„Was fällt Ihnen besonders leicht?"*
Klientin: *„Ich kann aus jedem restlichen Stofffetzen immer noch etwas Tolles und Kreatives machen! Meine Freundinnen sind immer hin und weg. Und es fällt mir leicht, mich selbst in schwere Modeschnitte zügig einzuarbeiten."*

Ergebnisse dieser Coaching-Sitzung waren u.a., dass die Klientin mit türkischem Hintergrund sich sicher war, welche berufliche Richtung sie glücklich macht und dass sie zwei Alternativen zu möglichen Ausbildungswegen hatte. Entweder macht sie erst eine Lehre zur Schneiderin und schließt danach ein Modedesign-Studium an oder sie beginnt sofort mit dem Studium. Die Schneiderlehre hat den Vorteil, dass ihre eher traditionell eingestellten Eltern leichter zu überzeugen sind und sie sich schon etwas Geld verdienen kann, auch für ein kommendes Studium. Der sofortige Beginn eines Modedesign-Studiums ist mit größeren Überzeugungshürden innerhalb der Familie verbunden. Unter anderem wäre hier im weiteren Verlauf auch ein zielgerichtetes Coaching bzw. Mentoring hilfreich, evtl. auch unter Einbindung der Eltern.

Mögliche Probleme

Es kann vorkommen, dass dem Klienten bereits im Brainstorming nichts oder nur wenig einfällt. Hier kann das Brainstorming übersprungen werden und die sofortige Anwendung von unterschiedlichen kreativen Fragetechniken helfen.

Falls ein Klient alles negativ sieht und ihm daher keine Ressourcen einfallen, dann lassen Sie ihn konkret Ereignisse beschreiben, die für ihn Hürden in seinem Leben waren und fragen Sie ihn dann, welche Ressourcen ihm bei der Bewältigung halfen. Schlimmstenfalls kann es passieren, dass durch die Selbstreflexion tief gehende emotionale Themen hochkommen, deren Bearbeitung eine Therapie notwendig machen. Der Coach muss die Coaching-Stunde abbrechen und dem Klienten das Aufsuchen von Therapieeinrichtungen empfehlen.

Passend: Reframing

Ein weiteres Tool, das sich während meiner Coachings als sehr nützlich für meine türkischen Klienten erwiesen hat, heißt „Reframing". „Reframing" ist ein Instrument aus dem NLP-Werkzeugkoffer.

Zielgruppe, Themen

„Reframings" verwende ich im Persönlichkeits-Coaching und in der Karriereberatung und setze es durchweg bei vielen Zielgruppen ein, vom Jugendlichen über den Studenten zum Manager bis hin zum Top-Manager. „Reframings" nutze ich, wenn Klienten festgefahren sind in ihren einschränkenden Denk- und Handlungsmustern, die sie von ihrem weiteren persönlichen Wachstum und einem erfüllten Leben abhalten. Sehr häufig kommt es vor, dass Klienten sich in diesem Fall auch in eine „Opferrolle" hineinbringen.

Einsatzziel

Jeder Mensch interpretiert Aussagen und Ereignisse unterschiedlich, da er sie abhängig von seinen Werten, Einstellungen, persönlichen Erfahrungen und seiner Kultur – zusammengefasst von seinem „Modell der Welt" – deutet.

Beim Einsatz von „Reframings" wird der Rahmen gewechselt, in dem ein Mensch Ereignisse wahrnimmt, um die Bedeutung zu verändern. Wenn sich die Bedeutung verändert, verändern sich nach Bandler und Grinder (2005) auch die Reaktionen und Verhaltensweisen des Menschen.

Oft befinden sich Klienten mit einschränkenden Glaubenssätzen auch in dramatischen Rollenmustern, z.B. der Opferrolle. „Reframings" können einen Ausbruch aus der energiezehrenden und begrenzenden Rolle des Opfers bewirken, indem sie Einfallsreichtum und Umsetzungskräfte aktivieren. „Reframings" führen zu einer erhöhten Flexibilität und geben neue Denkanstöße sowie Handlungsoptionen.

Es gibt zwei Arten von „Reframings", das Kontext-Reframing und das Inhalts-Reframing. In diesem Beitrag fokussiere ich mich auf das Inhalts-Reframing. Beim Inhalts-Reframing wird nach O'Connor und Seymour (2009) das Problem bzw. das Negative in etwas Positives umgedeutet.

Coaching-Phase

Ein „Reframing" kann in unterschiedlichen Coaching Phasen nützlich sein. Meines Erachtens nach ist nicht die Coaching-Phase an sich entscheidend für die Anwendung dieses Tools, sondern der Anlass. Blockierende und negative Denk- und Handlungsmuster können in jeder Phase bei einem Klienten auftreten, doch gemäß meiner Erfahrung eher verstärkt in den ersten Coaching-Sitzungen. Wenn ich mit einem Klienten länger zusammenarbeite, kommt es auch vor, dass der Klient manchmal selbst ein „Reframing" macht, wenn er sich in einer mentalen Einbahnstraße ertappt.

Funktioniert meist gut, weil ...

Wie die 2012 ICF Global Coaching Study andeutet, streben auch immer mehr Menschen mit türkischem Hintergrund nach einem Leben, in dem ihre individuellen Bedürfnisse berücksichtigt werden und sie ihre Persönlichkeit entfalten können. Im Vergleich zu deutschen oder österreichischen Klienten bemerke ich bei Klienten mit türkischem Hintergrund oft, dass ihnen der Weg zur Selbstverwirklichung viel schwerer fällt. Bei einigen jungen Klienten mit Migrationshintergrund habe ich die Erfahrung gemacht, dass die traditionelle, patriarchalische und familienorientierte Seite der türkischen Herkunftskultur mit ihren Werten, Rollenbildern und Verhaltensnormen eine große Rolle in der Persönlichkeitsstruktur spielt. Diese hält manche junge Klienten in Glaubenssätzen gefangen. Selbsterkenntnis, Selbstverwirklichung und ein selbstbestimmtes Leben stellen eine große Herausforderung dar.

Darüber hinaus erlebe ich auch Klienten, deren Einstellungen von Generalisierungen und Pauschalisierungen beispielsweise zum Thema „Migrationshintergrund" negativ beeinflusst sind und sie sich dadurch von vornherein Türen zu Chancen verschließen (z.B: *„Ich werde sicher keinen Job finden, da ich Migrationshintergrund habe.", „Aufgrund des 11. Septembers 2001 wird es für mich sicher schwer sein, einen Job zu finden."*). Bei manchen zeigt sich dadurch ein Mangel an Selbstvertrauen und Selbstbewusstsein. Sie schlüpfen in eine Opferrolle, die sie fast handlungsunfähig macht.

Damit Klienten mit türkischem Hintergrund die großen Hürden in Form von einengenden Glaubenssätzen auf dem Weg zur Selbstentfaltung überwinden können, bieten ihnen „Reframings" eine sehr gute Gelegenheit, individuell ihr transkulturelles Spektrum an Werten, Einstellungen, Verhaltensnormen und Rollenbildern mit Abstand kritisch zu reflektieren und ggf. neu und stimmig für sich selbst zu deuten.

Dauer

Abhängig von der Stärke, mit der die einschränkende Einstellung bzw. das negative Ereignis in der Persönlichkeitsstruktur des Klienten verankert ist, ist die Dauer des „Reframings" unterschiedlich. Die Dauer kann sich von wenigen Minuten bis hin zu einer Stunde ziehen. Hier beschreibe ich den Einsatz eines sprachlichen „Reframings". Daneben gibt es auch noch ein weiteres NLP-Instrument, das „Six-Step-Reframing", das Verhaltensgewohnheiten im Blickfeld hat und diese verändert. Diese Intervention nach O'Connor und Seymour (2009), die ein bis zwei Stunden dauern kann, wird hier nicht beschrieben.

Voraussetzung/ Vorbereitung

Ein „Reframing" bringt einem Klienten nur einen Mehrwert, wenn dieser bereit ist, seine aktuellen Denk- und Handlungsmuster in Frage zu stellen und sich neuen Blickwinkeln zu öffnen. Falls der Klient mit türkischem Hintergrund sein eigenes „Modell der Welt" entwickeln möchte, jedoch noch stark in traditionellen und konservativen Ausprägungen der türkischen Kultur verwurzelt ist, bedarf es von seiner Seite her Mut, Kraft und Entschlossenheit, um sich kritisch mit seinen Werten, Einstellungen, Rollenbildern und Verhaltensnormen auseinanderzusetzen. Des Weiteren hat ein „Reframing" nur dann eine langfristige Wirkung, wenn der Klient innerlich von der Umdeutung überzeugt ist und es sich nicht nur um ein Sprachspiel handelt.

Beschreibung

Bei einem „Inhalts-Reframing" werden verschiedene Fragen bspw. nach Komarek und Feustel (2006) gestellt, die eine effektive Umdeutung der Einstellung bzw. des Ereignisses ermöglichen:

- Was steckt eigentlich dahinter?
- Was könnte dies sonst noch bedeuten?
- Was ist der positive Wert dabei?
- Für welchen Teil ist das positiv?
- Was haben Sie dadurch, was andere nicht haben?

Konkretes Beispiel

Ein junger Mann, Ende 20, Jurist, deutscher Staatsbürger mit türkischem Migrationshintergrund, kam zu mir in die Karriereberatung, da er Unterstützung für einen Jobwechsel in einen anderen Bereich suchte. Gleich zu Anfang betonte er, dass es für ihn sehr schwer auf dem Arbeitsmarkt sei und sein Migrationshintergrund für ihn einen erheblichen Nachteil bei der Jobsuche darstelle. Mein erster Gedanke war: Wenn mein Klient mit dieser Einstellung eine Bewerbung schreibt oder in ein Vorstellungsgespräch geht, ist ein erfolgreiches Ergebnis schwer möglich. Mit seiner negativen Einstellung kann er sich selbst seine Perspektiven verbauen und die Wahrscheinlichkeit ist groß, dass sich diese blockierende Einstellung auch in seiner Körperhaltung, Sprache, Mimik und Gestik bemerkbar widerspiegelt. Auf dem Arbeitsmarkt werden jedoch Pro-Aktivität, Eigeninitiative und ein selbstbewusstes Auftreten immer wichtiger.

Mit ein paar gezielten Reframing-Fragen habe ich den einschränkenden Glaubenssatz meines Klienten unter die Lupe genommen.

Coach: *„Was steckt eigentlich hinter der Tatsache, dass Sie einen Migrationshintergrund haben?"*
Klient: *„Ich fühle mich immer innerlich hin- und hergerissen, da ich in ‚zwei sehr unterschiedlichen Welten' lebe: Einerseits werde ich insbesondere durch meine Familie von der eher traditionellen Kultur des Herkunftslandes meiner Eltern beeinflusst und andererseits bin ich in Deutschland mit modernen und westlichen Lebensformen und Wertehaltungen konfrontiert. Ich frage mich oft, wohin ich eigentlich gehöre. Auf Besuch in der Türkei bin ich für die dort lebenden Türken der ‚Deutschländer' und in Deutschland bin ich für die Deutschen der ‚Mann mit Migrationshintergrund'."*
Coach: *„Ich habe verstanden, dass Sie Traditionen, Verhaltensnormen und Wertehaltungen verschiedener Kulturen kennen und auch mehrere Sprachen sprechen?"*
Klient: *„Ja, richtig."*
Coach: *„Ist es richtig, dass Sie oft zwischen zwei oder gar mehreren Stühlen sitzen und daher mit Konflikten umgehen müssen, sie gar schlichten müssen?"*
Klient: *„Ja, auch das."*
Coach: *„Was haben Sie, was andere, die nur in ‚einer Welt' aufwachsen, nicht haben?"*
Klient: *„Mmh ..., ich bin schon kontinuierlich gefordert, mit Menschen mit unterschiedlichen Weltanschauungen umzugehen. Mit der Zeit habe ich auch gelernt, mich in Situationen verschiedener Menschen hineinzuversetzen, um deren Blickwinkel nachvollziehen zu können. Und dabei*

meinen eigenen Standpunkt zu entwickeln und diesen zu vertreten, auch im Fall von Widerstand, ist auch heute immer wieder eine Herausforderung. Dann sind da noch die Sprachen, zwischen denen ich sehr schnell hin- und herspringen kann. Sie geben mir die Möglichkeit, mit Menschen aus ‚beiden Welten' zu kommunizieren und zwischen beiden auch zu vermitteln."

Coach: *„Das sind ja viele tolle Fähigkeiten, die Sie haben! Ich entnehme aus Ihren Beschreibungen, dass Sie anscheinend sehr flexibel sind, Offenheit und Neugierde zeigen, über eine interkulturelle Sensibilität und ein großes Einfühlungsvermögen verfügen. Dazu vermute ich, dass Sie einerseits anpassungsfähig sein können und andererseits, wenn notwendig, auch Überzeugungs- bzw. Durchsetzungskraft für Ihren eigenen Standpunkt beweisen. Und lernfähig sind Sie auch noch? Ist es nicht so, dass Sie über einen hohen Grad an interkultureller Kompetenz verfügen?"*

Der Klient schaut mich mit großen Augen an und strahlt: *„Ja, das stimmt! Da finde ich mich wieder. Das habe ich noch nie so gesehen!"*

Coach: *„Ist dann die Tatsache, dass Sie unter dem Einfluss von unterschiedlichen Kulturen aufgewachsen sind, eigentlich auch eine Bereicherung für Sie und Ihre Persönlichkeit?"*

Klient: *„Wie gesagt, das ist für mich eine neue Betrachtungsweise der Situation, doch ich spüre gerade, dass sich da in mir etwas bewegt! Eigentlich trage ich viele Facetten aus beiden Kulturen in mir und sehr viele davon mag ich auch sehr. Und da ich ständig gefordert bin, mich mit meiner Vielfalt an Facetten und den Meinungen anderer auseinanderzusetzen, wachse ich persönlich dadurch auch ständig."* – Pause – *„Eigentlich habe ich ja das Glück, dass ich mir aus den ‚beiden Welten' wertvolle Aspekte für mich auswählen und auch miteinander verbinden kann. Und am Ende habe ich für mich meine neue individuell geprägte Lebensform. Das klingt gut!"* – Klient immer noch strahlend.

Coach: *„Ist daraus zu schließen, dass Sie eine eigene transkulturelle Identität haben und Ihre transkulturellen Visionen leben werden?"* – Ich schmunzele.

Klient: *„Oh ja! Das fühlt sich gut an!"* – Und schmunzelt auch.

Coach: *„Dann ergibt es sicher auch Sinn, gerade in der Zeit der Globalisierung ganz gezielt in Bewerbungsunterlagen und Vorstellungsgesprächen auf Ihre sehr ausgeprägte interkulturelle Kompetenz und all die weiteren Fähigkeiten, die damit verbunden sind, hinzuweisen, oder?"*

Klient, mit leuchtenden Augen und strahlend: *„Ja, das werde ich tun!"*

Mögliche Probleme

Probleme und Schwierigkeiten können dann auftreten, wenn der Klient für neue Blickwinkel nicht bereit und somit auch nicht veränderungswillig ist.

3. Kritische Coaching-Tools

Kritisch: Provokatives Coaching

Zielgruppe, Themen

„Provokatives Coaching" kann bei unterschiedlichen Zielgruppen im Persönlichkeitscoaching sowie in der Karriereberatung eingesetzt werden. Es erweist sich bei Veränderungs- und Entwicklungsarbeit der Persönlichkeit als nützlich, insbesondere, wenn der Klient in einem Problem festgefahren ist. Der Klient wird durch „Provokatives Coaching" zu einer Erweiterung seines Horizonts an Möglichkeiten und zur eigenen Lösungsfindung inspiriert.

Einsatzziel

Ziel von „Provokativem Coaching" ist, mittels Übertreibungen und Verletzungen von Regeln und einer Prise Humor den Klienten im ersten Moment zu verwirren und mit ihm über die absurden Seiten seiner Situation zu lachen. Dadurch können Blockaden gelöst und neue Blickwinkel auf seine Situation bzw. seine Einstellung ermöglicht werden. Der Klient wird zu eigenverantwortlichem Handeln und neuen Verhaltensweisen bewegt.

Coaching-Phase

Ich empfehle „Provokatives Coaching" erst dann einzusetzen, wenn zwischen Coach und Coachee eine sehr gute Vertrauensbasis geschaffen ist. Daher würde ich es eher in einer späteren Coaching-Phase verwenden und nicht gleich zu Beginn.

Funktioniert weniger gut, weil ...

Ein Grund, warum das Tool mit Vorsicht einzusetzen ist, ist meines Erachtens, dass für Menschen mit türkischem Hintergrund in der Regel Werte wie Höflichkeit, Achtung und Respekt im Umgang miteinander von sehr relevanter Bedeutung sind. „Provokatives Coaching" birgt das Risiko, dass der Klient diese Intervention als Unhöflichkeit, Respektlosigkeit, gar Unverschämtheit versteht und die Vertrauensbasis entweder zerbricht oder zumindest einen Riss bekommt.

Ein weiterer Grund ist die Art der Kommunikation. In der Anfangsphase des Coachings kommuniziere ich mit Klienten mit türkischem Hintergrund eher indirekt. Sobald dann ein sehr gutes Vertrauensverhältnis zwischen dem Klienten und mir aufgebaut ist, kann ich manchmal auch zu einer direkten Kommunikationsweise übergehen. Doch dies ist ein Übergang, der mit viel Feingefühl zu ertasten ist. „Provokatives Coaching“ ist noch eine Stufe weiter als die direkte Kommunikationsform. „Provokatives Coaching“ kann funktionieren, wenn die Vertrauensbasis gefestigt ist und der Klient in seiner Persönlichkeit dafür offen ist. Doch stellt die Anwendung auch hier eher ein höheres Risiko für die Vertrauensgrundlage dar, das im individuellen Fall vom Coach abzuschätzen ist.

Konkretes Beispiel

Wissentlich, dass es ein Risiko ist, habe ich einmal einen Versuch mit „Provokativem Coaching“ bei einem Klienten mit türkischem Migrationshintergrund gewagt und auch mit ihm vorab besprochen, dass ich an dem Tag eine besondere Art des Coachings, das „Provokative Coaching“, anwenden möchte. Das Vertrauensverhältnis zwischen uns war bereits durch vergangene Sitzungen zu anderen Themen sehr gut.

Der Klient war auf der Suche nach einem neuen Job. Er schüttete mir sein Herz über die letzten Ereignisse seiner Jobsuche aus. Er wurde zwar zu Vorstellungsgesprächen eingeladen, doch erhielt er immer Absagen. All die detaillierten Beschreibungen seiner vergangenen Erfahrungen und seiner Aussichten für die Zukunft waren ausschließlich geprägt von Negativität, Aussichtslosigkeit und Schuldzuweisungen an andere. Nachdem ich ihm zugehört hatte, fragte ich ihn: *„Kann es sein, dass Sie auf Ihrer Lebensbühne sehr gerne die Rolle des Opfers übernehmen? Brauchen Sie vielleicht eine Taschenlampe in Ihrer Dunkelheit, um einmal zu schauen, ob Sie noch andere Rollen außer der Opferrolle in Ihrem Repertoire haben und beim nächsten Vorstellungsgespräch einsetzen?“* Der Klient schaute mich sehr irritiert an. Im ersten Moment dachte ich noch, die emotionalen Zustände lösten einen Veränderungsprozess aus. Doch dann bemerkte ich, dass der Klient sich nur völlig unverstanden fühlte. Nachdem er seine Fassung wiedererlangt hatte, wollte er eine Diskussion beginnen. Statt auf die Diskussion einzugehen, bot ich ihm an, auf eine andere Coaching-Methode auszuweichen (z.B. „Reframing“). Er war einverstanden. Dadurch konnte die Coaching-Sitzung wieder erfolgreich weitergeführt werden. Glücklicherweise war das Verhältnis zwischen uns durch mehrere Coaching-Sitzungen bereits so gut, dass dieser Versuch nicht zu einer Beendigung des Coachings geführt hatte.

Mögliche Ursachen für die Problematik

Da mich mit diesem Klienten eine sehr gute Vertrauensbasis verband, habe ich ihn nach der Coaching-Sitzung um ein Feedback gebeten. Für meinen Klienten war diese Umgangsform zu fremd und unkonventionell. Für ihn waren Werte wie Höflichkeit und Respekt verletzt und er hatte sich unverstanden gefühlt. Meine Frage hatte bei ihm auch keinen humorvollen Beigeschmack ausgelöst. Er fühlte sich in die Enge getrieben und noch tiefer in sein Loch gedrückt, denn er hatte mein unkonventionelles Verhalten trotz Vorankündigung nicht gut einordnen können. Zu Bruch ist die Coaching-Beziehung nicht gegangen, da eine Vertrauensbasis da war, und er wusste, dass ich gerade etwas Neues ausprobiere, das jedoch für ihn keine konstruktive und wertbringende Methode ist.

Lösungsoptionen/ Alternativen

Alternativ zu „Provokativem Coaching" kann in festgefahrenen Problemsituationen und Einstellungen das „Reframing-Instrument" oder „Glaubenssatzarbeit" angewendet werden.

4. Hilfestellungen

Zentrale Aspekte für den Erfolg von Coaching bei Menschen mit türkischem Migrationshintergrund und türkischen Expatriates

- Nehmen Sie den Klienten unvoreingenommen als individuelle Persönlichkeit wahr, mit seiner Schatzkiste an eigenen Lebenserfahrungen, Ressourcen, Werten, Talenten und Leidenschaften. Lassen Sie sich nicht von kulturellem Hintergrundwissen blenden und stülpen Sie es dem Klienten nicht unreflektiert zu Beginn über. Kulturelles Wissen ist dann anzuwenden und von großem Nutzen, wenn Sie beim Klienten kulturspezifische Denk- und Verhaltensweisen wahrnehmen, sodass Sie diese besser einordnen und den Klienten in „seiner Welt" abholen können, um einen guten Rapport aufzubauen.
- Planen Sie insbesondere für den Beginn des Coachings viel Zeit für Small Talk und den Aufbau einer vertrauensvollen Coach-Coachee-Beziehung ein.
- Sobald Sie ein sehr gutes Vertrauensverhältnis zu Ihrem Klienten mit türkischem Migrationshintergrund haben, bringen Sie mit viel Feingefühl in Erfahrung, wo er sich persönlich in der kulturgeprägten Bandbreite von eher traditionell bis modern/liberal sieht und wo sein soziales Umfeld (Familie, Freundeskreis) auf dieser Skala einzuordnen ist. Letzteres ist wichtig, um ein Gefühl für das beeinflussende Umfeld des Klienten zu bekommen, um vorhersehen zu können, mit welcher Unterstützung, bzw. welchem Widerstand der Klient bei seiner Visionsfindung und -realisierung rechnen kann.
- Die Familie spielt eine große und wichtige Rolle. Sobald Sie zu dem Klienten eine vertrauensvolle Beziehung aufgebaut haben, fragen Sie den Klienten nach seinen familiären Verhältnissen und auch nach seiner Rolle, die er in der Familienstruktur einnimmt.

- Ein Zeitplan ist meiner Einschätzung nach zweitrangig. Wichtiger ist es, eine sehr gute Vertrauensbasis zum Klienten aufzubauen. Wenn die Vertrauensbasis einmal geschaffen ist, dann kann auch manchmal straffer, zügiger und verstärkt zielgerichtet vorgegangen werden.
- Ich empfehle einen indirekten Kommunikationsstil.
- Ich habe viele türkische Menschen kennengelernt, die mit Mystik, Märchen, Fabeln und Musik und Ritualen und manchmal auch Aberglaube sehr verbunden waren. Setzen Sie im Coaching z.B. auch Märchen, Fabeln, Musikstücke, Symbole oder Gedichte ein, um Kenntnisse zu transferieren und Veränderungsprozesse in Gang zu setzen oder zu begleiten.
- Werte wie Höflichkeit, Respekt, Achtung haben in der türkischen Kultur einen hohen Stellenwert. Es ist wichtig, bei allen Coaching-Interventionen auf die Einhaltung dieser Werte zu achten. Daher rate ich eher von der Anwendung von „Provokativem Coaching“ ab.

Literaturhinweise, Quellen

ICF Global Coaching Study (2012). Data Sheets, Eastern Europe, Turkey, S. 1, 3 ,4 , 5 , International Coach Federation & Pricewaterhouse Coopers, Verfügbar unter: http://www.coachfederation.org/coachingstudy2012 (Zugriff am 08.10.2012).

Wehrle, M. (2011). Karriereberatung. (2. Aufl.), Weinheim und Basel: Beltz Verlag, S.46 ff.

Bandler, R. & Grinder, J. (2005). Reframing – Ein ökologischer Ansatz in der Psychotherapie. (8. Aufl.), Paderborn: Junfermann. S. 13.

O'Connor, J. & Seymour, J. (2009). Neurolinguistisches Programmieren – Gelungene Kommunikation und persönliche Entfaltung. (18. Aufl.). Kirchzarten bei Freiburg: VAK Verlag. S. 202 ff.

Komarek, I. & Feustel, B. (2006). NLP – Trainingsprogramm. München: südwest Verlag, S. 112.

5. Über die Autorin

Vor meiner Tätigkeit als interkultureller Life-, Business- und Karriere-Coach habe ich als Führungskraft bei einem international tätigen Industriekonzern und einer weltweit führenden Management-Beratungsgesellschaft in verschiedenen Ländern gearbeitet. Ich habe DAX-Unternehmen in den Bereichen Supply Chain Strategie & Change Management beraten, insbesondere bei der Konzeption und Umsetzung von globalen Transformationsprojekten und deren monetärer Erfolgsmessung. Seit drei Jahren richte ich nun in meiner Tätigkeit den Scheinwerfer auf den Menschen als Individuum und helfe ihm bei der Definition seiner beruflichen und privaten Visionen. Ich unterstütze Klienten bei der Realisierung ihrer Visionen und begleite sie während ihres Veränderungs- und Wachstumsprozesses.

Seit wann coachen Sie?

Als zertifizierte Karriereberaterin, zertifizierter NLP-Coach (Practitioner, Master, Trainer) und zertifizierter Lösungsorientierter Coach kombiniere ich die Bereiche Life-, Business- und Karriere-Coaching. Als zertifizierter Virtueller Coach biete ich neben physischen Coaching-Sitzungen auch Virtuelles Coaching an.

Welche Coaching-Ausbildung haben Sie?

Seit 2010 coache und berate ich u.a. Menschen mit türkischem Hintergrund, die in Deutschland und Österreich leben.

Seit wann coachen Sie Klienten aus der Türkei?

In meinem Unternehmen „Visionsmanufaktur“ coache und berate ich türkische Menschen aus Wirtschaft und Wissenschaft. 2011 habe ich in Wien eine ehrenamtliche Initiative „Job4Passion – Make Your Way“ für Jugendliche ins Leben gerufen. Die Vision dieser Initiative ist, Jugendliche mittels Workshops und Mentoring zu unterstützen, den Beruf zu ergreifen, der sie persönlich erfüllt. Die Umsetzung erfolgt durch ein interdisziplinäres Kernteam sowie unterstützende Unternehmen und Privatpersonen. Auch vor diesem Hintergrund coache und berate ich junge türkische Menschen.

In welchem Kontext arbeiten Sie als Coach mit türkischen Menschen?

Zu welchen Schwerpunktthemen coachen Sie?

In der „Visionsmanufaktur“ stehen drei Kernfragen im Zentrum: Wer bin ich? Wohin will ich? Wie komme ich dorthin? Ich unterstütze Menschen, ihr einzigartiges Potenzial zu entdecken und ihre Visionen für ihre individuellen Lebensziele daraus entstehen zu lassen. Darauf aufbauend coache, berate und begleite ich meine Klienten bei der Umsetzung ihrer privaten und beruflichen Visionen (z.B. Wechsel der beruflichen Tätigkeit, Unternehmensgründung, Geschäftsmodellentwicklung, Ausstieg, Aufbau von ehrenamtlichen Initiativen). Ziel ist, dass der Klient durch die Entfaltung seines Potenzials sein ureigenes Glück wiederfindet und den tiefen Sinn in seinem Leben erkennt.

Interkulturelles Coaching in ...

Rumänien

In diesem Beitrag finden Sie:

1. Coaching in Rumänien – eine Einführung

von Rita Booker-Solymosi

Wie verbreitet ist Ihrer Ansicht nach Coaching in Rumänien?

Coaching zurzeit noch hauptsächlich in internationalen Firmen

Meinem Informationsstand nach ist Coaching als eigenständige Dienstleistung in Rumänien um 2001 erstmals in rumänischer Sprache in Timisoara von mir angeboten worden. Bis dahin bereisten internationale Trainer, die in Englisch oder Französisch Weiterbildungen anboten, nur den Ballungsraum Bukarest. Erst später kamen auch Cluj und Sibiu in den Genuss dieser Dienstleistung im Rahmen von studentischen Netzwerken. Größere Institutionen wie die Society for NLP, das Eric Berne Institut für Transaktionsanalyse und deren rumänische Mitarbeiter haben den Coaching-Markt mittlerweile gut aufgebaut. Seitdem ist das Thema in Rumänien unter Akademikern sehr begeistert aufgenommen worden, und ähnlich wie in Deutschland fand auch hier eine „Definitions-Inflation" statt. Sehr viele Trainer und Berater bezeichnen sich als Coach, ohne es wirklich zu sein oder zu tun. Mittlerweile ist auch die International Coach Federation (ICF) als Verband mit Qualitätskontrollfunktion in Rumänien präsent, allerdings wird Coaching meiner Einschätzung nach immer noch hauptsächlich im Kreise der internationalen Firmen eingesetzt und ist noch lange nicht im Mainstream angekommen. Ich denke, der Einfluss amerikanischer und französischer „Gurus" ist weiterhin am größten, denn die klassische Psychoanalyse und Psychotherapie ist auch in Rumänien weitaus besser bekannt und wird stärker anerkannt als das Coaching. Aktuell (2012) gibt es immer mehr Life Coaching-Programme, die aus dem US-Amerikanischen übersetzt wurden und erfolgreich angeboten werden.

Für welche Anlässe wird Coaching in Rumänien eingesetzt?

Leadership-Entwicklung

Meiner Einschätzung nach wird Coaching im engsten Sinne hauptsächlich für Leadership-Entwicklung einzelner Personen eingesetzt oder für größere Teambuilding-Prozesse, die auf die effizientere Zusammenarbeit in multikulturellen Abteilungen abzielt. Seit ca. 2007 beginnt Betriebs-Coaching Fuß zu fassen, seit 2009 bahnt sich auch ein Markt für Individual-Coaching als Alternative für Positive Psychologie und Work-Life-Balance an. Besonders in der Finanzkrise boomte der Coaching-Markt ganz überraschend in dieser Lebensberatungsfunktion.

Wie ist die gesellschaftliche Sicht auf das Thema?

Im beruflichen Umfeld gilt es meiner Meinung nach noch als Extremmaßnahme für Fälle, denen man anders nicht mehr beikommen kann als mit externer Hilfe. Außerhalb der Firma, für Selbstzahler also, gilt es als sehr schick, als Erfolgsmensch, der etwas auf sich hält, einen eigenen Coach zu haben. In jüngster Zeit haben sich ganz junge rumänische Coachs auf den Life Coaching-Markt begeben und bauen dort ihre „Schule der guten Menschen“ bzw. „Werteschulen“ oder auch Finanz-Coaching und den „Club der Frühaufsteher (5 AM)“ auf. Maßgeblich unterstützend wirken dabei weiterhin die internationalen Studentennetzwerke von AIESEC oder den Wirtschaftsjunioren, aber auch die Business-Plattform XING.

Rollenbilder: Wie würden Sie die typische Beziehung zwischen Coach und Coachee in Rumänien beschreiben?

Häufig hierarchisches Gefälle in der Rollenbeziehung

Der lokalen Kultur entsprechend, gibt es verstärkt ein hierarchisches Gefälle zwischen Coach und Klient, ähnlich wie bei Ärzten oder Rechtsanwälten. Von Anfang an muss eine Vertrauensbasis im Gespräch hergestellt werden, um echte Veränderung, echtes Lernen beim Coachee zu bewirken.

In welchen Bereichen mussten Sie das klassische Grundkonzept von Coaching anpassen, um erfolgreich coachen zu können?

Da ich selbst Rumänin bin, konnte ich den lokalen Kommunikationsstil sehr schnell transferieren, der meiner Einschätzung nach viel direktiver ist als in Deutschland. Allerdings gibt es große Ähnlichkeiten zum US-Stil, da die Sprachtemperatur ähnlich dramatisch und warm ist. Ich habe die Erfahrung gemacht, dass die deutsche Art der zurückhaltenden Kommunikation aus dem systemischen Gedanken heraus hier eine viel zu hohe Frustration beim Kunden erzeugt, da sie als Inkompetenz und mangelnde Empathie beim Coach ausgelegt werden kann.

Häufig Ansteuerung von kurzfristigen Zielen

Die Zeitplanung ist im multinationalen Konzernumfeld vergleichbar mit Deutschland. Allerdings herrscht meiner Einschätzung nach in Rumänien ein höheres Lebenstempo (der Wille nach schnellen Erfolgen, größere gesellschaftliche Sanktionen bei Verzögerungen oder Misserfolgen, viel höhere Informationsflut im Alltag), was sich auf die Zieldefinition auswirkt. Es werden kurzfristigere Ziele angesteuert. Dabei steht man als Coach vor der großen Herausforderung, den Realitätswert der gewählten Ziele optimal einzuschätzen.

Im privaten Umfeld kämpft man häufig mit den Windmühlen der rumänischen Infrastruktur: Terminverschiebungen oder -ausfälle wegen Verkehrschaos, Versorgungsproblemen, Krankheiten, kleineren Unfällen oder familiären Zwischenfällen prägen den Alltag und erfordern sehr hohe Flexibilität.

Haben Sie ein konkretes Beispiel?

Selbst nach jahrelanger Zusammenarbeit erlebt man Überraschungen. So erschien ein langjähriger Klient, mit dem ich Führungs-Coachings gemacht hatte, als Privatperson für Life Coaching nie zur verabredeten Zeit. Einmal war seine Frau erkrankt und er musste für sie beruflich einspringen, dann wieder war es die Tochter, die ganz dringend dazwischenkam, und irgendwann erfuhr ich über SMS Stunden später von einem Autounfall, und dass er einen gesamten Arbeitstag auf der Polizeidienststelle verbringen musste, um Formalitäten zu erledigen. Zum Glück war ihm persönlich nichts passiert. Aber ein ganzer Tag für einen Behördengang, den man in Deutschland direkt am Unfallort erledigt? Da musste ich schnell umdenken, anstatt Ausreden zu vermuten. Sowohl Bürokratie als auch Familie werden in Rumänien anders gesehen und priorisiert als in Deutschland.

Ein weiterer, recht bezeichnender Fall ist der einer jungen, sehr erfolgreichen Karrierefrau, die nun endlich auch einen festen Partner haben möchte. Sie ist bekennender Workaholic, hat diverse kleine Gesundheitsprobleme, steckt zwischen zwei Jobs – und diese auch noch in multinationalen Konzernen – für die sie viel auf Reisen gehen muss. Sie geht zu Salsa-Partys, Musikfestivals und Theatervorstellungen, doch sie nimmt ihr Privatleben trotzdem als Misserfolg wahr. Das umschreibt sie mit den Worten: *„Schon Mitte 30 und immer noch nicht verheiratet, immer noch keine Kinder in Sicht.“* Das ist selbst in ihrer Generation für viele in Rumänien immer noch ein großes Problem. Nun soll es mithilfe eines zielorientierten Coachings besser werden. Zeitvorgabe: 3 Monate.

2. Passende Coaching-Tools

Passend: SMART

Beschreibung nach George T. Doran, 1981.

Zielgruppe, Themen Führungskraft, Karriereplanung, Mitarbeiterführung.

Einsatzziel Ziele definieren, erfolgreiches Delegieren erlernen.

Coaching-Phase Auftragsklärung, gemeinsame inhaltliche Orientierung und Zielklärung.

Funktioniert meist gut, weil ... Das SMART-Tool hilft beim Entschleunigen der ansonsten so hohen Erwartungen an sich selbst und an andere in der sehr temperamentvollen rumänischen Gesellschaft. Der Arbeitsschritt, realistische Ziele zu artikulieren, wird oft und gerne übersprungen Durch dieses Tool kann besonders im interkulturellen Kontext auf die Verschiedenartigkeit von Zielerwartungen eingegangen werden.

Dauer Ca. 60 Minuten.

Voraussetzung/ Vorbereitung Als Coach sollte man sich sehr genau mit dieser Methode auseinandersetzen, da sie ursprünglich aus dem Projektmanagement stammt und für Coaching-Situationen eine etwas weichere Sprache erfordert.

Beschreibung SMART hilft bei der Definition von Zielen. Es gibt verschiedene Versionen von SMART, im englischen Original steht es für S (specific), M (measurable), A (attractive/attainable), R (realistic), T (time-bound). Ich arbeite mit der folgenden Version:

- S = spezifisches Ziel
- M = messbar durch ...
- A = Aktivitäten dafür ...
- R = realistisch weil ...
- T = Deadline

Da ich leidenschaftliche Smart-Fahrerin bin, hat dieses Akronym auch noch eine persönliche und metaphorische Bedeutung, die den Klienten sehr sympathisch ist. Entlang der Abkürzungen wird Schritt für Schritt ausformuliert, welche Zielvorstellung für das gemeinsame Coaching gelten soll. Mit „SMART" als Tool erhält auch die geplante Zusammenarbeit diesen geistigen Qualitätswert.

Konkretes Beispiel

Ein rumänischer Abteilungsleiter eines Internetproviders in Deutschland erhielt die Beförderung, die rumänische Tochtergesellschaft, eine Entwicklerabteilung, in Bukarest zu übernehmen. Er hat sich in Deutschland jahrelang gut bewährt, hat allerdings noch nicht die nötige Führungserfahrung mit einem so großen Team von 80 Mitarbeitern. Beim persönlichen Kennenlerngespräch während seiner ersten Woche in Bukarest führte ich mit ihm die SMART-Zielsetzungsmethode durch, um den gemeinsamen Coaching-Vertrag aufzusetzen. Die Personalabteilung hatte schon die Zeitvorgabe (T) gesetzt, also mussten nur noch das spezifische Ziel (S) und die Aktivitäten bzw. Schritte (A) zu dessen Erreichung definiert werden. Daraus entstanden eine hervorragende Zusammenarbeit und gleichzeitig die Grundlage für die abschließende Evaluation. Die Führungskraft füllte die folgenden Felder aus:

- S = Führungssituation vor Ort reflektieren, Wahrnehmung der interkulturellen Unterschiede zwischen Deutschen und Rumänen
- M = Überzeugungskraft im deutschen Vorstand: ein deutliches „Ja" für die Aufrechterhaltung der rumänischen Abteilung trotz existierender Widerstände
- A = wöchentliche Coaching-Verabredungen, Dokumentationserstellung durch Klienten
- R = ja, abgeleitet vom Assessment-Ergebnis des Klienten und Referenzen des Coaching-Anbieters
- T = 3 Monate ab Coaching-Beginn

Diese Führungskraft war sehr kommunikationsstark und hoch abstraktionsfähig. Er hatte keinerlei Schwierigkeiten, die einzelnen Schritte auf SMART-Ebene zu benennen, da sie ihm ja auch schon vor unserem Zusammentreffen klar waren. Hier konnte dieses Tool sowohl als Vertragsgrundlage verwendet werden als auch noch mal als Bestätigung für die hohen Transferqualitäten der Führungskraft.

Mögliche Probleme

Die genaue Abgrenzung der Einzelschritte kann für manche Coachees schwierig sein. Sie können Probleme bei der eindeutigen Formulierung jedes einzelnen Bestandteils haben. So z.B. schon am Anfang „S": Mit Spezifizierung ist gemeint, das konkrete Bild zu beschreiben, das man als Ergebnis haben möchte. Oft erscheint das Artikulieren solcher Gedanken als zu banal oder zumindest zu einfach, um sich damit aufzuhalten. Oder bei „R": Tja, woran kann man denn erkennen, ob ein Ziel realistisch ist? Eine gute Möglichkeit dafür ist der Vergleich mit früheren Zielsetzungen, die schon erfolgreich umgesetzt werden konnten. Bei sehr innovativen Zielen hilft nur Optimismus und die Hoffnung auf Erfolg. Jedoch kann auch hier von der visionären Ebene wieder auf die spezifische Artikulation der Einzelschritte zur Zielerreichung eingegangen werden, die den Prozess an sich immer deutlicher und damit realistischer macht.

Passend: Persönlichkeitsmodell der menschlichen Grundbedürfnisse

Auch genannt: Riemann-Thomann-Modell in der Arbeitswelt (Klärungshilfe: Konflikte im Beruf, Christoph Thomann, Reinbek, 1998).

Zielgruppe, Themen

Konflikte am Arbeitsplatz, Partnerschaftsthemen.

Einsatzziel

Verständnis aufbauen für Persönlichkeitsunterschiede, Selbsterkennung.

Coaching-Phase

Der Einsatz des Tools ist besonders sinnvoll, nachdem das Coaching-Anliegen geklärt wurde.

Funktioniert meist gut, weil ...

Menschenkenntnis hat meiner Einschätzung nach einen sehr hohen Stellenwert in Rumänien. Daher schätzen viele rumänische Coachees Tools, mit denen sie ihre Menschenkenntnis verbessern können, da sie davon ausgehen, dass eine gute Menschenkenntnis die Voraussetzung für Erfolg im Leben darstellt.

Dauer

2-4 Stunden.

Voraussetzung

Sehr gute Kenntnis des Modells.

Beschreibung

Grundsätzlich lassen sich nach Fritz Riemann (1985) und Christoph Thomann (1988) vier Grundstrebungen des Menschen beobachten, nämlich Nähe, Distanz, Dauer und Wechsel.

Diese vier Grundausrichtungen kommen bei jedem Menschen in unterschiedlicher Ausprägung vor. Aber meistens sind zwei oder manchmal nur eine dieser Ausrichtungen maßgebend für das aktuelle Empfinden und Verhalten. Diese Grundausrichtungen haben einen direkten Einfluss auf das Kommunikations- und Beziehungsverhalten. Schultz von Thun (1998) hat diese Ausprägungen auf Kulturgruppen wie „Südländische Nationen" und „Germanische Länder" gut übertragen.

- Im ersten Schritt biete ich bezeichnende Kernaussagen für diese Grundbestrebungen als Spiel „4 Ecken im Raum" an. Damit wird eine Erstidentifikation mit diesen Eigenschaften ermöglicht und es findet eine spielerische Selbstverortung statt (der Coachee stellt sich in die Ecke des Raums, in der das Statement seiner eigenen Einstellung am nächsten kommt).
- Im zweiten Schritt präsentiere ich die 4 Grundbestrebungen des Menschen, und die damit verbundenen Sonnen- und Schattenseiten.
- Im dritten Schritt kann der Klient sich mit ein wenig Hilfe schon selbst einschätzen und bekommt ein Gefühl für den grundsätzlichen Umgang mit andersartigen Eigenschaften bei anderen Menschen.
- Abschließend bitte ich um die möglichst genaue Beschreibung des Konfliktpartners nach dem vorliegenden Modell.

Konkretes Beispiel

Eine verheiratete, rumänisch-orthodoxe Bukaresterin, Ende zwanzig, arbeitete als Managerin bei einem deutschen Kosmetikhersteller. Ihre Karriere war ihr sehr wichtig, und so nahm sie das Angebot freudig an, für ein halbes Jahr zur Mutterfirma in eine andere Stadt zu gehen, um dort die Organisationskultur besser kennenzulernen. Da sie dort sehr gut zurechtkam, sendete man sie für ein weiteres Jahr in eine Dependance nach Österreich. Leider hatte man sich nicht die Mühe gemacht, sie auf ihre Entsendung professionell vorzubereiten. In Österreich bekam sie Depressionen und Beziehungsprobleme mit ihrem Mann, denn die Entfernung, die hohe Arbeitsbelastung und immer mehr Missverständnisse mit ihren Kollegen setzten beiden stark zu. Es stellte sich heraus, dass die Personalabteilung in dieser Firma wenig Bewusstsein für Interkulturalität hatte, und so wurde sie in eine klassische Psychotherapie in Wien geschickt. Keine der heutzutage üblichen Maßnahmen bei einem Kulturschock waren damals (Ende der 1990er-Jahre) bekannt.

Als ich sie 2006 kennenlernte, war sie schon längst wieder zuhause und bei einer amerikanischen Firma sehr erfolgreich, allerdings suchte sie meine Hilfe, um das Stigma des angeblich selbst verschuldeten Karrierebruchs zu überwinden. Das Riemann-Thomann-Modell war ihr eine große Hilfe, da sie zum ersten Mal objektiv nachvollziehen konnte, welche Art der Krise sie in Österreich durchgemacht hatte und wie diese aufgrund der kulturellen Unterschiede und situationsbedingten Herausforderungen überhaupt entstehen konnte. Kurze Zeit später erreichte sie ihr Karriereziel, CEO eines multinationalen Konzerns in Bukarest zu werden.

Zuerst fragte ich die Kundin nach einer der konkretesten Situationen im Dialog mit ihren österreichischen Kollegen. In ihrer Schilderung sollte sie so viele Details wie möglich über ihr eigenes Verhalten und das beobachtbare Verhalten der Kollegen angeben. Im weiteren Verlauf analysierten wir gemeinsam anhand des Riemann-Thomann-Modells die Situation aus diesem neuen Blickwinkel. Danach konnte sie ihre eigenen Schlüsse über die natürlichen kulturellen Unterschiede ziehen und fand damit den wertfreien Zugang zur Situation – und eine neue Interpretationsweise, die sie emotional entlastete und für zukünftige Situationen wappnete.

Mögliche Probleme

Ein mögliches Problem könnte die voreilige Annahme sein, dieses Modell sei ein Vorhersagemedium. Es muss daher vom Coach wiederholt darauf hingewiesen werden, dass Menschen niemals eindeutig berechenbar sind und dieses Tool lediglich eine Momentaufnahme ermöglicht. Die vorhandenen Situationen müssen für die Fremdeinschätzung immer mit beachtet werden.

3. Kritische Coaching-Tools

Kritisch: Transaktionsanalyse

Zielgruppe, Themen

Führungskraft, Organisationsentwicklung.

Einsatzziel

Konfliktmanagement, kulturelle Synergie. Der einprägsame Satz „Ich bin O.K., Du bist O.K." symbolisiert die Überwindung von destruktiven Wertungen in Beziehungen. Dieses Tool soll für mehr Gleichberechtigung und Selbstbewusstsein sorgen.

Coaching-Phase

Anliegenbearbeitung, Beschreibung der Problematik.

Funktioniert weniger gut, weil ...

Umgehung der kulturbedingt vorhandenen Hierarchiestrukturen und Statusängste: Als postkommunistischer Staat mit einer dominanten Diktaturgeschichte, auch als Ceausescu-Ära bekannt, gilt die Vorstellung von gleichberechtigt geführten Beziehungen als Utopie. Kind-Ich, Eltern-Ich und Erwachsenen-Ich symbolisieren derartig dogmatisch festgelegte Rollenmuster, dass meiner Meinung nach die Abstraktion zum offenen, amerikanischen Denkmodel einfach zu große kulturelle Sprünge erfordert.

Konkretes Beispiel

Der rumänische technische Leiter (Mitte fünfzig) eines deutschen Reifenherstellers in Rumänien sollte in den Genuss von Coaching als persönliche Entwicklungsmöglichkeit kommen.

Als Einstieg in die Thematik der persönlichen Entwicklung präsentierte ich (damals 32 Jahre alt und Berufsanfängerin) ihm die Grundannahmen der Transaktionsanalyse mit der berühmten Metapher „Ich bin O.K. – du bist O.K.". Er folgte meinen Ausführungen sehr interessiert, das einstündige Gespräch verlief auch in gewohnt gelöster Atmosphäre und wir einigten uns auf einen Folgetermin. Doch dieser fand nie statt.

Mögliche Ursachen für die Problematik

Aus kultureller Perspektive kann ich davon ausgehen, dass der egalitäre Ansatz dieses Modells dem rumänischen Hierarchieverständnis widerstrebt. Dabei stütze ich mich auch auf die Aussage einer rumänischen Arbeitskollegin, die als Organisationspsychologin eine Weiterbildung in Transaktionsanalyse absolviert hat. Dass die Methode in Rumänien durchaus verbreitet wurde, und sicherlich auch psychologischen Einsatz findet, sei unbestritten. Allerdings wurde die Ausbildung für den Coaching-Markt seit 2009 nicht mehr weiter vorangetrieben.

Lösungsoptionen/ Alternativen

- Sie können die Einladung zum Coaching konsequent mit einer Bedarfsanalyse beginnen, auch wenn Ihnen Ihr Gegenüber schon aus dem Unternehmensumfeld bekannt ist. Die persönlichen Motive und Anliegen müssen unbedingt deutlich ausgesprochen werden, um potenzielle Vorwände für versteckte Ziele zu vermeiden.
- Zur Methodenauswahl kann ich nach 12 Jahren Coaching-Erfahrung sagen: Jedes Modell, jedes Tool, das man sehr gut kennt und zu schätzen weiß, wird auch in Rumänien gut angenommen, wenn man es in den individuellen Situationskontext der Klienten einbetten kann. Die persönliche Überzeugungskraft und der Ruf eines Coachs ist immer wichtiger als die Methodenauswahl.

4. Hilfestellungen

Zentrale Aspekte für den Erfolg von Coaching in Rumänien

- Setzen Sie sich mit der rumänischen Kultur und den Ergebnissen der kulturvergleichenden Studien (Hofstede, GLOBE) auseinander und nehmen Sie die Ergebnisse ernst.
- Beschäftigen Sie sich mit der post-kommunistischen Gesellschaft ganz allgemein (von Osteuropa bis China).
- Beachten Sie die regionalen Unterschiede innerhalb Rumäniens zwischen Ost und West sowie Stadt- und Landbevölkerung.
- Stellen Sie sich auf eine hochkritisch denkende und sehr schnell lernende Klientel ein.
- Stellen Sie dem Coachee Ihre Fachkompetenz dar, das typisch deutsche Understatement ist hier nicht angebracht, da viele rumänische Klienten Ihnen dieses Understatement als mangelndes Selbstbewusstsein oder sogar als Inkompetenz auslegen würden.

Literaturhinweise, Quellen

Doran, G. T. (1981). There's a S.M.A.R.T. way to write management's goals and objectives. Management Review, Volume 70, Issue 11 (AMA FORUM), pp. 35-36.

Schulz von Thun, F. (2009). Interkulturelle Kommunikation: Methoden, Modelle, Beispiele. Reinbek: Rowohlt Taschenbuch Verlag.

Riemann, F. (1985). Grundformen der Angst: eine tiefenpsychologische Studie. München, Basel: Ernst Reinhard Verlag.

Thomann, C. (1988). Klärungshilfe: Konflikte im Beruf: Methoden und Modelle klärender Gespräche bei gestörter Zusammenarbeit. Reinbek: Rowohlt Taschenbuch Verlag.

Harris, Thomas A. (1975). Ich bin O.K. – du bist O.K. Reinbek: Rowohlt Taschenbuch Verlag.

5. Über die Autorin

Seit wann coachen Sie?

Ich coache seit 2001.

Welche Coaching-Ausbildung haben Sie?

Ich habe Ausbildungen in den folgenden Bereichen: Systemischer Coach, „Executive Business Coach", Cultural Detective® und NLP-Master Practitioner.

Seit wann coachen Sie Klienten aus Rumänien?

Seit 2001: Ich begann als Kommunikationstrainerin mit der Ausbildung von 90 rumänischen Führungskräften eines deutschen Automobilzulieferers, die sehr schnell persönliche Anliegen äußerten, die in der Trainingsgruppe nicht bearbeitet werden konnten. Daher benötigten sie Einzelcoaching, das durch meine Hannoveraner Ausbilder parallel supervidiert wurde. Meine Trainerausbildung wurde also „on the job" zu einer Coaching-Ausbildung ausgebaut.

In welchem Kontext arbeiten Sie als Coach mit Rumänen?

In meinem Klientenkreis befinden sich Führungskräfte aus Automobilindustrie, Erdölproduktion, Telekommunikation, Schwermetallverarbeitung, IT-Entwicklung, internationalem Großhandel und Privatpersonen aus dem Beratungssektor.

Zu welchen Schwerpunktthemen coachen Sie?

Ich coache zu den Schwerpunkten interkulturelle Unternehmensentwicklung, Mitarbeiterführung, Beruf und Berufung, Karriereentwicklung, Selbstmanagement, Auslandsvorbereitung für Einzelpersonen oder Familien (Expats), Auffangen von Kulturschock und Identitätskrise nach Migrationserfahrungen.

Interkulturelles Coaching in ...

Polen

In diesem Beitrag finden Sie:

1. Coaching in Polen – eine Einführung

von Marcus Rübbe

Wie verbreitet ist Ihrer Ansicht nach Coaching in Polen?

In der Vorbereitung zu diesem Beitrag habe ich Gespräche mit Führungskräften, Studierenden und Berufseinsteigern in Polen geführt, um mir, neben meiner Wahrnehmung, auch eine Selbstwahrnehmung der Polen vor Ort einzuholen. Dabei zeichneten sich für mich deutlich zwei unterschiedliche Sichtweisen ab. Stellvertretend für die eine Perspektive, in welcher der Coach als Berater, Therapeut, Lehrer oder Sporttrainer wahrgenommen wird, folgt ein kurzer Gesprächsausschnitt mit dem CEO eines mittelständischen Bauunternehmens:

„Was genau ist ein Coach für Dich?"
„Ist doch klar, ein Trainer!"
„Und was macht so ein Trainer Deiner Meinung nach?"
„Wie im Fußball trainiert er andere Menschen, und sagt ihnen, wie genau sie was machen sollen, um sich weiterzuentwickeln!"
„Hast Du schon einmal über so ein Coaching bzw. Training nachgedacht, für Dich selbst oder Deine Mitarbeiter?"
„Nein, ich brauche so etwas nicht und meine Mitarbeiter würden mich nicht mehr ernst nehmen, wenn ich mit Coaching kommen würde!"

Tendenziell steigende Nachfrage nach Coaching

In weiteren Gesprächen kam ebenso deutlich eine ganz andere Perspektive zutage, die ich selber auch seit einigen Jahren deutlich wahrnehme, nämlich eine stetig steigende Nachfrage nach Coaching in Polen. Unternehmer, Führungskraft, Angestellter, Student oder Privatperson, so scheint es mir, sie alle nutzen Coaching als Weg, um auf dem unsicheren Markt flexibel zu bleiben und sich mit Unterstützung von Coachs weiterzuentwickeln. Meines Wissens nach übersteigt derzeit die Nachfrage nach Coaching das Angebot, worauf der Markt entsprechend reagiert. Mit der wachsenden Nachfrage wächst das Coaching-Angebot und gleichsam das Interesse an potenziellen Coachs. Wie ich beobachten kann, ruft dies ein elementares Thema auf den Plan: die grundsätzliche Frage nach der Professionalität der Coachs und damit nach der Qualität und Wirksamkeit von Coaching insgesamt.

Professionalisierungsgrad wächst

Bis vor Kurzem gab es keine Dachverbände oder gar einheitliche Qualitätsstandards, also keinen „formalen" Weg, der die Ausbildung professioneller Coachs und die damit verbundenen Themen in irgendeiner Form standardisiert bzw. reguliert hat. Daher finde ich interessant zu beobachten, dass inzwischen auch die großen internationalen Coaching-Verbände wie die ICC – International Coaching Community (www.iccpoland.pl) sowie die ICF – International Coach Federation (www.icf.org.pl) in Polen vertreten sind. Bislang dürfen nur diese beiden Coaching-Verbände eine übergreifende Akkreditierung für Coachs vornehmen. Damit einhergehend hat die ICC ethische Standards (Ethik-Kodex) für die Profession Coaching in Polen entwickelt und erstmals professionelle Kompetenzen von Coachs beschrieben. Diese Standards definieren Rechte und Pflichten der ICC-Trainer gegenüber den Coachees und der ausgeübten Profession (www.iccpoland.pl).

Diese Marktentwicklung birgt meiner Ansicht nach Chancen und Risiken für die Zukunft des Coachings in Polen. Zum einen kann nun endlich Coaching als Beruf klar definiert werden, sodass potenzielle Interessenten nicht durch Chaos in der Branche in die Irre geführt werden. Zum anderen öffnet die steigende Nachfrage Tür und Tor für zahlreiche unprofessionelle Anbieter, die den Markt mit unseriösen Angeboten regelrecht überschwemmen und damit dem Image von Coaching in Polen schaden. Beide Tendenzen sind für mich ein spürbares Signal für erste Professionalisierungstendenzen einer noch jungen Profession.

Ausbildung

Festzuhalten ist, dass der Beruf des Coachs in Polen immer mehr an Beliebtheit und Interesse gewinnt. Im Zuge des wachsenden Interesses seitens der Unternehmen und Privatpersonen wächst die Zahl von Ausbildungsinstituten und Angeboten, welche Coachs ausbilden. Definitiv ist auch der Zugang zu Coaching-Leistungen deutlich größer als noch vor einigen Jahren. Es lohnt sich zu fragen, wie das Wachstum dieser Methode auf die Qualität von Coaching wirkt und ob damit verbunden die Standards für Coaching vorangetrieben werden. Denn meiner Einschätzung nach verfügen viele der Coachs auf dem derzeitigen polnischen Markt lediglich über eine basale Ausbildung und sind auf der Suche nach Nischen und ihrem Platz darin. Namhafte und anerkannte Akkreditierungen kosten gemessen am polnischen Verdienst relativ viel und sind zeitaufwendig. Daher wählen diese Coachs zunächst immer häufiger die Einzelintervention mit Privatkunden (Coachees), vorwiegend im Bereich des Life Coachings. Polen befindet sich am Anfang einer Professionalisierung des Berufsstandes Coach. Dies trägt sicherlich zu mehr Bewusstsein der Kunden über Möglichkeiten und Grenzen des Coachings bei, die mehr und mehr die Qualifikationen sowie Zertifizierungen der Coachs nachfragen.

In Polen sind derzeit etwa zehn Coaching-Ausbildungszentren aktiv, die in etwa 850 Personen jährlich ausbilden können. Laut einer Schätzung der Polish Chamber of Training Companies (akkreditiert durch die ICF) sowie des Coaching Centers Polen beträgt die Anzahl der Coachs in Polen, die eine Ausbildung bei einer der Coaching-„Schulen" absolviert haben, etwa 450-500 Personen (PIFS und Coaching Center 2008, S. 4). Darin inbegriffen etwa 250 externe Coachs, die ohne Firmenzugehörigkeit agieren (u.a. Selbstständige/Freiberufler). Die Anzahl der Personen, die sich aktuell als Coachs bezeichnen und keine entsprechende Ausbildung haben bzw. ein Zertifikat besitzen, wird auf ca. 800 Personen geschätzt. Mit der wachsenden Anzahl von Personen, die solch eine Ausbildung machen wollen (geschätzt etwa 3.000 Personen), werden auch entsprechende Ausbildungen zum Coach benötigt, da bisher der Beruf des Coachs vorwiegend durch Trainer, Psychologen und Berater ausgeübt wird (PIFS und Coaching Center 2008, S. 8).

Noch ist der Kenntnisstand über Coaching eher gering

Von November 2008 bis Februar 2009 hat das Unternehmen Master Coach (Berendt, 2009) eine Befragung durchgeführt, deren Ziel es war, Hindernisse für den Einsatz von Coaching und Erwartungen an Coaching-Leistungen zu identifizieren sowie Coaching-Bedarfe zu sammeln. Teilnehmer der Studie waren Führungskräfte und Direktoren von mittleren und großen Unternehmen. Die befragten Coachs bildeten die Referenz- bzw. Kontrollgruppe, mit der die Ergebnisse auf signifikante Unterschiede verglichen wurden. Insgesamt beantworteten die Teilnehmer der Studie einen Fragebogen mit 18 Fragen. Hier die signifikantesten Ergebnisse der Studie, deren Haupt-Fragestellung lautete: „Haben Sie ausreichend Wissen zum Thema Coaching?" (siehe hierzu Berendt, 2009). Im Allgemeinen gab über die Hälfte der Befragten (57%) an, dass sie über kein oder eher kein Wissen zum Coaching verfügen. Das heißt, sie konnten nicht beschreiben, womit sich ein Coach beschäftigt und brachten Coaching eher mit Themen wie Ausbildung, Führung, Psychologie und Therapie in Verbindung.

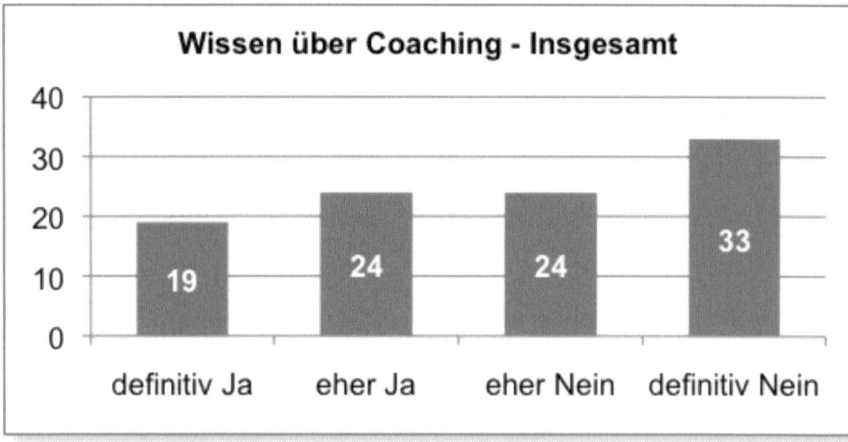

Abb. 1.: Wissen über Coaching. Eigene Darstellung. Zahlen in Anlehnung an Berendt, 2009.

Weiterhin gaben 36% der Befragten, die sich in einem Coachingprozess befanden oder noch befinden, an, dass sie keine oder eher keine ausreichende Kenntnis über Coaching besitzen! Bei den Menschen ohne bisherige Coaching-Erfahrung haben 67% der Befragten definitiv kein Wissen und weitere 27% eher keine Kenntnisse zum Thema. Lediglich 6% der Befragten, die noch nie ein Coaching gemacht haben, erklärten, dass sie Kenntnis/Wissen über das Thema Coaching haben. Interessant finde ich das Ergebnis bei den Coachs selbst: 15% gaben an, dass sie über kein und 23% über „eher kein" Wissen zum Coaching verfügen.

Zusammengefasst wird von der Studie die These bestätigt, dass in Polen das Wissen über Coaching, vor allem bei Menschen, die diese Dienstleistung noch nicht in Anspruch genommen haben, sehr gering ist (Berendt, 2009). Ich selbst interpretiere die dargestellten Ergebnisse der Befragung vor dem Hintergrund eines wenig transparenten Berufsbildes und der mangelnden flächendeckenden Standards zum Thema Coaching in Polen; sowohl bei den aktiven Coachs als auch bei den potenziellen Coachees.

Coaching-Anlässe in Polen

Meiner Erfahrung nach kristallisieren sich zwei Tendenzen bzw. Bereiche heraus: Die nicht akkreditierten Coachs konzentrieren sich eher auf das Life Coaching mit allen Facetten, die lukrativ erscheinen. Im professionellen Bereich liegt der Fokus der Coachs in den folgenden Bereichen: „Business-Einzelcoaching" für Manager/Führungskräfte in großen Unternehmen oder Konzernen, zumeist internationaler Struktur. Anlässe sind hier: Ziele identifizieren und umsetzen, persönliche Weiterentwicklung, Motivation und Engagement. Gefolgt von Führungsthemen, Beziehungsmanagement, Work-Life-Balance sowie Mission/Vision, Entscheidungsfindung und Verantwortung (siehe hierzu auch die Ergebnisse der hier vorgestellten Studie nach Berendt, 2009).

Mein Eindruck ist, dass im Personal- bzw. Life Coaching Themen wie Lebenspläne- und -visionen, Selbstaufmerksamkeit und -reflexion sowie Beziehungsthemen gefragt sind. Aber auch im spirituellen und esoterischen Bereich gibt es bereits zahlreiche Angebote (z.B. Flirt-Coachings). Ein weiterer Bereich, der sich zu etablieren scheint, ist das sogenannte „Small Business Coaching" speziell für die Zielgruppe der KMU. Diese Beobachtungen bestätigt ein Report namens „Ausbildungen für Coachs", der sich mit dem aktuellen Angebot der Coaching-Schulen in Polen auseinandersetzt (Kolodkiewicz, 2009, S. 7). Hier werden in folgender Reihenfolge genannt: Business Coaching (wozu auch Excecutive und Corporate Coaching gezählt werden), Life Coaching (Personal- und Individual-Coaching einbezogen) und Karriere-Coaching (ebd.). Grob zusammengefasst beinhaltet meine Einschätzung vier markante Punkte hinsichtlich der Entwicklung von Coaching in Polen:

Vier markante Punkte zur Entwicklung von Coaching in Polen

- Meiner Einschätzung nach wollen insbesondere Geschäftsführer, Führungskräfte, Manager und Fachkräfte mehr und mehr die Dienste eines Coachs in Anspruch nehmen.
- Zunehmend wird es auch in Polen um das Thema „Burnout" lauter, was einen thematischen Schwerpunkt im Coaching zur Folge haben wird.
- Immer wieder beobachte ich auch, dass – jedoch eher von Privatpersonen – kurzweilige Coaching-Workshops gebucht werden, da sie schnelle Ergebnisse versprechen und zumeist auch preisgünstig sind.
- Ebenso wollen immer mehr Unternehmen die eigenen Führungskräfte im Bereich des Coachings schulen, im Sinne der „Führungskraft als Coach".

Wie ist die gesellschaftliche Sicht auf das Thema ?

Dieses Thema erlebe ich besonders gegensätzlich. Einerseits steigt die Nachfrage nach Coaching stetig. Andererseits habe ich persönlich noch nicht von jemandem gehört, der sich in offener Runde, sei es auch im engeren Freundeskreis, zum Coaching bekannt hat. Wie kann das sein?

Obwohl ich vielerorts Klagen aus dem privaten und beruflichen Bereich vernehme, sobald das Thema „Unterstützung von außen" aufkommt, höre ich oft: *„Brauche ich nicht, schaffe ich alleine!"* Der Gedanke, sich helfen zu lassen oder unterstützt zu werden, wird in Verbindung mit Unfähigkeit gesehen. Gerade Personen, die noch nicht mit Coaching in Berührung gekommen sind (wie bei Berendt, 2009, erwähnt), ordnen den Begriff eher Themen wie Ausbildung, direktiver Führung und den breiteren Elementen der Psychologie und Therapie zu. Nicht verwunderlich, wie ich finde, dass vor dem Hintergrund dieses Standpunktes der Gang zum Coach bzw. Coaching als Schwäche ausgelegt wird und daher gesellschaftlich eher verpönt als akzeptiert ist. Meiner Wahrnehmung nach ist diese Ansicht noch sehr verbreitet in Polen. Dies hat zur Folge, dass auch diejenigen Personen, die bereits ein Coaching in Anspruch genommen haben, eine ähnliche Meinung vertreten, um nach außen hin keine Schwäche zu zeigen. Dieser Zustand ist sicherlich eng gekoppelt an das noch wenig transparente und einheitliche Bild dieser jungen Profession.

Noch existieren Unsicherheiten in Bezug auf Wirksamkeit und Nutzen

Meiner Ansicht nach kann eine frühzeitige Implementierung, vor allem in Universitäten und internationalen Unternehmen, dabei unterstützen, Coaching in Polen als professionellen Beratungsansatz zu etablieren. Neben einer breiten Aufklärung über Möglichkeiten und Grenzen des Coachings sollte man sich an den Bedenken zum Thema orientieren. Zu klären ist allem voran die – wie ich finde – berechtigte Frage: *„Was bringt mir das?“* Denn die größten Ängste und Bedenken der Polen zum Thema Coaching stehen im Zusammenhang mit Wirksamkeit und Nutzen, wie die bereits erwähnte Befragung (Berendt, 2009) deutlich macht. Dabei haben 55 von 100 Befragten angegeben, dass ihre größten Unsicherheiten in Bezug auf Coaching das konkrete Ergebnis sowie die entstehenden Kosten sind.

Abb. 2.: Bedenken zum Coaching. Eigene Darstellung. Zahlen in Anlehnung an Berendt, 2009.

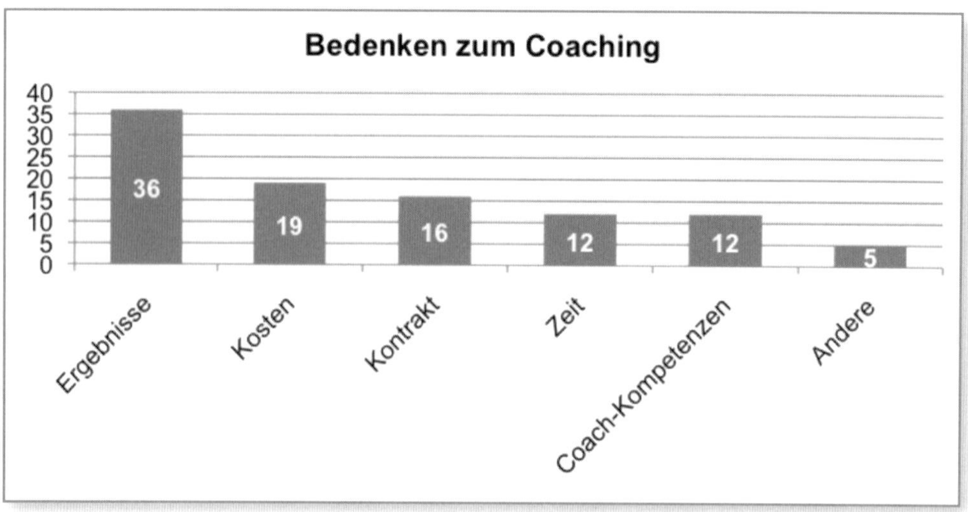

Entscheidend: Qualitätsstandards und ethische Grundsätze

So, wie ich viele Menschen in Polen wahrnehme, sind sie unbekannten und nicht sofort greifbaren Methoden gegenüber vorsichtig und skeptisch eingestellt. Zu Recht, wie ich finde, da auch Polen nicht gefeit ist vor unprofessionell agierenden Coaching-Anbietern, die monetäre Chancen in einem aufkommenden Trend wittern und den Markt damit eher zerfasern als stabilisieren. Und dennoch ist, wie die aktuelle politische, wirtschaftliche und private Entwicklung in Polen zeigt, der Bedarf nach neuen und professionellen Ansätzen in Beratung und Unterstützung nötig und auch gewollt. Gerade professionelle Qualitätsstandards sowie einheitliche ethische Grundsätze sind die entscheidenden Pfeiler für den Zugang zu den potenziellen Coachees. Ich bin überzeugt, dass professionelle Coachings mit positivem Ausgang für die Coachees über die Mund-zu-Mund-Propaganda ihre Wirkung zeigen und sich damit Coaching als professionelle Dienstleistung auf Dauer durchsetzen wird.

Rollenbilder

Klassische Lehrer-Schüler-Beziehung herrscht häufig noch vor

Die typische Beziehung zwischen Coach und Coachee nehme ich, gerade zu Beginn eines Coachings, in den meisten Fällen als klassische Lehrer-Schüler-Beziehung wahr. Aufgrund der Sozialisation in Schule, Familie und auch Unternehmen, sind Coachees eher die autoritäre Lehrer-Schüler Beziehung gewohnt. Hierarchien sind meiner Einschätzung nach in Polen stärker ausgeprägt als in Deutschland und Fachkompetenzen besitzen einen hohen Stellenwert. Als Coach sind Sie zunächst der „Experte". Hier gilt es meiner Erfahrung nach, Ihren Coachee vorerst zu „leaden", um dann den Rapport herstellen zu können. Sonst ist es schwer, ernst genommen zu werden. Stellen Sie zu Beginn eines Coachings zunächst Ihre Fachkompetenz in den Vordergrund und führen Sie anschließend vertrauensvoll.

Manchmal sind Lösungsvorschläge erwünscht

Eine weitere Anregung widerspricht, wie es zunächst scheint, unserem klassischen Coachingverständnis, nach welchem der Coach keine direkten Lösungsvorschläge liefert, sondern den Coachee begleitet und dabei anregt, dessen eigene Lösungen zu entwickeln und Ziele zu formulieren. Da ich erlebt habe, dass die Anliegen des Coachees gerade zu Beginn des Coachings zumeist recht diffus sind und erst gemeinsam herausgefunden werden müssen, können Sie Folgendes ausprobieren, um Ihren polnischen Coachee dabei zu unterstützen und ihn zu motivieren: Ich empfehle Ihnen als Coach, auch mal ein mögliches Ziel, beispielsweise für die Coaching-Sitzung, vorzugeben, welches Sie im Verlauf der ersten Gesprächsminuten wahrgenommen haben. Achten Sie jedoch besonders darauf, welcher Art die Ziele Ihres Coachees sind. Sind es eher Leistungsziele, die in dessen Einflussbereich liegen, oder vielmehr Endziele, die nicht direkt erreicht werden können, sondern von äußeren Faktoren abhängig sind. Da die klare Zielformulierung in jeder Coaching-Sitzung einen Schwerpunkt bildet, nehmen Sie sich genügend Zeit zur Klärung. Zumal ein wohlgeformt formuliertes Ziel oft schon Lösungsansätze beinhalten kann. Letztendlich überlassen Sie den Weg zur Zielerreichung wieder weitgehend Ihrem Gegenüber.

Einzel- und Gruppencoaching in Polen – Ein Erfahrungsbericht

Hier ein Fall, der sich vor einiger Zeit in Polen zugetragen hat und treffend dokumentiert, wie ich das klassische Grundkonzept von Coaching anpassen musste: Um die Erwachsenenbildung in Polen voranzutreiben, entstand Anfang 2005 im Rahmen einer Zusammenarbeit zwischen einem internationalen Verband und einer deutschen Universität die Idee, dem Mangel an Kompetenzen in der Erwachsenenbildung, Personalentwicklung und im Coaching-Bereich entgegenzuwirken. Die sich daraus ergebende erste internationale Coaching-Ausbildung zum Gruppencoach erfolgte auf Englisch in Form eines Blended Learnings, demnach der Kombination von jeweils zwei Präsenz- und E-Learning-Phasen. Während des gesamten Prozesses waren jedem Coach zwei Coachees zugeteilt.

Per E-Mail und Skype näherten wir Coachs uns unseren Coachees an und versuchten, Rapport herzustellen. Aus unserem moderaten und demokratischen Verständnis heraus wollten wir die Teilnehmenden schrittweise an die Selbststeuerung ihrer Lernprozesse heranführen. Unser Ziel war es, sie dadurch zu befähigen, nach Beendigung der Ausbildung selbst organisiert ein Gruppencoaching vorbereiten und realisieren zu können. Doch bereits während des Online-Coachings bemerkten wir große Anlaufschwierigkeiten, die wir erst in der Präsenzphase klären konnten.

Dort erfuhren wir, dass unser Beraterverhalten beim Support hätte bestimmender sein sollen, durch das Geben von Instruktionen und direktiven Hilfestellungen. Zudem kam der Wunsch nach mehr direkter Kommunikation auf („Face-to-Face-Meetings"). Weiterhin stellten wir einen begrenzten Austausch der Teilnehmenden untereinander fest und erfuhren, dass sie es vorzogen, allein zu lernen. Wenn jedoch Fragen und Probleme aufkamen, wurden dann doch die Kommilitonen uns Experten vorgezogen.

Um den nötigen Rapport und das damit zusammenhängende Vertrauen herzustellen, mussten wir in erster Linie unsere fachliche Qualifikation/Kompetenz vor Ort unter Beweis stellen. Erst danach forderten die

Teilnehmenden zunehmend die Beratung bezüglich Lerninhalte und individuelle Lernprozesse von uns ein. Dabei standen der praktische Nutzen der Coaching-Ausbildung und der Transfer in den individuellen Berufsalltag für die Teilnehmenden von Beginn an im Vordergrund. Um den Rapport auf Sach- und Beziehungsebene zu halten, mussten wir dieser permanent eingeforderten Transparenz lösungs- und ergebnisorientiert begegnen. Erst durch die vermehrt angenommene Unterstützung unsererseits legten die Teilnehmenden eigenständig die Basis für ihren Lernprozess und ihre Weiterentwicklung.

2. Passende Coaching-Tools

Passend: Werte-Hierarchie

Hintergrundinformationen zum Thema Werte: O'Connor; Seymour, 2006.

Zielgruppe, Themen

Die Werte-Hierarchie eignet sich besonders, um Fragen der beruflichen Entwicklung zu reflektieren. Neben der Auseinandersetzung mit aktuellen Fragestellungen kann die Beschäftigung mit den eigenen Werten dazu führen, das eigene Weltbild zu betrachten und zu hinterfragen. In diesem Kontext kann die Arbeit mit der Werte-Hierarchie zu einer verbesserten Selbstkenntnis des Coachees führen.

Einsatzziel

Die Ziele lauten: Wichtigste leitende Werte finden, innere Kongruenz, Stimmigkeit mit Zielen, Glaubenssätze erkennen. Dieses Tool löst einen „Aha-Effekt" aus und bietet zahlreiche Anregungen für die Auseinandersetzung zu verschiedensten Themen im Coaching. Denkbar ist der Einsatz, um individuelle Ansprüche und Erwartungen an das Coaching oder die Zukunft im Unternehmen zu klären, Visionen von der Zukunft zu entwickeln und auf individuellen Werten aufzubauen oder eine Grundlage zu schaffen, auf der später Ziele formuliert, überprüft und verfolgt werden. Widerspricht zum Beispiel eine anstehende Entscheidung oder gar eine angestrebte Position einem zentralen Wert des Coachees, kann er bereits im Vorfeld entscheiden, ob der subjektive Aufwand oder der Nutzen der jeweiligen Entscheidung für ihn stimmiger sein werden.

Coaching-Phase

Zu Beginn des Coachings, in Verbindung mit Glaubenssystemen, der Arbeit mit den Logischen Ebenen (nach R. Dilts), Werte-Arbeit, Zielformulierung. Gerade während der Eigenanalyse des Coachees, in welcher er versucht, sich selbst und die Motive seines Handelns besser zu verstehen, ist das Tool sehr wertvoll.

Funktioniert meist gut, weil ...

Das hier vorgestellte Tool funktioniert in Polen besonders gut, da es für meine bisherigen polnischen Coachees zwei ihnen sehr wichtige Anteile aufweist: eine transparente Struktur sowie ein greifbares Ergebnis. Zudem hält es eine ausgewogene Mischung zwischen angeleiteten und selbstreflexiven Anteilen bereit. Zum einen stellen die gefundenen persönlichen Werte einen aktuellen Kompass dar, mit welchem eigene Denk-, Fühl- und Handlungsmuster bewusst werden können. Sobald Werte ins Bewusstsein gelangen, können sie auch bearbeitet werden. Jetzt können sich innere Werte-Konflikte offenbaren und in Balance gebracht werden. Zum anderen können auch Werte bewusst werden, denen gefolgt werden sollte, um gewünschte Lösungen und Ergebnisse zu erreichen. Letztlich kann der Coachee sodann bewusste Entscheidungen treffen, die auf diesen Werten basieren.

Besonders interessant in meinen Coachings mit Polen zu beobachten ist die hohe Stellung der Familie. In bisher jeder Anwendung des Tools in Coachings war der Wert Familie, wenn nicht auf Platz Nummer eins, so doch unter den drei wichtigsten Werten zu finden. Ein harmonisches Familienleben scheint mehr wert zu sein als Geld und berufliche Stellung, was jedoch zu sogenannten Werte-Konflikten führen kann. Zu einem gewissen Teil machen diese Werte-Konflikte unser Leben reizvoll, abwechslungsreich und spannend. Wenn die Konflikte jedoch Oberhand gewinnen, sind wir inkongruent, d.h., wir stehen nicht voll und ganz hinter unseren Zielen, und der innere Konflikt drückt sich in unserer inneren Einstellung und letztlich in unserem Verhalten aus. Hierzu rate ich Ihnen, die Auflistung Ihres Coachees hinsichtlich solcher Wertekonflikte zu überprüfen.

Dauer/Material

- Dauer: etwa 60 Minuten.
- Benötigtes Material: entsprechende Kopien der Werte-Paare, evtl. zusätzliche Werte.

Voraussetzung/ Vorbereitung

Um meine Coachees mit dem Thema Werte in Berührung zu bringen, gebe ich gerne folgende Informationen zum Thema vorab: *„Werte sind die Aspekte, die uns in unserem Leben wichtig sind. Etwas wertzuschätzen bedeutet, ihm Wichtigkeit zu geben. Werte motivieren uns und steuern dadurch unsere Handlungen, unser Denken und Fühlen. Sie geben uns eine Richtung und sind der Schlüssel zu einem Verständnis dafür, warum wir etwas Bestimmtes tun. Werte sind individuell, das heißt, unterschiedliche Menschen haben unterschiedliche Werte bzw. legen Wert auf etwas Bestimmtes. Bitte bedenken Sie: Werte verändern sich im Laufe des Lebens. Diese Werte-Hierarchie ist ‚nur' eine Momentaufnahme."*

Beschreibung

Unter den folgenden 24 Werte-Begriffen soll der Coachee in Einzelarbeit diejenigen herausfinden, welche wichtige Motive für sein Handeln darstellen. Dazu erkläre ich folgendes Vorgehen: *„Vergleichen Sie die jeweiligen Begriffspaare und entscheiden Sie sich spontan für den wichtigeren. Tragen Sie diesen dann in der nächsten Spalte ein. Vergleichen Sie die verbleibenden Begriffe untereinander, bis zuletzt drei Werte-Begriffe übrig bleiben."*

Karriere – Herausforderung			
Spaß – Unabhängigkeit			
Geld – Harmonie			
Anerkennung – Ordnung			
Freiheit – Ruhe			
Kollegialität – Abenteuer			
Familie – Ästhetik			
Sinn – Status			
Selbstverwirklichung – Sicherheit			
Einfluss – Gerechtigkeit			
Gelassenheit – Erfolg			
Verantwortung – Zeit			

Abb. 3: Arbeitsblatt für die Arbeit mit den Werte-Paaren und der Werte-Hierarchie. Eigene Darstellung.

„Schreiben Sie bitte Ihre drei wichtigsten Werte noch einmal in Rangfolge auf!"

Welcher Wert ist der wichtigste für mich?	1.
Welche Werte haben für mich außerdem eine zentrale Bedeutung?	2. 3.
Welche Werte spielen noch eine Rolle in meinem Leben?	▶ ▶ ▶

Im Anschluss an die Übung lasse ich mir von der Vorgehensweise und den dabei empfundenen Emotionen berichten. Weitere Fragen, die ich stelle sind: *„Passen die gefundenen Werte zu Ihnen?"* oder *„Passen die Werte zueinander?"*

Konkretes Beispiel

Im Coaching mit einer Führungskraft eines führenden Outdoor-Unternehmens zum Thema „Meine Professionalität als Führungskraft im eigenen Unternehmen" kam es zur Besprechung der Themen „Rollen" und „Werte". Dabei bemerkte ich, dass Frau Nowak (Name geändert) auf meine Frage hin, was ihr denn im Leben wichtig sei, nicht so recht eine Antwort wusste. In diesem Zuge verschlechterte sich auch ihre Physiologie. Daraufhin lud ich sie zur Übung „Werte-Pyramide" ein, um strukturiert ihre Werte herauszufinden und sprachlich formulieren zu können. In der Auswertung gab Frau Nowak an, sehr überrascht zu sein, wie gut „der Test" das für sie Wichtige spiegelte und dass sie nun konkreter wisse, was ihr privat und beruflich wichtig ist. Daraus ergab sich ein interessanter und fruchtbarer Folgeprozess für das Coaching. Denn entscheidend war an dieser Stelle, dass Frau Nowak für sich erkannte, dass nicht alle Werte zu den eigenen Zielen passten. Auf den obersten Werte-Plätzen fanden sich die Begriffe Familie, Harmonie und Sicherheit. Die anscheinend wichtigen und vorher nicht in dieser Intensität wahrgenommenen Werte standen nun in Konflikt mit den ursprünglichen beruflichen Zielen. Im weiteren Verlauf des Coachings setzte sich Frau Nowak intensiv mit dem eigenen Werte-System sowie ihren Zielen in Beruf und Familie auseinander und fand zu einer stimmigen Balance.

Mögliche Probleme

Der Coachee überlegt lange und kann sich nicht für einen der beiden Begriffe entscheiden. Hierzu folgender Tipp: Nach den gegebenen Informationen und geklärten Fragen gebe ich meinem Coachee ein weiteres Blatt Papier, lese die Werte-Paare langsam vor und verweise auf die Wichtigkeit der spontanen Entscheidung für einen der beiden Begriffe. Der Coachee schreibt die zwölf Werte-Begriffe untereinander auf das Blatt. Anschließend überträgt er diese Begriffe in die erste leere Spalte und fährt alleine fort.

Der Coachee sagt, ihm fehlten Werte. Um die bisherigen Werte zu ergänzen, habe ich ein weiteres Handout vorbereitet, auf dem noch 26 Werte (von A-Z) aufgelistet sind: *„Und sicher können Sie diese Werte-Auflistung um weitere Werte ergänzen, die für Sie persönlich sehr wichtig sind."*

Ein weiterer Stolperstein bei dem Tool liegt darin, dem Coachee bewusst zu machen, dass es keine „besseren" oder „schlechteren" Werte bei den Werte-Paaren gibt. Gerade in Gruppencoachings orientieren sich die Teilnehmer oftmals aneinander, was den individuellen Charakter und damit die Selbsterkenntnis deutlich schmälert. Weisen Sie auch darauf hin, dass die Werte nicht allzu rational bedacht werden sollen, sondern spontan aus dem Bauch heraus entschieden werden.

Des Öfteren bemerken Coachees, dass ihre drei wichtigsten Werte selbst im Konflikt zueinander stehen. Beispielsweise Familie und Karriere. Dies ist eine gute Gelegenheit, sich über die aktuellen Ziele bewusst zu werden und Werte-Konflikte aufzulösen oder aber auch Persönlichkeitsanteile zu identifizieren, um wichtige Bedürfnisse zu harmonisieren.

Variationen

Besonders gut geeignet ist das Tool für Teamcoachings. Da auch hier jedes Teammitglied von individuellen, unterschiedlichen Werten geleitet wird, kann die Transparenz hierüber Aufschluss über einen zielorientierten und für alle Beteiligten wertschätzenden Umgang miteinander geben.

Tipp: Weiten Sie die Methode aus, indem die Teilnehmer vorher eigene Werte im Plenum zusammentragen und, in einem gemeinsamen Austausch darüber, gegenüberstellen.

Passend: Ein Selbstbild malen

Zielgruppe, Themen

Dieses Tool eignet sich meiner Erfahrung nach für alle Zielgruppen und besonders, um Ist- und Soll-Zustände zu erkennen, Visionen zu formulieren und Ziele zu entdecken.

Einsatzziel

Die nonverbale, bildhafte Methode aktiviert gefühlsmäßig organisierte Bilder und Episoden aus dem intuitiven Erfahrungsgedächtnis.

Coaching-Phase

Das Malen eines Selbstbildes zu Reflexionszwecken sowie in verschiedenen Phasen des Coachingprozesses, ist eine wenig vorstrukturierte Methode und gerade deswegen ein sehr wirkungsvoller Zugang zu den eigenen Selbstrepräsentationen. Gut einzusetzen direkt zu Beginn des Coachings, nachdem ein guter Rapport hergestellt ist.

Funktioniert meist gut, weil …

Im Zusammenhang mit diesem Tool möchte ich auf einen Kulturunterschied zwischen Deutschen und Polen eingehen, der mir häufig aufgefallen ist. In einigen Führungskräfte- und auch in Gruppencoachings habe ich beobachtet, dass deutsche Führungskräfte in Verhandlungen mit Polen oft vergeblich auf klare und eindeutige Aussagen warten.

Nach meiner Wahrnehmung ist der Kommunikationsstil in Polen dadurch gekennzeichnet, dass polnische Führungskräfte es gewohnt sind, nach und nach alle gegebenen Einzelinformationen aufzusammeln und zu einem stimmigen Gesamtbild zusammenzufügen. Sie streuen sozusagen alle Informationen lose in den Raum. Dies kann dazu führen, dass dem deutschen Geschäftspartner der „strukturierte Überblick" fehlt. Dieser von mir wahrgenommene kulturelle Unterschied im Kommunikationsstil kann deutschen Coachs in Polen Schwierigkeiten bereiten. Eine effektive Methode, welche den beschriebenen Kulturunterschied in Verbindung mit einem effizienten Coaching-Tool verbindet, stelle ich Ihnen nachfolgend vor. Als nonverbale Methode ist dieses Tool für Coachees oftmals eine willkommene Abwechslung und ergänzt andere, auf Sprache basierende Tools. Zudem hat es einen starken Visualisierungsanteil und regt die Selbstreflexion an. Es lassen sich Visionen oder klare Ziele formulieren, manchmal sind sogar erste Schritte/Maßnahmenpläne möglich.

Dauer

Die Durchführung dauert meist nur 10-15 Minuten, zusätzlich zu einer kurzen Einleitung (mündliche Einführung, wahlweise schriftliches Handout). Auswertung: eine Coaching-Sitzung.

Voraussetzung/ Vorbereitung

Erforderlich sind mehrere große weiße Papierblätter (etwa DIN A3), farbige Stifte (Blei- oder Kohlestifte, Filzschreiber, Buntstifte), Tuben mit Acrylfarben mit Pinsel, Radiergummi, Schere und Klebstoff. Erlaubt sind beim Erstellen des Bildes alle erdenklichen Formen und Farben. Einzige Vorgabe ist, dass Ihr Coachee sich in einem Bildteil so malt, wie er sich selbst gegenwärtig wahrnimmt (Realbild) und in dem entsprechend anderen Teil sein Wunsch- oder Idealbild; wie er sein möchte.

Beschreibung

Anweisung des Coachs: *„Selbstbilder beruhen auf vielen intuitiven Erfahrungen und sind stark von Gefühlen geprägt. Sie lassen sich nur schwer in Worte fassen. Eine effektivere Möglichkeit ist es, ein Bild über sich zu malen. Dabei kommt es überhaupt nicht darauf an, ob Sie malen können. Ich möchte Sie deshalb bitten, diese Technik auszuprobieren und ein Selbstbild zu malen. Sie können Strichzeichnungen für Personen oder Gegenstände verwenden* (der Coach zeichnet ein einfaches Strichmännchen auf einen Block) *oder Symbole* (er zeichnet und erklärt + und - und einen Blitz zur Symbolisierung eines Konflikts) *oder auch Wörter zur Erläuterung ergänzen. Sie können aber auch ein Bild mit abstrakten Linien und Formen oder Farben malen, um Ihre Empfindungen und Gefühle irgendwie ausdrücken zu können. Sie können dazu die Stifte oder den Malkasten verwenden. Überlegen Sie nicht zu lange, sondern* *malen Sie spontan darauf los. Falls Sie etwas unbedingt korrigieren möchten, können Sie einfach drübermalen oder notfalls einen Teil überkleben. Es kommt nicht auf ein schönes oder ordentliches Bild an! In einen Teil des Bildes malen Sie bitte Ihr Wunsch- oder Idealbild. Damit stellen Sie bitte irgendwie anschaulich oder symbolisch dar, wie Sie sein möchten. In einem anderen Teil des Bildes malen Sie bitte, wie Sie sich gegenwärtig sehen, Ihr Realbild. Sie können auch zusätzlich wichtige Einflüsse aus Ihrer Umgebung (wichtige Personen, Gegenstände oder anderes) sowie wichtige Einflüsse aus Ihrer Vergangenheit in das Bild aufnehmen, wenn Ihnen dazu etwas einfällt.*

Blättern Sie nun bitte in Ruhe eine Weile verschiedene Bilder vor Ihrem inneren Auge durch, die Sie mit Ihrem Wunsch- und Realbild verbinden. Grübeln Sie nicht zu lange, sondern folgen Sie Ihren spontanen Einfällen. Wenn Sie mit dem Malen begonnen haben, wird Ihnen automatisch noch mehr einfallen. Wenn ich Ihnen technisch helfen kann, können Sie mich fragen. Bitte sagen Sie mir, wenn Sie fertig sind."

Hinweis zur Durchführung

Gehen Sie nicht auf inhaltliche Fragen ein, geben Sie lediglich technische Unterstützung und ermutigen Sie zum Malen. Am besten ist es, wenn Sie sich vom Tisch entfernt in eine andere Ecke des Raums setzen und sich mit etwas anderem beschäftigen (ich verlasse auch gerne den Raum eine Zeit lang). Nur wenn Ihr Coachee längere Zeit nicht anfängt zu malen, sollten Sie nachfragen, worüber er nachdenkt und ihn ermutigen, weiterzumachen. Reflektieren Sie anschließend gemeinsam mit Ihrem Coachee ergebnisorientiert das Selbstbild.

Gemeinsame Auswertung

Erst bei der Beschreibung und Interpretation des Bildes im Gespräch mit dem Coach beginnen Personen, die gefühlsmäßigen Bilder sprachlich auszudrücken. Bitten Sie Ihren Coachee, sein Bild zu erläutern. Anschließend können Sie direkte Fragen stellen, wie z.B.: *„Was bedeutet das genau?" – „Wie fühlen Sie sich dabei?" – „Welches genaue Ergebnis wäre für Sie ideal?"*

Sehr gut eignen sich an dieser Stelle auch zirkuläre Fragen, um den Perspektivenwechsel zu fördern, z.B.: *„Wie empfindet Ihre Umgebung Ihr Verhalten?"* Die Antworten sind in der Regel sehr ausführlich und persönlich, wodurch sie Ihnen als Coach viele Ansatzpunkte für Nachfragen liefern (Greif, 2008, S. 116). Aus Ihren persönlichen Eindrücken zum Bild ergeben sich weitere Fragen zur Vertiefung und Weiterbearbeitung, z.B.: Wie ausgewogen sind Bildaufteilung und Anordnung? Wie wirken die Farben und Formen auf mich? Welche Assoziationen kommen mir in den Sinn, wenn ich die Figuren sehe? Welche Gefühle lösen Sie in mir aus? Was fehlt? Was noch ...?

Konkretes Beispiel

Frau Bonk (Name geändert), Anfang 30, Führungskraft in einer polnischen Großbank, berichtete zu Beginn des Coachings, sie sei irgendwie unzufrieden mit ihrer aktuellen Stelle. Sie wisse aber auch nicht genau, womit und wohin ihre „Reise" denn nun gehen solle. In ihrer jetzigen Funktion übe sie hauptsächlich beratende Funktionen aus und könne von dem in ihrem Studium erworbenen Wissen und Können nichts einsetzen. *„Ich bin doch keine ‚blöde' Beraterin, ich kann mehr. Nur kann ich das in Situationen, in denen ich das beweisen muss, nicht zeigen!"* Ein kürzlich durchlaufenes Assessment gab ihr schließlich „den Rest", als sie ein für sich niederschmetternd empfundenes Feedback von einem Psychologen bekam. Dieser meldete ihr zurück, er habe sie als „versachlicht", „distanziert" und „unmotiviert" erlebt. Dies habe sie schwer getroffen, da sie sich selbst ganz anders wahrnehme. Daraufhin bat ich Frau Bonk, ein Selbstbild zu malen, um zu explorieren und zu visualisieren, wie sie sich gegenwärtig selbst wahrnimmt und welche Vorstellungen sie von ihrer Zukunft hat. Im unteren Bildteil (reales Selbstbild) hat Frau Bonk ihren Ist-Zustand kurz nach dem Feedback gemalt. Sie fühle sich, als ob Extreme in Form von Blitzen, kaltem Schnee, Regen und viel zu heißen Sonnenstrahlen auf sie einprasseln würden. Eigentlich sei sie stark genug, sich vor diesen zu schützen, aber dann gebe es Momente, in denen sie den Extremen schutzlos ausgeliefert ist. Dann fühlt sie sich blockiert und kann auf keine ihrer Ressourcen mehr zugreifen.

Sie bräuchte einen Schutz, um ein festes Fundament und ein Bewusstsein für ihre Stärken zu schaffen (oberer Bildteil, Wunschbild). Am besten wären für verschiedene Einwirkungen von außen auch entsprechende Schutzmechanismen, um sich vor den Extremen zu schützen. Zum Beispiel eine starke Sonnencreme, um sich vor den heißen Sonnenstrahlen zu schützen, ein Regenschirm bei einem Wolkenbruch und sich einfach warm anziehen bei aufkommender Kälte. Dann wäre „alles nicht so schlimm, wenn nicht gerade der Blitz einschlägt". Ausgehend von dieser Metaphorik war der Grundstein für den weiteren Coaching-Verlauf gelegt. In den weiteren Coaching-Sitzungen konnte ich immer wieder auf das Selbstbild zurückgreifen. So eruierten wir zunächst, wofür die Extreme stehen und in welchen Situationen ressourcevolle Zustände oder Stuck-States vorlagen. Frau Bonk formulierte bewusst ihre Schutzmechanismen und konnte sie dadurch für sich greifbar und bearbeitbar machen. In einem weiteren Assessment konnte sich Frau Bonk „sehr gut verkaufen" und bekam entsprechende Rückmeldungen.

Abb. 4: Selbstbild „Schutz vor den Extremen".

Mögliche Probleme

Sie sollten diese Übung nur dann einsetzen, wenn Sie von der angesprochenen Offenheit ausgehen können und wenn der Coachee entsprechendes Vertrauen in Ihre methodischen Kompetenzen hat. Ich erlebe immer wieder, dass meine Coachees im ersten Moment dem Tool skeptisch gegenüberstehen (*„Ich kann nicht malen"*). Wenn ich dann ausführlich erläutere (z.B. die Bedeutung innerer Bilder), was bei der Durchführung emotional und kognitiv passiert, lassen sie sich (bisher) auf das Experiment ein: *„Sie werden überrascht sein, wie durch diese Technik und die gemeinsame anschließende Auswertung sehr wichtige und nützliche Ergebnisse für Sie erzielt werden können, die auf anderem Wege nicht möglich sind."*

3. Kritische Coaching-Tools

Kritisch: Direktes, konstruktives Feedback

Zielgruppe, Themen

Alle Zielgruppen.

Einsatzziel

Weiterentwicklung durch Fremdwahrnehmung, Anleitung zur Selbstreflexion, Verminderung von „blinden Flecken".

Coaching-Phase

Besonders in Abschlussphasen, bei Bedarf in allen Coaching-Phasen.

Funktioniert weniger gut, weil ...

Meiner Erfahrung nach ist in den meisten polnischen Unternehmen die Kommunikation über Kommunikation und Kooperation auf einer Metaebene eher tabuisiert. Die inoffiziellen Spielregeln lassen lediglich output-orientierten Austausch zu. Zwar wird über Zahlen und Ergebnisse gesprochen – über Verhalten spricht man nicht und schon gar nicht kommentiert man es direkt. Gerade Führungskräfte scheuen meiner Ansicht nach eher davor zurück, Fragen zum eigenen Führungsverhalten zu äußern und sich dadurch Rückmeldung in Form einer Fremdwahrnehmung einzuholen. Schon gar nicht von Kollegen, geschweige denn von Mitarbeitern. Sie fürchten, dass ihnen dies als Unsicherheit und damit Schwäche ausgelegt werden könnte und dass es letztlich der Karriere schadet. Ist Ihr Coachee noch nicht mit Feedback als Methode im Coaching in Berührung gekommen, klären Sie ihn auf, wie genau Sie vorgehen wollen und vor allem, welchen Nutzen es für ihn bringt. In jedem Fall sollten Sie hierbei auf die Kongruenz von Sprache und Körpersprache achten, denn nicht alles Gedachte bzw. Empfundene wird auch immer offen ausgesprochen. Häufig erlebe ich, dass in Polen gerne auch gute Miene zum bösen Spiel gemacht wird. Das bedeutet, dass auch Sie nicht immer unbedingt von einem authentischen Feedback ihres Coachees ausgehen können. Hier hilft nur konkretes Abwarten und Nachfragen.

Konkretes Beispiel

Mit einer Kollegin gab ich Feedback zu einem von den Teilnehmenden selbst durchgeführten Gruppencoaching, so wie wir es in Deutschland gewohnt waren. Nach und nach wurde es immer ruhiger in der Gruppe und gegen Ende des Tages hatte die Atmosphäre ihren absoluten Tiefpunkt erreicht. Aus einem Gefühl heraus fassten meine ebenfalls polnischsprachige Kollegin und ich den Entschluss, bei einem Teil der Gruppe genauer nachzufragen. Heraus kam ein etwa vierstündiges und emotional-intensives TeilGruppencoaching. Die Teilnehmenden berichteten uns von einem angedachten, vorzeitigen Abbruch der Veranstaltung ihrerseits, hätte das klärende TeilGruppencoaching nicht in der Form stattgefunden. Womit wir nicht gerechnet hatten, war, dass unser Feedback anders aufgenommen wurde, als von uns beabsichtigt. Wie sich herausstellte, hat ein einziges Wort während des Feedbacks die Atmosphäre in der Gruppe gekippt. Das den Gruppenprozess gefährdende Wort war die folgende Bemerkung, die als Verbesserungsvorschlag für künftige Gruppencoaching-Situationen gemeint war: *„Don't throw the results of the participants away"* (schmeiße nicht die visualisierten Ergebnisse der Teilnehmenden weg). Es ging dabei um den wertschätzenden Umgang mit visualisierten Aussagen von Teilnehmenden während eines Gruppencoachings. Sicherlich auch aufgrund von sprachlichen Feinheiten wurde jedoch das Wörtchen „throw away" zu einem Stein, welcher eine Lawine ins Rollen brachte. Nachdem wir auf einer metakommunikativen Ebene die Ereignisse des Vortages am nächsten Morgen in der Großgruppe thematisierten, konnten wir allmählich auch wieder die Ausbildung fortsetzen. Allerdings mit einem gehörigen Schrecken sowie um eine wesentliche Lernerfahrung reicher!

Mögliche Ursachen für die Problematik

Aus meiner Wahrnehmung heraus ist die Feedback-Kultur in Polen eine andere, als wir sie in Deutschland gewohnt sind. Rückmeldungen, gerade von hierarchisch höher gestellten Personen werden schnell als persönliche Kritik verstanden. Leider sind oftmals diese Rückmeldungen auch so gemeint. Wertschätzende und konstruktive Rückmeldungen (sowohl auf der Sach- als auch auf Beziehungsebene) sind meiner Einschätzung nach eher selten anzutreffen und beinhalten vornehmlich negative Aspekte. Der Blick auf Probleme und nicht auf Funktionierendes ist leider immer noch stark in der Kommunikationskultur vertreten. Hier gilt es meiner Ansicht nach, Transparenz zu schaffen, Möglichkeiten aufzuzeigen und vor allem die eigene Einstellung in Bezug auf Feedback zu überprüfen. Besonderes Augenmerk sollte hier auf der verbalen Sprache liegen.

Tipp: Formulieren Sie Ihr Feedback zu Beginn eher allgemein und werden Sie dann konkreter. Stellen Sie Positives stark heraus und bleiben Sie lösungsorientiert. Ich halte mich beim Feedback gerne an die

Vorgehensweise aus der Gewaltfreien Kommunikation (GFK) nach M. Rosenberg (2010):

- Eigene Wahrnehmung konkret beschreiben,
- emotionale Wirkung ansprechen, entstehendes Bedürfnis schildern,
- Bitte/Wunsch äußern.

Lösungsoptionen/ Alternativen

Feedback-Kultur schaffen: Führen Sie im Einzel- oder Gruppencoaching Feedback dosiert ein. Da die Feedback-Kultur, wie wir sie in Deutschland vorwiegend kennen und gebrauchen, meiner Meinung nach in Polen nicht in der Form verbreitet ist, seien Sie besonders feinfühlig mit diesem Thema. Im Kontext des Feedbacks sei noch ein Hinweis zum Video-Feedback gegeben, bei dem ebenso Vorsicht bzw. Feingefühl geboten ist: Führen Sie Video-Feedback erst nach dem sprachlichen Feedback ein. Sinnvoll ist es in jedem Fall, die Möglichkeiten und Grenzen von Feedback zu erklären, Feedback-Regeln einzuführen und vor allem, sich die Erlaubnis für das Feedback-Geben einzuholen. Sukzessive können Sie dann Feedback als Tool in den einzelnen Coaching-Sessions installieren und unterschiedliche Feedback-Varianten ausprobieren.

4. Hilfestellungen

Zentrale Aspekte für den Erfolg von Coaching in Polen

Polen und Deutsche haben viele Gemeinsamkeiten, dennoch ist es gerade die Beachtung der „feinen kulturellen Unterschiede", die zu einem gelingenden Rapport und damit dem Erfolg eines Coachings beiträgt. In Stichpunkten zusammengefasst, kann ich Ihnen an dieser Stelle folgende fünf Hinweise für den Umgang mit polnischen Coachees, ob in Einzel- oder Gruppenintervention geben:

- Im gesellschaftlichen wie im wirtschaftlichen Leben bestimmt in Polen meiner Einschätzung nach die Beziehungsebene die Sachebene sehr stark. Das heißt, einem harmonischen Miteinander wird oberste Priorität eingeräumt. Es geht mehr darum, den anderen auf einer privaten Ebene gut kennenzulernen und ein Basisvertrauen aufzubauen, bevor man miteinander arbeitet. Mehr Zeit als in Deutschland üblich sollten Sie daher für den Rapportaufbau investieren. Geben Sie ruhig auch in dieser Phase private Dinge preis. Ebenso sind gewisse Kenntnisse in der Landessprache oder der Kultur hier von enormem Vorteil.
- Ich empfehle Ihnen, bereits in der Kontraktphase Ihre fachlichen Kompetenzen sowie Ihre Qualifikation deutlich herauszustellen. Beachten Sie dabei bitte, dass Sie nicht überheblich wirken.
- Weiterentwicklung und Lernen wird meiner Erfahrung nach in Polen gerne selbstständig und ohne „Hilfe" von außen praktiziert. Rechnen Sie anfangs damit, dass Ihr Coachee zunächst einmal alles als klar und „verstanden" deklariert. Erst wenn Sie eine solide Vertrauensbasis geschaffen haben, wird sich Ihr Gegenüber öffnen, Ihre Unterstützung auch annehmen und zugeben, dass vielleicht doch nicht alles so klar ist, wie es zunächst signalisiert wurde.
- Meine Empfehlung ist, sich im gesamten Prozess verstärkt auf Lösungen und konkrete Ergebnisse zu konzentrieren; beleuchten Sie Positives und Stärken.

- Stellen Sie bei jeglichen Interventionen und angewendeten Methoden Transparenz her (Was tue ich jetzt gerade?) und vermitteln Sie Sinnhaftigkeit (Mit welchem Ziel tue ich dies?).

Literaturhinweise, Quellen

Berendt, B. für Master Coach (2009). Coaching w Polsce – analiza stanu obecnego Badanie swiadomosci coachingu. Verfügbar unter: www.mastercoach.org.pl [Zugriff am 08.10.2012].

Greif, S. (2008). Coaching und ergebnisorientierte Selbstreflexion. Göttingen: Hogrefe Verlag.

International Coaching Community – ICC Poland (2012). Ethische Standards & Rechte und Pflichten der ICC-Trainer. Verfügbar unter: www.iccpoland.pl [Zugriff am 08.10.2012].

Kołodkiewicz, M. (2009). Raport Szkoła dla coacha - Zestawienie oferty edukacyjnej Szkół Coachingu w Polsce. Polska Izba Firm Szkoleniowych.

O'Connor, J. & Seymour, J. (2006). Weiterbildung auf neuem Kurs. NLP für Trainer, Referenten und Dozenten. (4. Aufl.) Kirchzarten: VAK Verlag.

Polska Izba Firm Szkoleniowych (PIFS) und Coaching Center (2008): Raport Coachowie – Europa i Polska.

Rosenberg, M. B. (2010). Gewaltfreie Kommunikation: Eine Sprache des Lebens. (8. Aufl.) Paderborn: Junfermann.

5. Über den Autor

Seit wann coachen Sie?

Während meiner wissenschaftlichen Tätigkeit an der Universität Bielefeld habe ich 2007 angefangen, angehende Lehrerinnen und Lehrer in Fragen der Berufswahl sowie dem erfolgreichen Berufseinstieg zu coachen und zu beraten. Als Bildungsmanager und Berater einer Berliner Weiterbildungsakademie habe ich meine Gruppen- und Teamcoaching-Kompetenzen im wirtschaftlichen Sektor gefestigt.

Welche Coaching-Ausbildung haben Sie?

Nach meiner dreijährigen Ausbildung zum Master-Practitioner im Neurolinguistischen Programmieren habe ich ein Coaching-Studium nach einem komplementären Ansatz angeschlossen.

Seit wann coachen Sie Klienten aus Polen?

Da ich zweisprachig aufgewachsen bin, bewege ich mich seit meiner Kindheit im interkulturellen Feld zwischen Deutschland und Polen. Meine dadurch entwickelte Sensibilität für die feinen kulturellen Unterschiede erlaubte es mir, mich bereits während meines erziehungswissenschaftlichen Studiums mit Coaching in Polen auseinanderzusetzen. Angefangen 2005, mit einer Gruppencoaching-Ausbildung für Studierende, kamen weitere Ausbildungen und auch Karriere-Einzelcoachings in Polen hinzu.

In welchem Kontext arbeiten Sie als Coach mit Polen?

Derzeit baue ich mein Netzwerk im Kulturkreis Polen weiter aus und konzentriere mich dabei auf das Einzelcoaching von deutschen Mitarbeitern in polnischen Unternehmen und polnischen Mitarbeitern in deutschen Unternehmen, sowie Teamentwicklungs-Coachings. Mein Anliegen dabei ist, einen wesentlichen Beitrag dazu zu leisten, Coaching als professionellen Beratungsansatz in Polen zu etablieren.

Zu welchen Schwerpunktthemen coachen Sie?

Meine Schwerpunkte als freiberuflicher Coach, Trainer und Moderator liegen im Bereich Gruppen- und Teamcoachings sowie Karriere-Coachings für Studierende, Berufseinsteiger und junge Führungskräfte. Besonders interessieren mich alle beruflichen Übergangsprozesse, die sogenannten Transitionsprozesse. Ich finde es sehr spannend, Menschen über längere Zeit in ihrer Karriereentwicklung und in Veränderungsprozessen zu begleiten. Darüber hinaus beschäftige ich mich intensiv mit der Schnittstelle zwischen Coaching und systemischer Organisationsberatung in meiner Arbeit.

Interkulturelles Coaching in ...

Südosteuropa

In diesem Beitrag finden Sie:

1. Coaching in Südosteuropa – eine Einführung

von Asim Aliloski

Wie verbreitet ist Ihrer Ansicht nach Coaching in Südosteuropa?

Coaching noch nicht stark verbreitet

Unter dem Wort „Coach“ können sich Südosteuropäer meiner Erfahrung nach wenig vorstellen. Wenn ich von Südosteuropäern spreche, meine ich in erster Linie Menschen, die in den Balkanstaaten des ehemaligen Jugoslawiens und in Albanien leben. Meine Eltern stammen aus Mazedonien, sind in Serbien geboren und haben albanische sowie griechische Wurzeln. Meine Mutter versteht bis heute nicht, was „Coach“ eigentlich genau bedeutet. Ich persönlich umschreibe den Begriff für Unerfahrene mit „psychologisch-ähnliches Training“, das im Berufs- und Privatleben Auswirkungen zeigt.

Coaching ist für viele Menschen in Südosteuropa ein Fremdwort, sie verbinden wenige oder keine Assoziationen damit. Das Wort „Psychologe“, „Berater“ oder „Trainer“ macht es vielleicht für einige greifbarer. Ich empfehle manchmal, die eigene Tätigkeit zu beschreiben, anstatt nur die Berufsbezeichnung zu nennen. Ich erkläre dann in ein bis zwei leichten Sätzen, was der Kern meiner Arbeit ist und warum Menschen mit mir arbeiten.

Für welche Anlässe wird Coaching in Südosteuropa eingesetzt?

Lernen on-the-job

In Südosteuropa lernen Menschen grundsätzlich „on-the-job“. Meiner Meinung nach nehmen viele Südosteuropäer Coaching nicht bewusst war, obwohl sie vielleicht diese Funktion ausüben. Jede Führungskraft übernimmt gleichzeitig die Rolle eines Coachs, gleichzeitig werden meiner Erfahrung nach noch zu selten externe Berater oder Coachs in Unternehmensprozesse einbezogen. In vielen Ländern fehlt noch das

Bewusstsein für Soft Skills und wie wesentlich deren Entfaltung und Weiterentwicklung für beruflichen und wirtschaftlichen Fortschritt ist.

Feedback im Business-Kontext fällt eher direkt aus

Ich erlebe, dass man im beruflichen Kontext Feedbacks eher direkt, manchmal sogar scharf verteilt, während im Privatleben beispielsweise tief sitzende Familienkonflikte aus Höflichkeit weitgehend indirekt ausgetragen werden. Die Arbeit wird immer noch als das „harte" Leben empfunden, in dem es primär um die Existenzsicherung geht. Da darf man eher forsch sein. Ausländer aus dem Westen genießen meiner Erfahrung nach ein „Prestige-Ansehen", weil viele Südosteuropäer das Bild vom reichen Deutschen im Kopf tragen, der gutes Geld verdient und genügend Wohlstand aufgebaut hat. Andererseits trägt der Westeuropäer auch vielleicht das Risiko, überheblich zu wirken und gewisse „Neidgefühle" auszulösen, da viele junge Menschen selbst davon träumen, ihr Land zu verlassen. Viele meiner Cousinen in Mazedonien sind der Meinung, dass nur eine Heirat mit einem Mazedonier, der im Ausland lebt, vorteilhaft ist. Ebenfalls sang ein albanischer Musiker in einem Lied vom Traum des Wegziehens in die Schweiz und nach Deutschland. Westeuropäische Führungskräfte haben es dagegen manchmal schwer, in kurzer Zeit Vertrauen zu ihren südosteuropäischen Mitarbeitern aufzubauen. Das gleiche gilt auch für Coachs.

Wie ist die gesellschaftliche Sicht auf das Thema?

Häufig Berührungsängste bei psychologischen Themen

Mein Eindruck ist, dass viele Südosteuropäer noch mit Berührungsängsten bei psychischen oder mentalen Disbalancen leben. In moslemischen Kulturkreisen gilt beispielsweise Selbstmord als Ticket in die Hölle. Als mein Vater nach einer langjährigen psychischen Erkrankung, die durch die Verabreichung von Medikamenten gegen Parkinson ausgelöst wurde, entschied, nicht mehr leben zu wollen, sprach die Familie von „Unfall", anstatt das Wort Selbstmord in den Mund zu nehmen. Obwohl Coaching sich von Psychotherapie stark abgrenzt, ist es meiner Meinung nach trotzdem eine mentale bzw. emotionale „Heilarbeit," ähnlich wie die Alternativmedizin. Menschen erzählen mir, dass sie zwar mentale Unterstützung benötigen, der Gang zur psychologischen oder Coach-Beratung gelingt ihnen aber im endgültigen Schritt nicht. Nur eine kleine Minderheit befindet sich in einer Betreuung, die meiner persönlichen Erfahrung nach eher selten offen kommuniziert wird. Während ich den Eindruck habe, dass in den USA ein Coach oder Psychologe völlig normal im Leben eines Amerikaners integriert ist, scheint in Südosteuropa diese Rolle jemand anderes zu übernehmen. Was hier weit verbreitet ist, sind geistliche Heiler der orthodoxen Kirche bzw. des Islams, die religiöse Heilarbeit leisten. Einige religiöse

Menschen glauben an „schwarze Magie", „Geister", „böse Energie" und „Verfluchung". Wenn ein Baby beispielsweise auffällig oft schreit oder krank ist, so gehen Menschen der älteren Generation zum islamischen Priester, der zu Beginn ein Ritual spricht, danach zu pusten anfängt und zum Abschluss ein „Heilungslied" singt. Meiner Meinung nach kann es daher sinnvoll sein, als Coach auch über spirituelle Arbeit und über religiöse Heilverfahren Bescheid zu wissen.

Rollenbilder: Wie würden Sie die typische Beziehung zwischen Coach und Coachee in Südosteuropa beschreiben?

Für den Beginn des Coachings empfehle ich, die Führung zu übernehmen. Während in Österreich oder Deutschland Kriterien wie Einfühlungsvermögen und Souveränität eine stärkere Rolle bei der Wahl des Coachs spielen, scheinen meiner Erfahrung nach für viele Südosteuropäer Führungsstärke und klare Richtlinien wichtiger zu sein. Diese unter Beweis gestellte Führungsstärke erweitern Sie dann mit der Zeit schrittweise mit Humor und Charisma. Da geschlechtsspezifische Rollenbilder noch stärker differenziert werden als im Westen, kann es meiner Meinung nach von Vorteil sein, wenn männliche Klienten zu einem Coach gehen und weibliche zu einem weiblichen Coach. Dadurch wird es wahrscheinlicher, dass sich eine Frau mehr ihren weiblichen Themen öffnet.

In welchen Bereichen mussten Sie das klassische Grundkonzept von Coaching anpassen, um erfolgreich coachen zu können?

Hoher Stellenwert der Familie

Die „German Efficency"-Einstellung funktioniert in weiten Teilen von Südosteuropa anders bzw. kaum. Auf viele Menschen im Südosten wirken Westeuropäer zu kühl und „straight". Ziel-und Zeitplanungen sind zu Beginn nur sekundär. Ich empfehle dagegen, mit „Häppchen und Getränken" zu beginnen, denn Essen spielt eine große Rolle. Es ist in vielen Familien die Brücke, über die Menschen zusammenkommen und sich austauschen. Ich selbst habe die Erfahrung gemacht, dass sich viele meiner Klienten aus Südosteuropa und der Türkei nach dem Ende des Coaching-Programms mit einem selbst gebackenen Kuchen und Keksen verabschiedet haben. Förderlich ist es auch, sich für das Familienleben des Klienten zu interessieren und vor allem über Kinder und Feste zu sprechen. Der Stellenwert der Familie ist vor allem in traditionellen Kulturkreisen sehr groß. Hilfreich kann es auch sein, wenn der Coach ein wenig älter ist und eine geerdete Autorität ausstrahlt. Ältere genießen in weiten Teilen der Bevölkerung einen besonderen „Weisheitsstatus", der geschätzt wird. Der Erfahrungsaustausch mit reiferen Personen, die über eine gute allgemeine oder schulische Ausbildung verfügen, wird geschätzt. Respekt älteren Menschen gegenüber ist im Allgemeinen selbstverständlich.

2. Passende Coaching-Tools

Passend: Modeling-Metapher-Coaching

Zielgruppe, Themen

Es geht darum, alte Sichtweisen loszulassen und neue zu entwickeln. Dieses Tool kann im Privat- und Berufsleben eingesetzt werden und dient der inneren Neupositionierung gegenüber einem Thema/Menschen.

Einsatzziel

Von Vorbildern lernen und neue fruchtbare Perspektiven integrieren. Dieses Tool kann von alten und hinderlichen Denkmustern befreien.

Coaching-Phase

Im Coaching vermittelt man neue Sichtweisen, um das Weltbild des Klienten zum Positiven zu transformieren. Ich empfehle, dieses neue Weltbild gerade am Anfang der Zusammenarbeit in Geschichten mit einem oder mehreren Vorbildern zu verkleiden. Meines Wissens nach ist es ein ausgezeichnetes Tool, um Menschen mit Coaching vertraut zu machen, die damit noch keine tiefere Erfahrung erlebt haben.

Funktioniert meist gut, weil ...

Geschichten spielen für viele Menschen im Südosten Europas eine große Rolle. Beispielsweise haben sich in der Vergangenheit Anhänger des Sufismus, die Mystiker des Islams, inspirierende Storys erzählt und sind regelmäßig zusammenkommen, um sich über ihre Träume auszutauschen. Ich habe die Erfahrung gemacht, dass ein südosteuropäischer Klient gut von Idealbildern und aus Geschichten lernen kann. Ich habe mit diesem Tool ausgezeichnete Ergebnisse erzielt, wodurch Klienten ohne Coaching-Vorerfahrung auf bevorstehende Veränderungsprozesse und Interventionen vorbereitet werden können.

Dauer

10–20 Minuten.

Voraussetzung/ Vorbereitung

Damit die Metapher eine stärkere Wirkung hinterlässt, ist es hilfreich, Emotionen und Meilensteine selber zu spüren und sich energetisch darauf vorzubereiten. Ich empfehle daher, vorher eine kurze Meditation vorzunehmen und sich in die Erzählform einzustimmen.

Beschreibung

- Sie beginnen zunächst mit einer für den Klienten relevanten Coaching-Frage.
- Danach entscheiden Sie sich für ein Vorbild, das in diesem Themenkontext exzellente Fähigkeiten und Veränderungen erfahren hat.
- Nun verpacken Sie diesen Kontext in eine Geschichte mit unterschiedlichen Sequenzen und Höhepunkten. Die Geschichte kann wahr oder frei erfunden sein.
- Sie beenden die Erzählung mit der Beantwortung der Frage und den Erkenntnissen aus dem gemachten Wissenstransfer.

Kurzes Beispiel: Der Klient ist der Meinung, dass man immer sehr schwer arbeiten muss, um erfolgreich zu sein. Diesen Glaubenssatz zu widerlegen ist hilfreich, um neue Möglichkeiten zu schaffen. Beispielsweise gibt es genügend Erfolgsmenschen, die mit Freude und Leichtigkeit das tun, was sie lieben und damit gutes Geld verdienen. Sie können diese Thematik mit der Frage einleiten: *„Muss man sich zu Tode arbeiten, um erfolgreich zu sein?"* Daraufhin kommen die Erfolgsstorys und Vorbilder, die diesen Glaubenssatz widerlegen. Der Abschluss erfolgt dann mit der Erkenntnis: Auch mit Freude und Leichtigkeit lässt sich schnell Erfolg erzielen.

Konkretes Beispiel

Ich habe die Erfahrung gemacht, dass für viele Menschen aus Südosteuropa, wie eingangs schon erwähnt, der Beruf ausschließlich mit Existenzsicherung verbunden ist. „Geschafft hat es der, der nicht mehr arbeiten muss." Die Pension ist für viele das Ankommen im Paradies. Dieser Glaubenssatz ist gerade beim Thema Berufsorientierung und Karriereplanung hinderlich.

Sie beginnen mit einer für den Klienten relevanten Frage. Beispielsweise: *„Woher wissen Sie, dass Sie den richtigen Job machen?"* Dann starten Sie mit der Modeling-Metapher Arbeit und erzählen dazu eine Story, die Sie selbst erlebt haben oder frei erfinden:

„Ich verreise jedes Jahr alleine in Urlaub nach Südfrankreich, weil das mein Lieblingsland ist und ich viel Zeit für mich brauche. Letztes Jahr, daran kann ich mich sehr gut erinnern, saß ich an einem wunderschönen sonnigen Nachmittag auf einer Bank und habe einfach auf das Meer ge-

schaut. Ich war so tief in meinen Gedanken versunken, dass mir gar nicht aufgefallen ist, dass ein alter Mann neben mir saß und wir gemeinsam in die Weite des Meeres hinausschauten. Er hat dann begonnen, mit mir zu reden und ich war trotz meines gebrochenen Französisch fähig, einen angenehmen Small Talk zu führen. Beim Verabschieden fragte mich der alte Mann, ob ich morgen wieder Lust hätte, mit ihm auf dieser Bank zur selben Zeit zu sitzen. Ich sagte ihm mein Kommen zu. Am nächsten Tag war ich leicht verspätet und der Mann mit den weißen Haaren wartete schon auf mich. Als er mich sah, kam er mit einer herzlichen Begrüßung und fragte, ob ich mich für Kunst interessiere. In seiner Wohnung stünden einige originale Kunstgegenstände, die er mir gerne zeigen würde. Ich habe mich darauf eingelassen, weil ich ja Kunst sehr schätze. Ich habe ihn zur Wohnung begleitet, eine wunderschöne Dachterrassenwohnung in der Altstadt von Nizza. Als ich reinkam, sah ich im Vorraum einige Magazine, die aufgeschlagen waren, sodass ich seinen Namen lesen konnte. Ich sah auch einige Bilder von ihm und Fotos von Designermöbeln. Als ich ihn fragte, was er beruflich gemacht habe, antwortete er: ‚Ich bin schon lange in Pension. Manchmal fragen mich aber immer noch Bekannte, ob ich die Zeit habe, ihre neue Wohnung einzurichten. Ich habe früher als Innenarchitekt gearbeitet und zeichne in meiner Freizeit Pläne und gestalte die Häuser von lieben Menschen.'“

Sie beenden den Wissenstransfer mit der Beantwortung der eingangs gestellten Frage: *„Sie machen wahrscheinlich dann den richtigen Job, wenn Sie nicht an die Pension denken, sondern sich auch vorstellen können, nach dem Ruhestand diesen Beruf auszuüben.“*

Dieses Tool vermittelt wichtige Informationen für den Klienten: Arbeit bedeutet weitaus mehr als Existenzsicherung und die Pensionierung als Endziel löst sich unter Umständen dadurch auf. So eröffnet sich für manche Menschen aus dem südosteuropäischen Raum die Möglichkeit, sich freier zu fühlen und zu überlegen, wie sie ihre derzeitige Situation transformieren können.

Mögliche Probleme

Es ist Vorsicht bei Geschichten geboten, die nicht mit dem kulturellen Weltbild des Landes vereinbar sind. Regionale politische Konflikte mit Nachbarländern oder interreligiöse Differenzen sind mit Fingerspitzengefühl zu behandeln.

Passend: Malediktologie

Malediktologie bedeutet Fluchen und Schimpfen im Coaching.

Zielgruppe, Themen

Es geht um Glaubenssätze, von denen Klienten bereit sind sich zu lösen, um Wut als Kraftquelle zu aktivieren.

Einsatzziel

Durch die Auflösung von hinderlichen Glaubenssätzen und die Integration von förderlichen schafft dieses Tool Raum für Wut und unausgedrückte Themen. Es dient dadurch der inneren Befreiung und Transformation.

Coaching-Phase

Im Höhepunkt von Interventionen beginnen Klienten an einen Punkt zu kommen, an dem sie bereit sind, sich von unterdrückter Wut und innerem Gefangensein zu verabschieden. Dieses Tool ermöglicht, Wut und unausgedrückte Emotionen in eine neue Kraft der Transformation zu verwandeln.

Funktioniert meist gut, weil ...

Mehrere psychologische Forschungsstudien bestätigen den positiven Effekt von Schimpfen auf die geistige und körperliche Gesundheit. Fluchen ist eine weit verbreitete Ausdrucksform in der slawischen Alltagssprache. Unabhängig von Bildungsgrad und sozialer Schicht integrieren Menschen aus dem südlichen Balkan regelmäßig heftige Schimpfwörter in ihre Kommunikation. Einige Menschen aus anderen Kulturkreisen reagieren darauf mit Schreck. Eine persische Bekannte, die mit einem Kroaten zusammenlebt, erzählte mir: „Es wird dauernd geschimpft." Aus der Coaching-Perspektive ist das Beschimpfen von Menschen kein fruchtbarer Weg, um persönliche Erkenntnisse über ungünstiges Verhalten zu gewinnen. Probleme und Ärger auf andere zu projizieren bringt selten eine nachhaltige Problemveränderung. Der Klient kann dagegen diese bereits integrierte Energie des Fluchens und Beschimpfens konstruktiver auf beispielsweise persönliche Glaubenssätze richten und sie dadurch auch transformieren. Das Empfinden von Wut stärkt oft den Willen für Veränderung.

Dauer

45-60 Minuten.

Voraussetzung/ Vorbereitung

Heftiges Fluchen und Schimpfen gilt in vielen Kulturkreisen als Tabuthema. Als Coach ist es wichtig, sich dieser neuen Methode selbst zu öffnen. Eine Vorbereitung durch Schauspieltraining, Schattenintegration oder Theatersport kann hilfreich sein. Zuerst beginne ich damit auszudrücken, was mir am Herzen liegt und wiederhole dabei immer wieder den gleichen Satz mit stärkerem Ton, bis ich ganz laut werde und emotionale Reaktionen spüre. Diese lasse ich dann auf mich wirken. Im zweiten Schritt werde ich mit jedem neuen Satz immer leiser. Dieser Vorgang wird so oft wiederholt, bis klar wird, was das Positive an meiner Konfliktsituation ist.

Beschreibung

- In einem ersten Schritt beginne ich, negative oder hinderliche Glaubenssätze gemeinsam mit dem Klienten zu analysieren.
- Der Klient schreibt diese anschließend auf ein leeres Blatt Papier und betrachtet sie urteilsfrei.
- Danach beginnt der Klient, seinen eigenen Glaubenssatz zu beschimpfen und kann ihn so später leichter loslassen.
- Das ermöglicht ihm, das Positive aus dem alten Glaubenssatz zu erkennen und Frieden mit ihm zu schließen.
- Abschließend definieren Sie neue förderliche Glaubenssätze gemeinsam mit dem Klienten.

Kurzes Beispiel: Der Klient stellt fest, dass er das Leben seiner Eltern lebt und nicht seine eigenen Herzenswünsche und Ziele auszudrücken vermag. Anstatt die eigenen Eltern dafür verantwortlich zu machen, muss zuerst die Verantwortung im eigenen Denken und Handeln gesehen werden. Der Klient selbst lässt diesen manipulativen, schwachen Teil in sich zu, der einem sagt, dass das, was andere sagen, gemacht werden muss, um geliebt zu werden (Glaubenssatz). Jetzt darf Wut aufkommen und dieser eigene Glaubenssatz „beschimpft" werden, verbunden mit der bewussten Intention, loszulassen. Der Klient erkennt auch, was bisher an diesem Denken nützlich war. Beispielsweise konnte er sich immer schnell und ohne Konflikte anpassen. Am Ende wird ein neuer Glaubenssatz integriert, der transformativ ist, wie beispielsweise: *„Ich bin es wert, frei mein Leben zu leben und liebe mich selbst dafür."*

Konkretes Beispiel

Die Serbin Radmila (Name geändert) kämpft mit starker Ambivalenz in ihrer Beziehung. Sie ist in den moslemischen Albaner Fersin verliebt, sieht aber in der Beziehung keine Zukunft. Die kulturellen und religiösen Unterschiede seien zu groß, um „noch mehr Zeit in die Liebe zu investieren". Radmila kommt zu mir, um sich besser im Beruf zu vermarkten, jedoch wird schnell klar, dass vorrangig das Beziehungsthema in ihrem Kopf kreist.

„Ich liebe diesen Mann über alles und weiß nicht, was ich tun soll. Ich sehe keine Zukunft und meine Eltern machen mir auch Druck, endlich

eine ernsthafte Beziehung zu führen. Ich habe bei ihm immer ein gutes Gefühl, aber trotz allem ist er ein Moslem, kommt von ganz woanders her und ich weiß auch nicht, ob mich seine Familie mögen wird. Ich glaube trotzdem, dass das mit uns gutgehen kann, denn andere schaffen es auch. Aber es sind so viele Zweifel in mir."

Im Gespräch wird schnell klar, dass Radmila diese „Hypnose" von ihren Eltern als Kind „gekauft" hat. Schon die Mutter sagte zu ihr: *„Heirate ja keinen Moslem, denn das hat keine Zukunft und bringt nur Probleme!"* Daraus ist der Glaubenssatz entstanden „Ein moslemischer Partner bringt nur Probleme". Ich konnte mit der Klientin erarbeiten, dass nicht der moslemische Partner das Problem ist, sondern der Glaubenssatz. Solche Glaubenssätze lassen uns nämlich nur das sehen, was wir auch wirklich glauben. Sie schränken die Perspektive ein, wirken beengend und „produzieren" dadurch Entscheidungen und Verhalten, die zu diesem erwarteten Resultat dann führen. In ihrem Falle wäre es die Trennung, ohne der Beziehung eine wirkliche Chance zu geben. Die Klientin erkannte im Entdeckungsprozess den Glaubenssatz als hinderlich für sich selbst.

Im nächsten Schritt schrieb sie den hinderlichen Glaubenssatz auf das leere Blatt Papier und betrachtete ihn dissoziativ in Ruhe. Sie konnte schon gar nicht mit dem Fluchen warten. Sie durfte ihn jetzt aufs Heftigste in ihrer Muttersprache „anfluchen"und richtig in Wut geraten.

Ich empfehle, sich auf starke Gefühlsausbrüche des Klienten vorzubereiten. Wichtig ist danach, dem Klienten die Möglichkeit zu geben, das Positive aus dem alten Satz herauszuziehen, um Frieden zu schließen. Bei Radmila lautete das Ergebnis: *„Dieser Glaubenssatz war eine gute Orientierung bisher gewesen, die mir Sicherheit gab, aber ich lasse ihn jetzt los."* Im letzten Schritt wird ein förderlicher Glaubenssatz definiert, wie z.B.: *„Interreligiöse Beziehungen sind ein Geschenk für mich."* Dabei kommt es weniger auf Wörter und Sätze an, sondern darauf, dass der Klient diese neue Veränderung auch spürbar erfährt. Die Sitzung endet daher in einem Gefühl der Leichtigkeit und energetischer Stärkung.

Mögliche Probleme

Die Bereitschaft des Klienten ist gefragt: Einerseits die Erkenntnis von hinderlichen Glaubenssätzen zuzulassen und andererseits diese auch loszulassen und durch neue positive zu formulieren. Diese Bereitschaft ist daher vorher abzuchecken.

3. Kritische Coaching-Tools

Kritisch: Energiearbeit – Persönlichkeitsentwicklung durch Spielen

Zielgruppe, Themen

Es geht um mentale Entspannung und Visualisierungskompetenzen sowie darum, Kommunikationsfähigkeiten im Berufs- oder Privatleben zu stärken.

Einsatzziel

Bewusstseinszustände verändern und die Wahrnehmung schärfen, Kommunikation verbessern und eine Balance von Körper, Geist & Seele herstellen.

Coaching-Phase

Dieses Tool ist phasenunabhängig anzuwenden.

Funktioniert weniger gut, weil …

Energiearbeit ist in weiten Teilen des Südostens tendenziell wenig verbreitet. Genauso besitzen meiner persönlichen Erfahrung nach viele Südosteuropäer die Einstellung, dass Lernen und Arbeit voneinander zu trennen sind. Einige Südosteuropäer laufen mit dem Motto „No Pain, No Gain“ durchs Leben. Viele von ihnen sind hart im Nehmen und erleben Spaß und Gelassenheit überwiegend in der Freizeit und mit der Familie. Feste werden dafür sehr gesellig und freudig gefeiert. Themen wie Arbeit, Erfolg und Erziehung werden dagegen mit harter Anstrengung in Verbindung gebracht. Meditation und energetische Arbeit gelten für viele daher als zu weiche Themen oder als abgehobene Esoterik. Kommunikationsspiele werden nicht unbedingt als sinnvoll gesehen, weil Spaß und Spielen im Business-Kontext keinen Platz haben.

Konkretes Beispiel

Über lange Zeit habe ich Menschen aus Südosteuropa in Kommunikations- und Selbstmanagementseminaren begleitet. Ziel dieser Workshops war es, mentale und kommunikative Kompetenzen zu stärken. Zu Beginn habe ich primär mit den üblichen Kommunikationslehrmethoden gearbeitet, wie z.B. Rollen- und Gruppenspiele, Kommunikationsrätsel und spielerische Aufgabenstellungen. Interessanterweise haben viele meiner Klienten berichtet, dass sie im Seminar sehr viel Spaß hatten und ihnen die Inhalte sehr gefallen haben. Die meisten Teilnehmer gaben jedoch auch gleichzeitig zu, dass sie nichts Brauchbares gelernt hätten, weil ja „nur" gespielt und kein „wirkliches" Faktenwissen vermittelt worden sei. Die Menschen sahen den Workshop beschränkt als Spielwiese, anstatt auch den Transfer zu persönlichkeitsentwickelnden Erkenntnissen anzuerkennen, der für sie selbst beruflich oder privat nutzbar sein kann. Um Rollenspiele trotzdem wertvoll für Klienten zu gestalten, empfehle ich, gewonnene Erkenntnisse sofort sichtbar zu machen und mit Faktenwissen darzulegen. Zahlen, Statistiken, Analysen, Methoden, Nachweise und Vorbilder unterstützen deshalb gerade in Trainingseinheiten über Soft Skills und Kommunikation, verstärkt neues Wissen als wichtig wahrzunehmen.

Mögliche Ursachen für die Problematik

Persönlich bin ich der Meinung, dass in diesen Ländern religiöse Geistesführer immer noch die Funktion des „Heilers" übernehmen. Wie bereits erwähnt, gehen Menschen zum Priester, um sich von bösen Flüchen zu befreien, anstatt vielleicht mit einem Coach zu meditieren oder mentales Training zu betreiben.

Vor nicht allzu langer Zeit galt die Region Südosteuropa als Pulverfass. Kriegsgeschichten aus Bosnien, Serbien, Mazedonien und Kroatien sind in den Köpfen der Menschen noch präsent bzw. werden auch an kommende Generationen überliefert. Darüber hinaus herrschte lange Zeit der Kommunismus mit seinen harten, diktatorischen Regeln, die ein gewisses Bild prägten von Arbeit, Erziehung und Alltagsleben. Spiel, Spaß und Freude haben daher auch heute noch selten Platz im Arbeitsleben.

Lösungsoptionen/ Alternativen

Das Wissen um kulturelle Unterschiede ist meistens für die erste Begegnung hilfreich. Es dient primär dazu, Verhaltens- und Denkweisen des Klienten für sich selbst verständlich zu machen. Der Klient kann dadurch abgeholt und ins „gemeinsame Boot" eingeladen werden. Es ist jedoch zu beachten, dass Menschen mehr sind als nur durch ihre kulturelle Prägung beeinflusst. Jeder Klient trägt in sich das Bedürfnis nach universellen Werten, die sich nur in der persönlichen Ausdrucksform unterscheiden. Ich denke, letztendlich wollen viele das Gleiche: das Gefühl der Freiheit, Liebe und Willensstärke, um unsere Einzigartigkeit und Individualität befreit ausdrücken zu können. In Mitgefühl und Hingabe wollen wir unser Leben frei gestalten, uns selbst weiterentwickeln und inneres Wachstum erleben, das uns von Konflikten und Gefangensein befreit. Jemand, der freiwillig ins Coaching kommt, möchte auf diesem Weg mit Empathie und Sicherheit begleitet werden. Im Endeffekt ist es ratsam, durch kulturelle Prägungen hindurchzusehen und Klienten an universelle Wahrheitswerte zu erinnern. Viele von ihnen sind dann bereit, hinderliche Kulturprägungen loszulassen, um ihr eigenes freies Leben zu leben.

4. Hilfestellungen

Zentrale Aspekte für den Erfolg von Coaching in Südosteuropa

- Ein guter Coach ist meiner Erfahrung nach für Südosteuropäer einerseits bestimmend und gleichzeitig empathisch und humorvoll.
- Small Talk über Familie, Kinder, Feste, Autos und Essen ist ratsam. Auf eine straffe Zeit- und Zielplanung ist besonders zu Beginn zu verzichten.
- Rapport kann auch über gemeinsames Essen und Trinken hergestellt werden.
- Das Wort „Coach" ist für viele kein griffiger Ausdruck. Vergleiche und Abgrenzungen zu Psychologe, Lebensberater, Trainer können sinnvoll sein.
- Trotz kultureller Prägungen sind Klienten an universelle Wahrheitswerte zu erinnern.

Literaturhinweise, Quellen

Fauland, E. (2011). Malediktologie: Schimpfen und Fluchen in Bosnien/Kroatien/Serbien. Saarbrücken: VDM Verlag Dr. Müller.

Holden, R. (2008). Success Intelligence: Essential Lessons and Practices from the World's Leading Coaching Program on Authentic Success. Carlsbad, California: Hay House.

Robbins, A. (2007). Awaken the Giant Within: How to Take Immediate Control of Your Mental, Physical and Emotional Self. London: UK Simon & Schuster Verlag.

Tolle, E. (2012). Jetzt! Die Kraft der Gegenwart. Bielefeld: J. Kamphausen Verlag.

Aliloski, A. (2010). The Integration of Islamic Finance into the Western Financial Markets: How to integrate Islamic Banking and Islamic Finance into the international financial market. Deutschland: VDM Verlag Dr. Müller.

5. Über den Autor

Seit wann coachen Sie?

Seit 2003 beschäftige ich mich mit Coaching. Beruflich übe ich Coaching in Kombination mit PR- und Unternehmensberatung seit 2009 aus und bin spezialisiert auf Selbstpositionierung und Image-Consulting.

Welche Coaching-Ausbildung haben Sie?

Ich bin zertifizierter Success & Happiness Coach, diplomierter Mental Coach und ausgebildeter NLP-Coach sowie Business Coach.

Seit wann coachen Sie im Kulturkreis Südosteuropa?

Begonnen habe ich im Jahr 2009 mit Klienten aus dem Raum Südosteuropa zu arbeiten, vor allem mit Menschen aus den Balkanstaaten und der Türkei. Mehrere Jahre durfte ich Klienten betreuen, die ihre Arbeit verloren haben und wieder tief in sich entdecken wollten, wer sie wirklich sind und was sie authentisch wollen.

In welchem Kontext arbeiten Sie als Coach mit Südosteuropäern?

Ich habe mit mehr als 300 Klienten aus dem südosteuropäischen Raum gearbeitet und sie bei ihrer beruflichen Neupositionierung seelisch, mental und wirtschaftlich begleitet. Viele dieser Klienten betreute ich in Österreich, die mit noch stärkeren Herausforderungen konfrontiert waren: Gerade Generationskonflikte und Integrationsprobleme erschweren das Leben in einem multikulturell geprägten Umfeld, das durch gesellschaftliche Barrieren viele innere Konflikte auslöst.

Zu welchen Schwerpunktthemen coachen Sie?

Menschen kommen zu BUDDHA PR und genießen transformatives Coaching, Personality PR und Unternehmensberatung nach den modernen Erfolgsprinzipien des Buddhas. Klienten beginnen immer mehr, ihre Erleuchtungskraft zu spüren, mit der sie ihr echtes Image aufbauen und sich einzigartig positionieren. BUDDHA PR berät Menschen und Unternehmen, die mit ihrer Präsenz und Arbeit erleuchten.

Interkulturelles Coaching in ...

Italien

In diesem Beitrag finden Sie:

1. Coaching in Italien – eine Einführung

von Regine Egger

Wie verbreitet ist Ihrer Ansicht nach Coaching in Italien?

Im Rahmen meiner Arbeit als Coach habe ich einige meiner italienischen Klienten befragt, wie stark Coaching ihrer Ansicht nach verbreitet ist. Aus ihren Antworten ging hervor, dass das Thema Coaching in Italien verglichen mit Deutschland noch in den Kinderschuhen steckt. Es wurde mir über signifikante Unterschiede zwischen Stadt und Land, Nord und Süd, in den beruflichen Positionen sowie in der Bildung berichtet. Am ehesten ist Coaching, laut den Aussagen meiner Klienten und Klientinnen, in großen Städten im Norden Italiens (z.B. in Milano) verbreitet.

Für welche Anlässe wird Coaching in Italien eingesetzt?

Coaching meist im Zusammenhang mit Karriereberatung

Resultierend aus meiner eigenen Coaching-Erfahrung mit Italienern und Italienerinnen sowie einer kleinen Befragung, die ich im Rahmen einiger Coachings durchgeführt habe, kristallisierten sich spannende Resultate heraus. In Italien wird Coaching meist im Kontext einer Karriereberatung oder einer Unterstützung im beruflichen Vorankommen eingesetzt.

Burnout-Prophylaxe ist beispielsweise in Italien viel weniger populär als in Deutschland. Meiner Einschätzung nach hat dies mit der Zurückhaltung vieler Italienerinnen und Italiener zu tun, sich mit ihren persönlichen Problemen einem Coach oder Psychologen anzuvertrauen. So werden nach Aussage der Befragten in Italien persönliche schwierige Situationen oft von den Familien getragen.

Wie ist die gesellschaftliche Sicht auf das Thema?

Private Anliegen sind meist kein Coaching-Thema

In Italien gilt es als ein Zeichen von Schwäche, einen Coach „zu brauchen". Wer in Italien zum Coach geht, hat in der Regel ein berufliches Anliegen. Häufig kommen Italiener und Italienerinnen eher in der Erwartung, eine Beratung zu bekommen und sind dann sehr erstaunt über die Tiefe des Prozesses. Private Anliegen werden so gut wie nie mit einem Coach besprochen. Meiner Einschätzung nach gehen italienische Frauen offener als Männer mit ihren „Schwächen" um und suchen eher einen Coach zur Unterstützung auf.

Rollenbilder: Wie würden Sie die typische Beziehung zwischen Coach und Coachee in Italien beschreiben?

Überwiegend partnerschaftliche Arbeitsbeziehung

Ich durfte erfahren, dass die Beziehung zwischen Coach und Coachee in Italien auf Augenhöhe stattfindet und von Respekt und Vertrauen geprägt ist. Diskretion und ein Höchstmaß an Verlässlichkeit haben oberste Priorität. Ist der Coach „akzeptiert", lassen sich Italiener und Italienerinnen meist sehr intensiv auf den Prozess ein. Es scheint, als fällt es ihnen leichter als vielen Deutschen, ihre Gefühle zu verbalisieren.

In welchen Bereichen mussten Sie das klassische Grundkonzept von Coaching anpassen, um erfolgreich coachen zu können?

Coaching in Italien hat meist eine klare berufliche Ausrichtung. Bei der Anwendung aller Tools muss darauf geachtet werden, kulturelle Grenzen nicht zu übertreten und Tools zu meiden, die stark in die familiäre Vergangenheit gehen oder in die Persönlichkeitsstruktur eingreifen.

2. Passende Coaching-Tools

Passend: Cinema-Technik

Zielgruppe, Themen

Zielgruppe sind Menschen, die an ihrer aktuellen Situation etwas verändern wollen oder mit einer Veränderung besser zurechtkommen möchten. Die Methode kann sowohl im Business-Kontext als auch im persönlichen Kontext angewendet werden.

Einsatzziel

Die Cinema-Technik ist eine von mir weiterentwickelte Technik, mit der Situationen der Veränderung beleuchtet und aus verschiedenen Blickwinkeln betrachtet werden. Hierdurch wird schnell klar, welches das im Moment wichtige Thema ist und welches die Schlüsselfragen für das weitere Vorgehen sind.

Themen können sein:

- Würdigung des persönlichen Weges
- Klarheit schaffen
- Selbstwert stärken
- Talente erkennen
- Entscheidungen treffen

Coaching-Phase

Das Tool eignet sich besonders in einer Phase des Coachings, in der bereits geklärt ist, was das genaue Anliegen ist. Coach und Coachee sollten sich bereits kennen und eine gute Vertrauensbasis haben. Aus diesem Grund ist das Tool in der Mitte des gesamten Prozesses anzusetzen. Das Tool ist sehr intensiv und es ist wichtig, offen über Anliegen, Hintergründe und Emotionen sprechen zu können. Bei der Arbeit mit diesem Tool sollte daher genügend Raum und Zeit auch für die Nachwirkung und Nacharbeit des Coachings eingeplant werden.

Funktioniert meist gut, weil …

Das Tool bezieht Intuition und Emotion in die Arbeit mit ein. Ich habe die Erfahrung gemacht, dass sich Italienerinnen und Italiener auf emotionale Prozesse einlassen.

Bei meinen Klienten und Klientinnen hat sich gezeigt, dass Entscheidungen oft intuitiv getroffen werden und gerade daher diese Form der Arbeit sehr gut geeignet ist. Die Herangehensweise unterstützt das Spiel zwischen Emotion und Ratio. Die Technik basiert auf dem Wissen der Aufstellungsarbeit und des systemisch-lösungsfokusierten Coachings. Die Technik zeichnet bildhaft gesprochen „einen Film der eigenen Intuition" auf. Dies ermöglicht im nächsten Schritt das rationale Überdenken und eine Objektivierung der ganzheitlichen Situation. Der Ansatz ist kreativ-visualisierend, soll Gedankenmühlen (hiermit sind Gedanken gemeint, welche sich laufend im Kreis drehen und keine Lösung sehen) auflösen und intuitive Lösungen finden. Es ist im Rahmen des Coachings auch wichtig, Entscheidungen und deren Konsequenzen rational zu überdenken. Der Coach begleitet den Coachee hierbei Schritt für Schritt durch den Prozess. Dieses Vorgehen bringt Leichtigkeit in die Arbeit und im Ergebnis Klarheit. Die Möglichkeit, Sequenzen in verschiedenen Sprachen durchzuführen, kann Wahrnehmungs- und Gefühlsebenen ändern und neue Räume öffnen.

Dauer

120 Minuten.

Voraussetzung/ Vorbereitung

- Eine ausführliche Auftragsklärung.
- Mindestens ein vertrauensbildendes Coaching im Vorfeld.

Vorbereitung der Materialien: Ich selbst arbeite gerne mit Steinen, Muscheln und anderen Gegenständen aus der Natur. Diese werden von den meisten Menschen als angenehm empfunden. Es gibt Coachings, in denen beispielsweise Figuren sinnvoller sind. Wichtig ist es, den Coachee bei der Auswahl der Materialien mit einzubeziehen.

Beschreibung entlang eines konkreten Beispiels

Eine junge Frau aus Italien, Monica (der Name ist fiktiv), kam zu mir zum Coaching. Sie ist mit ihrem Mann vor etwa einem halben Jahr nach München gezogen. Das letzte Jahr war voller Veränderung: Monica hat ihre Arbeit gekündigt, sie hat geheiratet, ihr Haus in Italien verkauft, ein Leben in einem neuen Land begonnen, ein neues Haus in München gekauft, es eingerichtet und eine neue Sprache gelernt.

Monicas Anliegen war ihre innere Unzufriedenheit, ihre Unsicherheit, die sie so nicht kennt. Auch die Frage nach dem „Warum" und nach einer beruflichen Neuausrichtung beschäftigten Monica. Sie berichtete: *„Ich fühlte mich wie ein Schwamm, der alles aufsaugte. Aber jetzt, wo er vollgesaugt ist, drehen sich meine Gedanken im Kreis."* Ich habe bereits viele Menschen getroffen, denen es ähnlich erging wie Monica. Zunächst überwiegen die neuen Eindrücke und auch die Mühen, sich ein Leben in der Fremde aufzubauen. Auch Monica befindet sich nach sechs Monaten in Deutschland an dem Punkt, dass die erste Begeisterung, das viele Neue, die Reizüberflutung und der Adrenalinschub der ersten Zeit abgeflaut sind. Sie fühlt sich energielos und verspürt den Wunsch, etwas zu ändern.

Was ist passiert? Monica beginnt zu vermissen, zu vergleichen und bewusst zu erleben. Es scheint, dass das Einleben plötzlich immer langsamer funktioniert. Jetzt beginnt der Prozess des Lernens und der Veränderung. Nach einem ersten Gespräch konnten wir herausfinden, was Monica gerade beschäftigt, beziehungsweise wer und was die wichtigen Dinge in ihrem aktuellen Empfinden sind.

Abb.: Cinema-Technik.

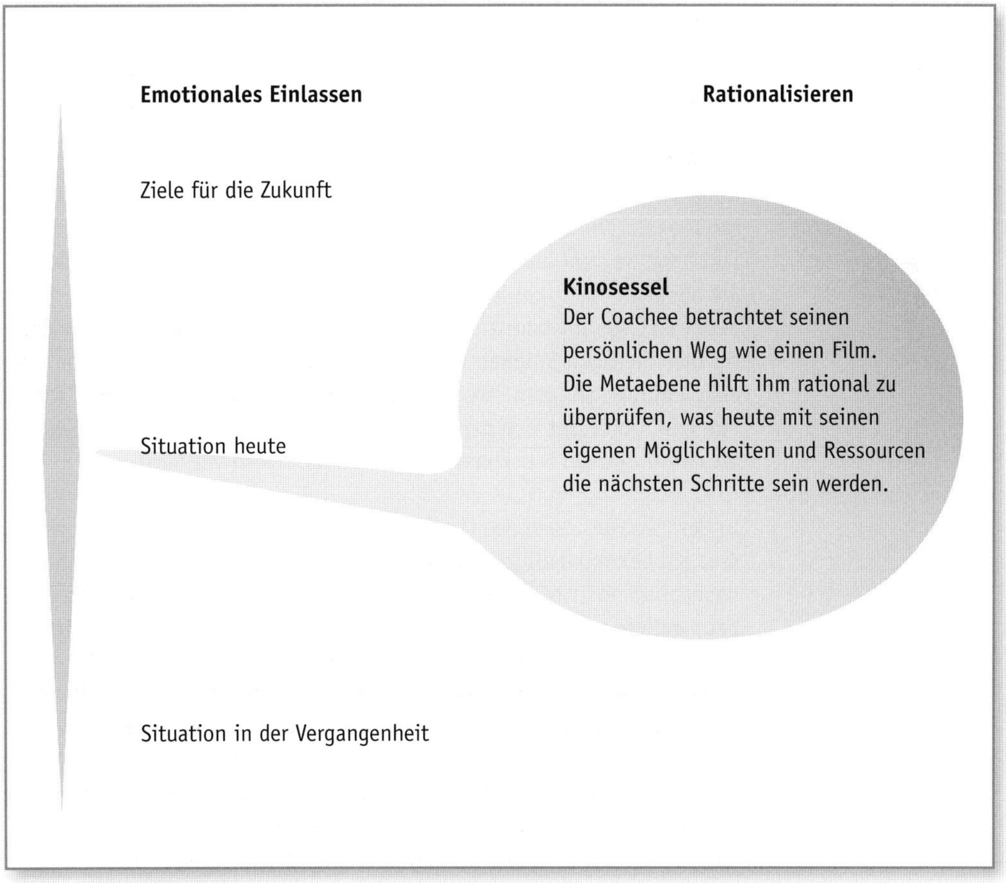

Bei unserem zweiten Treffen arbeiten wir mit der Cinema-Technik – einer Aufstellung mit Figuren und Elementen.

Abb.: Eine Aufstellung.

Schon jetzt hören Monicas Gedanken auf, sich zu drehen. Es gibt einen Punkt bei dieser Arbeit, an dem es sich empfiehlt, vom Deutschen in die Muttersprache zu wechseln. Das hat zur Folge, dass eine Entspannung einsetzt und es bewirkt ein noch tieferes Einlassen auf den inneren Prozess. Die eingesetzte Cinema-Technik führt Monica durch „ihren Film". Sie beginnt auszuprobieren, wo es Sinn ergibt, sich zu verändern. Sie blickt in die Zukunft, in die Vergangenheit. Anschließend legt Monica (ich habe ihr eine Auswahl von Gegenständen angeboten) Symbole für die wichtigen Etappen ihres Weges in das System. Sie geht nun auf dem von ihr „gelegten" Weg bewusst nach vorn. Das Ganze klingt wie ein Spiel und fühlt sich auch so an – dadurch kommt Leichtigkeit in die Situation und der blockierende Problemfokus wird verlassen.

In der zweiten Phase des Coachings bitte ich Monica auf den „Kinosessel". Sie bekommt Hilfe und Zeit, sich den Film in Ruhe anzusehen. Im nächsten Schritt erklärt mir Monica „ihren Film". Sie soll nun beschreiben, was sie sieht und was sie in der letzten Stunde gewonnen hat.

Monica nannte das Coaching in ihren eigenen Worten „eine überwältigende Erfahrung". Ihr ist vieles klar geworden. Ihr war davor gar nicht bewusst, was sie in den letzten Monaten geleistet hat. Ihre Gedanken drehten sich nicht mehr. Monica ist klarer geworden, wohin ihr Weg geht. Sie hat erfahren, woraus sie ihre Kraft schöpft und welchen Stellenwert der Beruf für sie hat. Sie erkannte sogar, was der Grund für die

Probleme bei ihrer ehemaligen Arbeit waren, die sie sieben Jahre bis zur Kündigung „ertragen" hatte. Nun konnte Monica auch damit leichter umgehen und daraus lernen.

Ein zweites Beispiel

Eine Italienerin kam zu mir, ihr Name ist Sandra (fiktiver Name). Sandras Anliegen war eine belastende Situation im Büro. Sie litt regelrecht unter der Wortkargheit ihrer Kolleginnen und Kollegen. Mit „dieser deutschen Mentalität" kam Sandra nicht zurecht. An dieses Thema kann auch mit der beschriebenen Cinema-Technik klärend herangegangen werden.

Wir stellten ihr Team mit Figuren auf und Sandra hatte die Möglichkeit, in „ihrem Film" auch mal die Rollen zu tauschen. Sandra hatte hierdurch die Chance, ganz andere Standpunkte auszuprobieren, sich besser in die anderen Teammitglieder hineinzuversetzen und deren Reaktionen zu verstehen. Schon hier lösten sich einige Fragen und der sehr starke Problemfokus, der Sandra regelrecht blockierte. Sandra wurde freier in ihrer Denkweise. Sie war nun in der Lage, ihre eigenen Ziele und ihren eigenen Weg zu betrachten. Als Sandra auf dem „Kinosessel" saß, erklärte sie wie selbstverständlich, was sie zuvor nicht äußern konnte. Dies half Sandra in den kommenden Treffen, noch tiefer in den Prozess einzusteigen.

Mögliche Probleme

Diese Methode benötigt viel Feingefühl. Es ist unbedingt erforderlich, sich immer wieder die Erlaubnis einzuholen, einen Schritt weiter zu gehen. Sie können hier beispielsweise Fragen stellen wie:

- Sind Sie bereit, noch einen Schritt tiefer in den Prozess einzusteigen?
- Möchten Sie sich das Thema aus der Nähe ansehen und es noch intensiver betrachten?
- Was könnte Ihr nächster Schritt sein?

Als Coach ist es wichtig, prozessorientiert zu arbeiten. Ich empfehle Ihnen, sich als Coach nicht auf die emotionale Ebene zu begeben, sondern immer den Auftrag und den Prozess im Fokus zu behalten. Meiner Erfahrung nach sind Fragen kritisch, welche die Familie oder einen zu privaten Kontext betreffen. Ich möchte hierbei nochmals betonen, dass ein Coaching mit Italienern in der Regel berufliche Anliegen betrifft und private Themen meiner Einschätzung nach nicht gerne mit einem Coach ausgetauscht werden. Insbesondere in Business Coachings mit männlichen Führungskräften ist es empfehlenswert, weitgehend auf persönliche Fragestellungen zu verzichten.

3. Kritische Coaching-Tools

Es sind nicht einzelne Tools, die in Italien nicht funktionieren, sondern es ist die Arbeit mit einer „fremden" Kultur, die immer Feingefühl und eine Anpassung der Methode an die Kultur voraussetzt. Ich habe Italienerinnen und Italiener befragt, um herauszufinden, was in einem Coaching auf keinen Fall passieren darf. Resultierend aus dieser Umfrage, kann ich sagen: Tools, die zu stark in die Persönlichkeitsstruktur eingreifen, sind eher nicht geeignet. In Italien wird die Familie geehrt und Loyalität hat hierbei eine hohe Priorität. So offen die italienische Kultur ist, so eng ist die Familienstruktur des Landes. Hier ist eine Grenze, die im Coaching nicht überschritten werden sollte. Dies betrifft beispielweise Fragen, die in die Kindheit zurückgehen und die Familie betreffen. Fragen über Mutter und Vater oder gar eine Rückführung von aktuellen Konflikten auf Ereignisse in der eigenen Familie sind, basierend auf dem Ergebnis dieser Umfrage, zu vermeiden. Coaching hat in Italien meist eine berufliche Ausrichtung. Italiener, insbesondere Männer, reden nicht gerne mit Fremden über ihre Schwächen. Dies wird als „unmännlich", schwach und belastend für den Gesprächspartner empfunden. Meiner Erfahrung nach ist es hilfreich, den stärkenden und ressourcenorientierten Fokus in den Mittelpunkt des Coachings zu stellen.

4. Hilfestellungen

Zentrale Aspekte für den Erfolg von Coaching in Italien

- Coaching in Italien steht meist im Business-Kontext.
- Coaching ist in Italien eher in den großen Städten des Nordens verbreitet.
- Ein Coach wird häufig aufgesucht, um ein Defizit auszugleichen.
- Meiner Einschätzung nach sprechen insbesondere italienische Männer eher nicht über ihre Schwächen.
- Fragestellungen müssen mit viel Feingefühl formuliert sein.
- Tools oder Fragestellungen, die zu stark in die Persönlichkeitsstruktur eingreifen, sind meiner Einschätzung nach nicht geeignet.
- Italienische Familien sind geprägt von engem Zusammenhalt beziehungsweise Loyalität und sollten meiner Meinung nach nicht Thema in einem Business Coaching sein.

Literaturhinweise, Quellen

Thomas, A. & Kinast, E.-U., Schroll-Machl, S. (Hrsg.) (2005). Handbuch Interkulturelle Kommunikation und Kooperation: Handbuch Interkulturelle Kommunikation und Kooperation Band 1. (2. überarb. Aufl.), Vandenhoeck & Rupprecht.

Isert, B. & Rentel, K.: Wurzeln der Zukunft: Lebensweg Arbeit, Aufstellungen und systemische Veränderung. Paderborn: Junfernmann.

Dilts, R. B. & Kierdorf, T., Höhr, H. (2006). Die Veränderung von Glaubenssystemen: NLP-Glaubensarbeit. Paderborn: Junfermann.

Kumbier, D. & Schulz von Thun, F. (2011). Interkulturelle Kommunikation: Methoden, Modelle, Beispiele. (5. Aufl.). Reinbek, Berlin: Rowohlt.

Krämer, G. & Nazarkiewicz, K. (2012). Handbuch Interkulturelles Coaching: Konzepte, Methoden, Kompetenzen kulturreflexiver Begleitung. Göttingen: Vandenhoeck & Rupprecht.

Bär, M. & Krumm, R., Wiehle, H. (2010). Unternehmen verstehen, gestalten, verändern: Das Graves-Value-System in der Praxis. (2. überarb. Aufl.), Heidelberg: Gabler.

Skript der Coaching Ausbildung, Metaforum International (2009).

5. Über die Autorin

Seit 1997 beschäftige ich mich mit der italienischen Kultur und Sprache. Seit 2000 berate ich Unternehmen im Bereich Fremdsprachen und interkulturelle Trainings und Coachings. Seit 2005 arbeite ich selbstständig als Coach und Trainerin (www.egger-konzept.de). Durch meine eigene Liebe zum Reisen und meine Auslandserfahrung in Italien, Brasilien, Bolivien und Peru haben sich heute Veränderungsprozesse sowie die Begleitung von Menschen in den ersten Monaten in einer fremden Kultur als ein Schwerpunkt meiner Arbeit herauskristallisiert.

Seit wann coachen Sie?

Die Basis meiner Arbeit ist der systemisch-lösungsfokusierte Ansatz im Coaching und solides Wissen aus der Psychologie. Ich habe eine zertifizierte und intensive Coaching-Ausbildung absolviert. Darüber hinaus bilden mein Lehramtsstudium und mein internationales Betriebswirtschaftsstudium ein Fundament, ergänzt durch meine Berufserfahrung in Training, Beratung und Coaching. Heute beschäftige ich mich vermehrt mit der Wirkung kultureller Veränderung. Wenn es sinnvoll ist, lasse ich die Wirkung von Sprache in meine Coachings einfließen.

Welche Coaching-Ausbildung haben Sie?

Seit meiner Zeit in Italien in den Jahren 1996 und 1997 beschäftige ich mich mit der Sprache und Kultur des Landes. Ich habe einige Jahre als Firmenberaterin einer großen Sprach- und Kulturschule gearbeitet und schon zu dieser Zeit viele Menschen aus Italien beraten.

Seit wann coachen Sie Klienten aus Italien?

Ich begleite internationale Mitarbeiterinnen und Mitarbeiter sowie ihre Partner in den ersten Wochen in Deutschland und unterstütze Rückkehrer bei der Wiedereingliederung. Viele Unternehmen haben erkannt, wie kräftezehrend die erste Zeit in einer neuen Kultur sein kann und dass sich dies somit auch auf die Leistung und Produktivität des Mitarbeiters im Unternehmen auswirkt.

In welchem Kontext arbeiten Sie als Coach mit Italienern?

Zu welchen Schwerpunktthemen coachen Sie?

Ich coache Menschen in Veränderungsprozessen. Dies betrifft Themen wie die Begleitung von Menschen beim Einleben in eine neue Kultur oder Personen, die in den eigenen Kulturkreis zurückkehren. Weitere Schwerpunkte meiner Arbeit sind Karrierecoaching, Burnout-Prophylaxe, Coaching während der Existenzgründung sowie Coaching im Übergabeprozess von Familienunternehmen.

Ich begleite ausländische Mitarbeiterinnen und Mitarbeiter in Deutschland und unterstütze sie dabei, sich gut in der neuen Kultur zurechtzufinden. Hierbei richte ich mein Augenmerk auf die individuelle Veränderung durch das Leben in einer anderen Kultur oder die Rückkehr in das eigene Land.

Interkulturelles Coaching in ...

Deutschland

In diesem Beitrag finden Sie:

1. Coaching in Deutschland – eine Einführung

von Anja Leao

Wie verbreitet ist Ihrer Ansicht nach Coaching in Deutschland?

Innerhalb Europas liegt Deutschland nach Großbritannien zum Thema „Coaching" als anerkannte, unternehmerische Begleit- und Entwicklungsmaßnahme von Führungskräften und auch Mitarbeitern an zweiter Stelle (Bresser 2009, ICF-Global Coaching Study, 2012). Eine interessante Vergleichszahl: 20% der Bevölkerung in Europa leben in den UK und in Deutschland, jedoch 70% der Coachs in Europa arbeiten in UK und in Deutschland (Bresser, 2009).

Hohe Coachdichte

Die letzte internationale Coaching-Studie der ICF geht von einer Gesamtzahl an Coachs von weltweit ca. 47.500 aktiv operierenden Coachs aus, von denen ca. 18.000 in Westeuropa arbeiten. Der Gesamtumsatz, der in Westeuropa mit Coaching gemacht wird, wird auf ca. 828 Mio. USD im Jahr geschätzt. Von diesen ca. 18.000 Coachs arbeiten ca. 70% in UK (7.500) und Deutschland (5.000). Das entspricht einer Ratio von 1:8.000 Einwohnern in UK und 1:16.500 in Deutschland. Damit gehören diese beiden Nationen nach der Studie „Gobal Coaching Report, Europa 2009 (Bresser, 2009) neben Irland und Luxemburg zu denen mit der höchsten Coachdichte in Europa. Darüber hinaus kann man für beide Länder sagen, dass der Coaching-Markt nach wie vor ein Wachstumsmarkt ist (ICF, 2012).

Coaching hat sich in den vergangenen ca. 15 Jahren generell und insbesondere auch in Deutschland immens entwickelt, dazu haben nicht zuletzt die Vielzahl an Institutionen in Deutschland beigetragen, die sich mit Legitimierung, Akkreditierung und ethischen Grundsätzen von Coaching auseinandergesetzt haben und Standards zur Qualitätssicherung von Coaching und einem einheitlichen Coachingverständnis entwickelt haben (siehe ICF-Deutschland, DBVC u.w.).

Mittlerweile ist Coaching zumindest in größeren und großen, national wie international agierenden Unternehmen ein fester Bestandteil im Angebot der Personal- und Organisationsentwicklungsabteilungen und wird meist durch einen Coaching-Pool mit explizit ausgewählten Coachs an nachfragende Abteilungen oder Executives vermittelt. Die Auswahl läuft im Schwerpunkt über die Qualifikation und über die Berufserfahrung als Coach, die Branchenkenntnis, aber meiner Erfahrung nach vor allem auch über Empfehlung.

Life Coaching hat sich bisher eher wenig durchgesetzt

Anders als in einigen anderen Nationen, in denen Coaching ebenfalls sehr etabliert ist, hat sich meiner Erfahrung nach das Thema „Life Coaching" in Deutschland bisher eher wenig durchgesetzt. Es ist im Verhältnis zu den USA, UK oder Australien wenig populär, sich für persönliche Themen oder auch für berufliche Themen selbst finanziert einen eigenen Coach zu suchen.

1:1-Coaching bevorzugt

Coaching findet in Deutschland auch nach wie vor auf dem 1:1-(Face to Face)-Coaching statt obwohl es bereits viele Versuche gegeben hat, verschiedene Formen von Distance-Coaching, wie Telefoncoaching, Video-Coaching oder auch schriftliche Coaching-Alternativen zu etablieren. Vermutlich liegt es in Deutschland vor allem an der vorhandenen Coachdichte. In jeder großen Stadt findet sich bei Bedarf eine ausreichende Anzahl hervorragend ausgebildeter Coachs, die man direkt in Anspruch nehmen kann.

Meiner Wahrnehmung nach gab es in Deutschland eine Zeit, in der die Diskussion und Bewertung um den ROI (Return on Invest) von Coaching verstärkt aufkam, diskutiert und nachgefragt wurde. Aus meiner Sicht hat sich diese Diskussion bzw. auch Anforderung deutlich abgeschwächt. Vermutlich liegt es an der bereits wahrgenommenen Wertigkeit und Akzeptanz für Coaching, wohingegen vor einigen Jahren die Forderung nach Beweislegung der Sinnhaftigkeit und wirtschaftlichen Darstellung des ROI sicherlich durch die Frage entstand, inwieweit Coaching nicht eine neue Modeform ist, die schnell viel Geld verdienen will und sich dann wieder auflöst. Viele Studien haben über die Jahre belegt, dass sich der ROI von Coaching berechnen lässt (Leao, 2007, Böning, Frischle, 2008) und Coaching-Maßnahmen im hohen Maße unterstützend wirken.

Für welche Anlässe wird Coaching in Deutschland eingesetzt?

Neben den generellen Ansätzen für Coaching, wie Leadership-Coaching, Work-Life-Balance-Coaching, Executive Coaching, Business Coaching, ist meine eigene Erfahrung die der eher proaktiven zukunftsausgerichteten Anlässe für einen Coachingprozess. Viele meiner Klienten lassen sich in Zukunftsfragen begleiten, auf die sie sich persönlich wie auch strategisch inhaltlich und systemisch vorbereiten möchten. Außerdem sind häufige Schwerpunkte die Konflikt- und Krisenklärung.

Wie ist die gesellschaftliche Sicht auf das Thema?

Vertraulichkeit

Meiner persönlichen Einschätzung nach ist Coaching im Business-Bereich mittlerweile mit wachsender Tendenz (HDA-Exec. Coaching Results, 2010) in Deutschland etabliert. Das Thema „Vertraulichkeit“ hat in den oberen Führungsetagen zurecht nach wie vor einen extrem hohen Stellenwert, allerdings gehen immer mehr auch oberste Führungskräfte, Geschäftsführer etc. offen mit der Tatsache um, dass sie sich coachen lassen. Ich würde sagen, die Inanspruchnahme von Coaching ist in einem sehr positiven Umbruch aufgrund der sich ausbreitenden Anerkennung von Coaching. Doch ist meiner Wahrnehmung nach immer noch vereinzelt die Angst vorhanden, dass Coaching als Schwäche ausgelegt werden könnte. Daher besteht nach wie vor ein hohes Vertraulichkeitsbedürfnis.

Rollenbilder: Wie würden Sie die typische Beziehung zwischen Coach und Coachee in Deutschland beschreiben?

Kooperative Arbeitsbeziehung

Meiner Erfahrung nach basieren Coaching-Beziehungen auf einer kooperativen Arbeitsbeziehung auf Augenhöhe. Allerdings kann der Beginn insbesondere in hohen Führungsebenen von Förmlichkeit und respektvollem Sich-aneinander-Annähern geprägt sein. Gleichwohl mag die Führungskraft inhaltlich schnell zu wichtigen Themen kommen, wenn das Basisvertrauen da ist. Das sich Einlassen auf eine emotional tiefer gehende Ebene benötigt eher länger und ein noch intensiveres Maß an Vertrauen.

In welchen Bereichen mussten Sie das klassische Grundkonzept von Coaching anpassen, um erfolgreich coachen zu können?

Da ich selbst Deutsche bin und u.a. in Deutschland mit dem ersten, klassischen Verständnis über Coaching ausgebildet wurde und einstieg, ist dies mein Grundgerüst, welches eher um die Erfahrungen und auch durch Zusatzausbildungen im Ausland, insbesondere in Australien und UK, angereichert ist.

Typische Schwerpunkte

Ein paar Schwerpunkte erscheinen mir vom Grundsatz wichtig in deutschen Coaching-Beziehungen:

- Sicherstellung des Vertrauens.
- Ist das Vertrauen erst einmal aufgebaut, sind deutsche Führungskräfte, wenn man mit Achtsamkeit formuliert, auch dankbar für Offenheit und Mut, auch schwierige oder kritische Themen zur Reflexion anzusprechen. Die richtig gestellten Fragen sind dabei am hilfreichsten.
- Sicherstellung von Vertraulichkeit.
- Achtsamkeit, Respekt und Wertschätzung, Höflichkeit und zunächst auch die Förmlichkeit, die bei einer vertrauensvollen Arbeitsbeziehung durchaus relativ schnell weichen kann, wenn das Vertrauen erst aufgebaut ist.
- Mein bester Ratgeber und mein Grundverständnis zum Coaching generell ist: „Hilf den Klienten bei ihrer eigenen, besten Lösungsfindung, sie sind der eigene, beste Know-how-Träger!"
- Ergebnisorientierung und Sicherung von Nachhaltigkeit wird im Coaching ebenfalls geschätzt.

2. Passende Coaching-Tools

Vom Grundsatz würde ich Tools empfehlen, die strukturiert und zukunftsausgerichtet sind, ergebnisorientiert, systemisch verschiedene Sichtweisen berücksichtigend und die durchaus auch einen Paradigmenwechsel erzeugen.

Passend: Analoge Entscheidungsfindung

Ursprünglich dargestellt von Prof. Dr. J. Fengler (Fengler, 2009).

Zielgruppe, Themen

Dieses Tool eignet sich für alle Führungsebenen, wie auch für Teamcoaching, kollegiale Beratung oder Supervision.

Einsatzziel

Ziel des Tools ist es, dem Klienten in einer Coaching-Situation verschiedene Entscheidungsalternativen anzubieten. Es ist eine konkrete, unterstützende Intervention zur Entscheidungsfindung. Diese ist insbesondere hilfreich, wenn der Klient das Gefühl hat, sich in einer Sackgasse zu befinden oder keine Lösung zwischen zwei oder mehreren Alternativen zu finden.

Coaching-Phase

Arbeits- und Klärungsphase.

Funktioniert meist gut, weil ...

Es handelt sich um ein Tool, welches zur Klärung von Entscheidungssituationen Unterstützung gibt. Diese sind im Coaching häufig herausfordernder bis schwieriger Natur. Meiner Erfahrung nach sind Klienten froh, ein Angebot zu bekommen, welches ihnen hilft, eine gute, fundierte Entscheidung zu treffen. Gleichzeitig ist es ein visuell unterstützendes und energetisches Tool, da die Lösung aktiv entwickelt wird. Bei guter Einleitung und Erklärung habe ich bisher keinerlei Probleme erlebt. Ich halte das Tool für generell sehr gut einsetzbar und habe es bereits mit unterschiedlichen Nationalitäten und in unterschiedlichen Ländern wie UK, Australien, in Portugal, in der Schweiz, Österreich und Deutschland angewandt.

Dauer

1-1,5 Stunden.

Voraussetzung/ Vorbereitung

Moderationskarten sind hilfreich, aber nicht zwingend notwendig. Benötigt werden eine Rolle Klebestreifen oder Ähnliches für den Fußboden sowie ein Raum, der ausreichend groß ist, sodass man sich komfortabel bewegen kann und nicht zu sehr durch Einrichtung, Möbelstücke, Bodenvasen, Säulen etc. gestört und abgelenkt wird.

Beschreibung

Schritt 1: Auftragsklärung der Coaching-Session

Klärung des Anliegens und des guten Ergebnisses, *„Wenn wir nun die Alternativen A und B oder A, B und C haben, woran werden wir dann merken, dass wir in diesem Coaching erfolgreich gewesen sein werden, was wäre für Sie ein gutes Ergebnis?"*
Bsp.: *„Für mich werden wir heute ein gutes Ergebnis erzielt haben, wenn ich weiß, was ich machen soll und aktiv werden kann."*

Schritt 2: Erklärung der Vorgehensweise

In einem größeren Raum, in dem man sich idealerweise frei von Möbeln bewegen kann, wird eine Linie z.B. mit einem Klebe-/Kreppband am Boden aufgeklebt und so der Raum in zwei Hälften geteilt. Alternativ kann man auch lange Seile zur Trennung des Raumes nutzen.

Die beiden Entscheidungsalternativen A und B werden den Raumhälften zugeordnet, der Klient entscheidet selbst, welche Hälfte für A, welche für B vorgesehen wird.
Bsp.: *„Alternative A: Ich bleibe im Unternehmen und forciere meine Karriereentwicklung mit Fokus auf Zukunftsjob xy, Alternative B: Ich verlasse das Unternehmen und mache mich selbstständig."*

Es ist ergänzend eine gute Idee, den Klienten zu Beginn vor dem ersten Betreten der beiden Entscheidungsräume zu fragen, mit wie viel Prozent er jetzt, im Augenblick, für Alternative A oder Alternative B tendiert – aufgeteilt auf 100%. Diese Skalierungsfrage ist ein guter Gradmesser, um auch am Ende festzustellen, was sich verändert hat und was es ggf. noch braucht, um zu einer hundertprozentigen Entscheidung zu gelangen.
Bsp.: *„Momentan tendiere ich zu 30% zum Verbleib und zu 70% zum Verlassen des Unternehmens mit Selbstständigkeit."*

Der Klient wählt nun die eine Seite des Raums, in der er beginnen möchte. Er geht in ihr auf und ab und spricht alles aus, was für diese Alternative spricht, d.h., es geht hier wirklich darum, ausschließlich die positiven Argumente, die für die Alternative sprechen, zu sammeln. Er nimmt sich dafür so viel Zeit, wie er mag und braucht.
Bsp.: *„Für A und den Verbleib im Unternehmen sprechen mein Netzwerk, meine Akzeptanz, meine Entwicklungsmöglichkeiten, auch im Sinne von Weiterbildungen etc. Für B sprechen mein Know-how, mein Bedürfnis nach Freiheit und Eigenständigkeit, mein eigener Herr sein zu wollen etc."*

Sobald Ideen aufkommen, die entweder gegen A sprechen oder für B, wendet er sich der anderen Alternative zu, wechselt in die andere Hälfte des Raumes über, spricht wiederum dort im Gespräch alles aus, was für diese Alternative spricht.
Bsp.: Der Klient steht in A und sagt: *„Ich möchte raus, weil ich so verbittert bin über die Auswahlprozedere in der Organisation, die einfach unprofessionell laufen."* Daraufhin frage ich den Klienten: *„Was spricht aus diesem Argument denn dann für B?"* Und der Klient sagt: *„Wenn ich selbstständig bin, bekomme ich die Anerkennung direkt vom Kunden für Auftragsvergaben und Fortsetzungsprojekte. Leistung = Auftrag, keine Leistung = kein Auftrag!"*

Der Entscheidungssuchende wechselt die Seiten, so oft er will. Der Coach kann die Ideen stichpunktartig jeweils auf Karten schreiben und auf der jeweiligen Seite verteilen. Das kann zur Erinnerung und Vertiefung oder auch für nochmaliges Nachfragen hilfreich sein, denn manchmal sammelt der Klient sehr viele Ideen.

Der Coach begleitet ihn bei seiner „Wanderung" in den jeweiligen Raumseiten und gibt auf alles, was dieser ausspricht, mit eigenen Worten und Gesten eine positive Resonanz (aha, positive Wiederholungen, verstehe, ...).

Sobald der Klient beginnt, über die Alternative, in deren Raumhälfte er sich befindet, ein Gegenargument oder etwas Negatives zu äußern, bittet der Coach ihn, das Positivargument für die andere Seite zu benennen und auf die andere Seite zu wechseln.

Der Klient bewegt sich solange in beiden Hälften des Raumes, bis er dort stehen bleibt, wo es sich für ihn richtig anfühlt – für diesen Augenblick und in dieser Sitzung.

Fengler (2009, S. 198) sagt dazu: „Das Hilfreiche an diesem Tool ist, dass, wie immer sich der Entscheidungssuchende positioniert, er sich nicht nicht positionieren kann. Und da er ausschließlich positiv argumentiert, erzeugt diese Methode eine Hin-zu-Bewegung zu der in diesem Moment und gegenwärtig ‚richtigen Wahrheit' für ihn."

Es können auch drei oder mehr Alternativen vorliegen. In diesem Fall wird der Raum mit dem Klebeband entsprechend gleichverteilt getrennt. Damit man jeweils in einen anderen Entscheidungsraum eintreten kann, ist bei bis zu vier Entscheidungen eine quadratische Form zu empfehlen, bei 5 Alternative eine Kuchenform. Bei mehr Alternativen könnte es auch sein, die Hierarchie der Alternativen noch einmal in der Auftragsklärung zu verstehen, denn bei mehr als 5 Alternativen handelt es sich meist um Unterformen einer der bereits genannten Formen. Die Umsetzung des Tools wird dann unübersichtlich.

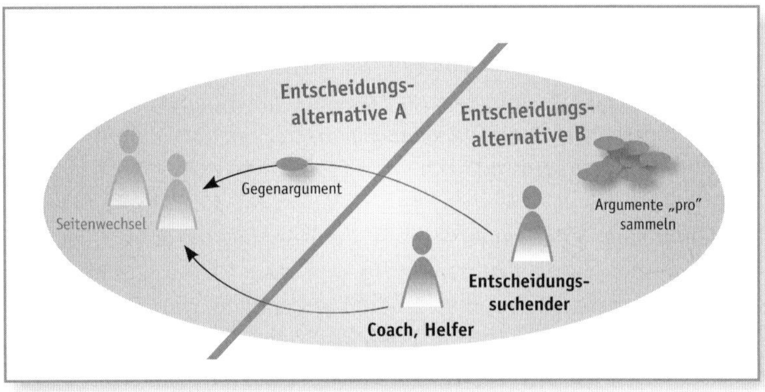

Abb.: Bei Argumenten, die gegen eine Entscheidungsalternative sprechen, wird in die andere Seite des Raums gewechselt (aus „Fit for Change II", S. 198).

Diese Methode ist insbesondere dann hilfreich, wenn es zwei oder mehr Alternativen gibt, die entweder beide attraktiv, beide aversiv oder kombiniert davon die Entscheidung erschweren oder bisher behindern.

Schritt 3: Finale

Zum Abschluss bietet sich die Coaching-Abschlussfrage nach der Ergebniskontrolle zur eingangs gestellten Frage an:
„Zu Beginn haben Sie formuliert, dass es ein gutes Ergebnis für Sie in dieser Sitzung wäre, festzustellen, welche der beiden Alternativen A oder B die richtige ist. Sie haben auch benannt, dass Sie zum Zeitpunkt

des Starts mit 30% zur Alternative A tendiert haben, mit 70% zur Alternative B. Wo stehen wir jetzt in der Entscheidungssituation und wie zufrieden sind Sie mit dem entstandenen Ergebnis? Wenn es noch etwas zu ergänzen gäbe, was wäre dass, damit wir für Sie für heute und diese Thematik zu einem guten Ergebnis/Abschluss kommen?"

Varianten als Teamcoaching- oder Supervisions-Tool

- Ein Teammitglied hat eine Entscheidung zu fällen und erhofft sich vom Team hilfreiche Anregungen hierzu. Voraussetzung ist dann, dass die beratenden Teammitglieder von der bevorstehenden Entscheidung des Betreffenden entweder nicht betroffen sind oder eine eigene Interessenslage zurückstellen können. Sind diese Bedingungen erfüllt, so kann der Entscheidungssuchende mit dem Coach zwischen den Alternativen hin und her wandern, bis er seinen Standpunkt gefunden hat. Danach ist das Team eingeladen, Feedback zu geben, Abstufungen für die Durchführung beizusteuern und Nachteile der Lösung zu finden. Jede Rückmeldung wird vom Entscheidungsbegleiter auf je eine Karte geschrieben, während der Entscheidungssuchende zunächst alle Rückmeldungen, Feedbacks, Hypothesen etc. nur anhört. Danach darf er alle Karten nehmen und bei jeder einzelnen entscheiden, ob diese für seinen Entscheidungsprozess hilfreich ist. Die Karten, die für ihn nicht relevant erscheinen, werden kurz begründet (als Feedback für das Teammitglied, das das Argument eingebracht hat) und dann zur Seite gelegt. Danach kann der Entscheidungsraum unter Zuhilfenahme der ergänzten Argumente erneut abgegangen und der Weg zur Entscheidungsfindung kann so durch die Teammitglieder ergänzt vollendet werden.

- Ein Team steht während eines Change-Prozesses vor einer gemeinsamen Entscheidung, die intern mit einer Mehrheit gefällt werden kann und auch muss. Während des Gruppengesprächs sind die Mehrheiten unklar; gleichzeitig wird eine breite Mehrheit für die Entscheidung für vorteilhaft gehalten und angestrebt. Zur Klärung wird eine Mittellinie gelegt und die Bezeichnungen der Alternativen werden vorgenommen. Der erste Beitragende äußert sich und stellt sich auf die Seite, für die er/sie plädiert. Die weiteren Redner verfahren ebenso. Wenn die Argumente einleuchten, dann kann ein Zuhörer die Seite wechseln und damit sichtbar machen, dass ihn dieses Argument überzeugt hat. Mehrfacher Seitenwechsel ist möglich. Außerdem kann es sinnvoll sein, wenn sich eine Mehrheit auf einer Seite zu formieren scheint, die Beteiligten auch noch mal nach einem Joker-Argument zu fragen, das gibt insbesondere der

Minderheit noch einmal die Chance, sich zu positionieren. Wenn eine gut sichtbare, deutliche Mehrheit auf einer der beiden Seiten steht, kann der Coach vorschlagen, dass nunmehr letztmalig ein Positionswechsel möglich sein soll. Wenn dem zugestimmt wird, wird diese letzte Positionsfindung aller Teammitglieder als für alle verbindliche Entscheidung des Teams genommen.

Konkretes Beispiel

Es handelte sich um Coaching eines Senior Executives, der sich in einer persönlich schwierigen Entscheidungssituation befand. Es war ein Ad-hoc-Krisencoaching, ich hatte diesen Klienten bereits über einen gesamten Coachingprozess und dann fortgesetzt über mehrere Jahre immer wieder gecoacht, wenn bestimmte, ihm wichtige Themen auftauchten.

Es gab große Organisationsstrukturveränderungen, Machtverhältnisse waren ungeklärt, Bereiche, Aufgaben und Verantwortlichkeiten lösten sich auf und sortierten sich neu.

Nach Ansicht der Führungskraft verlief der gesamte Prozess jedoch unprofessionell und chaotisch und auch die Bereitschaft seiner Kollegen, sich i.S. eines strategischen Change-Management-Prozesses systematisch als Organisation begleiten zu lassen, schlugen offensichtlich fehl. Auch war nicht klar, wo er selbst sich in der Organisation in der Zukunft wirklich wiederfinden würde und er machte sich große Sorgen um die Mitarbeiter seines gesamten Verantwortungsbereiches. Die Entscheidungsfrage war: *„Bleibe ich oder mache ich mich selbstständig?“*

Wir haben daraufhin die Analoge Entscheidungsfindung eingesetzt. Zu Beginn gab es eine Tendenz von 70% „das Unternehmen zu verlassen“ und 30% „noch mal alles zu geben und zu versuchen, das Schiff zu bewegen – also zu bleiben“.

Im Verlauf des Prozesses habe ich einen Zwischenstopp eingelegt und gefragt, wie die prozentuale Verteilung aussähe, was sich verändert hätte und wo wir momentan im Entscheidungsprozess stünden. Das Ergebnis war die Bitte, einen dritten Entscheidungsraum aufzumachen, da sich aus der Alternative „bleiben“ eine Unteralternative mit zeitlicher Komponente herauskristallisiert hatte.

Wir haben diesen Entscheidungsraum aufgemacht und bewandert und es wurde sehr schnell deutlich, dass dieser „Raum C“ für den Moment der richtige zu sein schien. Gleichzeitig wurde dem Klienten klar, dass er sich fortgesetzt für Alternative B „Verlassen des Unternehmens" entscheiden würde, wenn in dem selbst gewählten Zeitfenster keine Klarheit und Verbesserung stattfinden würde.

Auch ergaben sich für ihn konkrete Aktionsschritte aus der Intervention, die wir ebenfalls festhielten. Die Entscheidung war getroffen und die Erleichterung groß.

Mögliche Probleme

Der Klient entscheidet während des gesamten Prozesses selbst und freiwillig, welche Positiv-Argumente ihm wichtig sind und zu welcher Seite er sich jeweils wenden möchte bzw. inwieweit/ wohin sich die Entscheidungssituation entwickelt.

Eine Entscheidung für die Positionierung auf einer Seite wird vom Coach weder forciert noch suggeriert. Dies setzt voraus, dass der Coach sensibel begleitet und gut paraphrasiert und gleichzeitig gegenüber dem Ergebnis, das der Klient herbeiführt, neutral bleibt.

Außerdem erscheint es noch wichtig, darauf hinzuweisen, dass es gut ist, den Klienten zu Beginn zu fragen, auf welcher der beiden Entscheidungsalternativen (Raumseiten) er beginnen möchte. Auch diese Entscheidung hat beim Klienten oft einen Grund, es ist gut, diesen intuitiven Entscheidungen als Coach nicht vorzugreifen.

Ebenso ist es wichtig, es dem Klienten beim Überqueren der beiden Raumhälften zu überlassen, wo er überqueren möchte. Für manche Klienten scheint es wichtig zu sein, um ein Ende der Raumaufteilung herumzugehen und die Linie nicht zu überqueren, während andere genau die Mitte wählen und ihnen dies völlig egal ist.

Mir ist es schon passiert, dass ich einen Schritt zu schnell den Klebestreifen übertreten hatte. An der nonverbalen Reaktion des Klienten sah ich, dass ich etwas gemacht hatte, was irgendwie gar keine gute Idee war. Ich machte den Schritt zurück, entschuldigte mich und bat den Klienten, mir zu sagen, wo wir in den anderen Entscheidungsraum eintreten könnten. Es war an einem Ende der Raumaufteilung (und zwar auch nur an einem bestimmten Ende).

Bei Nichtbeachtung der hier beschriebenen Themen kann es zu Problemen oder Schwierigkeiten kommen. Sie sind alle aus der Anwendungspraxis hervorgegangen und ihre Beachtung hat sich als sehr hilfreich erwiesen.

Passend: Soziogramm

Nach Jacob Levi Moreno, 1954.

Zielgruppe, Themen Dieses Tool eignet sich für alle Führungsebenen und ist auch als Teamcoaching-Tool hilfreich einsetzbar.

Einsatzziel Ziel des Tools ist es, sich über die Kommunikations- und Beziehungsqualitäten innerhalb eines Teams schnell und visuell sehr gut darstellend einen Überblick zu verschaffen und damit erste Ansätze darüber herauszufinden, wo Klärungs- und Entwicklungsbedarf innerhalb eines Teams bestehen könnte. Das Tool eignet sich auch zur Hypothesenentwicklung von möglichen Themen, die man zwar vermutet, aber nicht tatsächlich kennt. (Moreno 1954, Schick, 1974).

Coaching-Phase Klärungs- und Arbeitsphase.

Funktioniert meist gut, weil ... Es ist strukturiert, leicht verständlich, visuell hilfreich und verdeutlicht schnell die Themen, um die es geht. Außerdem ist es unkompliziert erklärbar und in kurzer Zeit anwendbar.

Dauer Ca. 1 Stunde.

Vorbereitung Flipchart.

Beschreibung

Schritt 1: Auftragsklärung dieser Coaching-Session

Klärung des Anliegens und des guten Ergebnisses: *„Wenn wir in diesem Coaching erfolgreich sein werden, was wird dann für Sie klar geworden sein?"*
Bsp.: *„Ich möchte mir Klarheit über die verschiedenen Protagonisten in der Thematik machen und wie ich ggf. noch mal neu auf Einzelne zugehen kann. Denn jetzt ist es verfahren und blockiert, wir kommen einfach nicht vorwärts und ich brauche neue Ideen."*

Schritt 2: Erklärung des Tools

Kurze Erklärung des Teamsoziogramms, kurze Skizzierung auf einem Flip als Beispiel, danach kann man das Teamsoziogramm gemeinsam mit dem Klienten am Flipchart erstellen oder auch von ihm erstellen lassen. Die visuelle Form hilft, Komplexitäten zu vereinfachen und

Verflechtungen, Vernetzungen, kritische Bereiche, Themen etc. zu verdeutlichen.

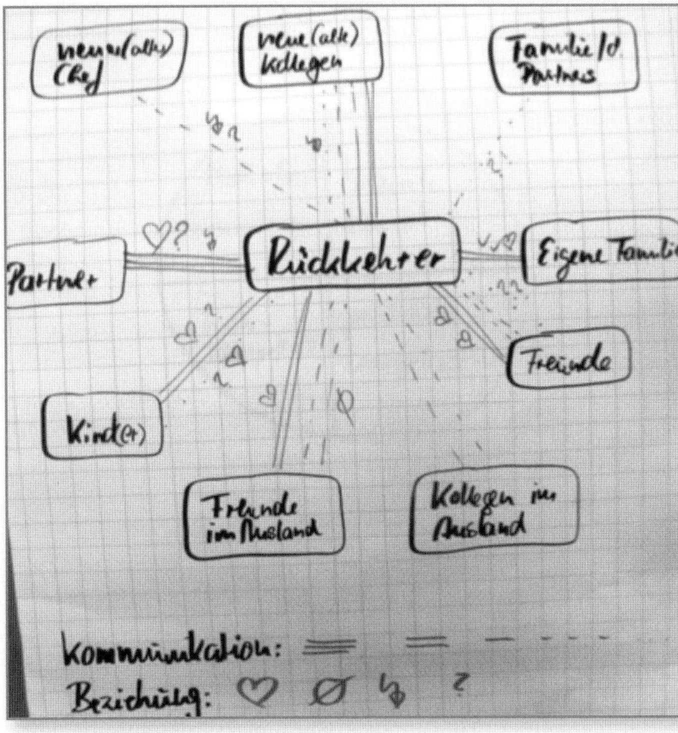

Abb.: Beispiel-Darstellung eines Soziogramms.

Schritt 3: Vertiefung

Nach Erstellung des Teamsoziogramms findet eine Vertiefung der Diskussion über die Darstellung statt:

- Was sind mögliche Kernwerte der Beteiligten? (Hilfreich ist, zu erklären, dass es sich natürlich um Hypothesen handelt, denn wir können die Beteiligten ja nicht befragen)
- Welche Bedürfnisse haben die Beteiligten?
- Was sind ihre Interessen in der vorliegenden Thematik/Situation?
- Wer hätte einen Gewinn durch ... – den Erfolg des Projekts, das Scheitern des Projekts, die Klärung des Themas ...?
- Wer hätte einen Vorteil durch das Scheitern von ...?
- Wo sind Allianzen? Partnerschaften? Feindschaften?
- Wen gibt es von außen, der hier gar nicht auftaucht, aber ... könnte?
- Welche eigenen Ressourcen hat der Klient, die helfen könnten, die Situation förderlich voranzubringen?
- Welche Erfahrungen an bestimmten Interventionen/Verhaltensweisen hat er bereits gemacht, die in diesem Kontext hilfreich waren?

Schritt 4: Erkenntniszusammenfassung

In der Regel erzeugt diese Diskussion mit den richtigen Fragen um das Soziogramm herum bereits so viel Erkenntnisgewinn, dass sich hier anschließt, nach guten Vereinbarungen zu fragen und diese zusammenzufassen und festzuhalten.

Variantenergänzung

Gegebenenfalls kann es sich anbieten, eine Team- oder Organisationsstrukturaufstellung zu ergänzen, wenn man die „Stimmen der Beteiligten" in den Raum holen möchte (Welker, 2009, 2012). Diese Varianten eignen sich natürlich auch gut für Teamcoaching-Maßnahmen, sofern der Reifegrad des Teams und das Vertrauen zum Teamcoach ausreichend sind.

Schritt 5: Ergebniskontrolle

Wenn das erfolgt ist, dann stellt sich die bekannte Coaching-Abschlussfrage nach der Ergebniskontrolle zur eingangs gestellten Frage: *„Zu Beginn haben Sie formuliert, dass Klarheit und neue Ideen im Umgang mit den Protagonisten ein gutes Ergebnis für Sie zu dieser Thematik wären. Wie zufrieden sind Sie mit dem momentanen Ergebnis? Wenn es noch etwas zu ergänzen gäbe, was wäre dass, damit für Sie für heute das Thema zu einem guten Ergebnis/Abschluss kommt?"*

Konkretes Beispiel

In diesem Beispiel geht es um einen international arbeitenden Change-Manager eines großen Veränderungsprojekts, der mithilfe des Soziogramms die Konstellation aller Entscheidungsebenen darstellte. Hintergrund waren viele Entscheidungen, die zur erfolgreichen Umsetzung des Projekts dringend getroffen werden mussten, aber bei den wichtigsten Entscheidungsträgern stockten.

Insbesondere die Wertediskussion auf Basis des Soziogramms war in diesem Fall sehr hilfreich. Auch die Frage nach den jeweiligen Bedürfnissen und Win-win-Ergebnissen von bestimmten Entscheidungen war sehr wichtig. Diese gaben ihm die entscheidenden Ideen, im Dialog mit den jeweiligen Entscheidern seine eigene Kommunikation noch einmal zu schärfen. Er stellte die Vorteile für alle Beteiligten stärker heraus. Auch sprach er Risiken für die jeweils Einzelnen bzw. betroffenen Organisationseinheiten noch einmal an und bot Lösungen an.

Das Ergebnis dieser Session war eine ganze Reihe erneut zu führender Gespräche mit den verschiedenen Entscheidern mit sehr gutem Ausgang.

Es handelt sich um ein pragmatisches, visuell unterstützendes Tool, was nicht kompliziert zu erklären ist.

Mögliche Probleme

Es könnte ggf. sein, dass ein Klient nicht gerne skizziert, was sich leicht beheben lässt, indem der Coach durch den Input des Klienten das Soziogramm erstellt.

Schwierigkeiten könnte es aus meiner Sicht u.a. dann geben, wenn der Coach nicht merkt, dass es eine darunter liegende Thematik gibt, die sich durch das Soziogramm zwar andeutet, aber nicht weiter besprochen wird.

Dann kann es sein, dass der Klient das Tool für oberflächlich hält, weil für ihn nicht die wirklichen Themen geklärt werden. Das wäre allerdings nicht der Fehler des Tools, sondern die mangelnde Fähigkeit des Coachs.

Mir ist es beispielsweise einmal in einem Coaching passiert, dass während der Erstellung und Diskussion um ein Soziogramm ein darunter liegendes Thema auffiel, dass nämlich in diesem Falle die Fähigkeit und Bereitschaft meines Klienten ausblieb, „Hilfe anzunehmen". Glücklicherweise haben wir durch den Diskussionsprozess dieses Thema herausgearbeitet und es als fortgesetztes Coaching-Thema weiter bearbeitet.

3. Kritische Coaching-Tools

Grundsätzlich würde ich sagen, sind Tools, die einen esoterischen oder einen therapeutischen Eindruck machen, mit Vorsicht zu genießen.

Kritisch: Aufstellungsarbeit – systemische Organisationsaufstellung

Nach B. Hellinger, weiterentwickelt M. Varga von Kibed und I. Sparrer.

Zielgruppe, Themen Vom Grundsatz achtsam in der Anwendung im Business-Kontext.

Einsatzziel Mit Aufstellungsarbeit, welche in verschiedenen Varianten durchgeführt werden kann, lassen sich Strukturen, Beziehungen, Energien, Störungen etc. innerhalb eines Systems sehr gut visuell darstellen, spürbar und verstehbar machen.

Coaching-Phase Arbeitsphase.

Funktioniert weniger gut, weil … Vom Grundsatz kann man Aufstellungsformate in Coachings durchaus anwenden, sofern passend und hilfreich. Allerdings habe ich bereits die Erfahrung gemacht, dass die Begrifflichkeit der „Aufstellungsarbeit“ negativ belegt ist. Aufstellungsarbeit wird möglicherweise auch aufgrund des phänomenologischen Anteils der Informationsgewinnung (Hellinger, 1999) als spirituelle, esoterische Arbeit wahrgenommen. Daher würde ich es im Business-Kontext sehr mit Achtsamkeit verwenden.

Konkretes Beispiel

In diesem Fall ging es um eine Führungskraft, die ein immens schwieriges Projekt zu verantworten und umzusetzen hatte. Es handelte sich um ein unternehmensweites Konzernprojekt, an dem viele interne Konzernorganisationen, vertreten von hohen Führungspersonen, beteiligt waren. Außerdem bestanden interne Kunden-Lieferantenbeziehungen. Es gab immer wieder Reibungsverluste zwischen den verschiedenen Parteien. Absprachen, die getroffen und auch schriftlich vereinbart wurden, wurden wieder in Frage gestellt, Entscheidungen wurden aufgeschoben oder nicht getroffen, Ergebnisse aber eingefordert. Das gesamte Projekt war komplex, die Verflechtungen enorm und die Situation krisenbehaftet und sehr emotional von allen Seiten geführt.

Bereits nach den ersten Beschreibungen der Situation dachte ich, dass eine visuelle Darstellung der Situation sicher hilfreich sei. Auch die Erzeugung eines Wechsels in die Perspektiven der wichtigsten Protagonisten bzw. in die Positionen, mit denen die größten Schwierigkeiten zu bestehen schienen. Denn in der Beschreibung durch meinen Klienten wurde deutlich, dass auch er selbst emotionalisiert und begleitet von eigenen Bewertungen und Glaubenssätzen über die Beteiligten war. Er fühlte sich im Recht, was seine eigene Position und Handlungsweise anbetraf, unverstanden und ungerecht behandelt von verschiedenen Beteiligten.

Ich machte den Vorschlag, eine Aufstellungsarbeit über die Situation durchzuführen, was sofort auf heftige Ablehnung stieß. Mein Klient sagte, er habe schon so viel „Hukispuki" über Aufstellungen gehört, daran wäre er nicht interessiert. Die Ablehnung kam vehement und ich machte keine Anstalten, ihn von etwas zu überzeugen, was nicht mit seinen Überzeugungen vereinbar war.

Ich habe daher die Situation am Flipchart skizziert (siehe Tool 2 – „Soziogramm"), um die Komplexität näher zu verstehen und wir haben eine Weile über die Beteiligten diskutiert. Mir ging es insbesondere darum, herauszuarbeiten, inwieweit Bedürfnisse und Wünsche der verschiedenen Beteiligten mehr verstanden und im Projekt berücksichtigt werden könnten, um zu einer größeren Win-win-Schnittmenge zu gelangen. Denn es schien doch sehr um den Kampf um Positionen und Standpunkte zu gehen (Fisher R. et al., 2000).

Diese alternative Vorgehensweise war hilfreich und brachte gute Erkenntnisse. Dann machte ich ihm den Vorschlag, wir könnten ja einfach mal versuchen, uns gedanklich in die Beteiligten hineinzuversetzen und Hypothesen darüber zu entwickeln, was wir an deren Stelle brauchten, damit dieses Projekt entscheidende Schritte nach vorne kommen könne.

Humor war ein hilfreicher Ratgeber, wenn ich z.B. sagte: *„Ich* (Kunde Y meines Klienten) *habe das Gefühl, ich habe überhaupt keine Ahnung, wo der Stand des Projekts eigentlich ist und ob wir „on track" sind und X* (mein Klient) *komme immer daher und zeigt nur die Erfolgsstorys. Dabei funktioniert überhaupt nix!"* Mein Klient nickte und lachte: *„Ja, da flippt Y immer aus und motzt mich an – Du mit Deiner Positivberichterstattung, dabei klappt nix!"*

Wir haben daraus gute Ideen zusammengetragen und auch mehrfach herzhaft über die unterschiedlichen Bedürfnisse der Beteiligten gelacht.

Mögliche Ursachen für die Problematik

Offensichtlich hatte mein Klient über Aufstellungsarbeit gehört und war sehr skeptisch und verunsichert. Es wäre müßig gewesen, zu versuchen, ihn vom Gegenteil zu überzeugen, dafür war die Ablehnung zu groß. Ergo: Aufstellungsarbeit ist nach meiner eigenen Erfahrung durchaus hilfreich und erkenntniserzeugend und es bietet wunderbare Facetten und Flexibilität in der Anwendung. Den Begriff verwende ich im Coaching-Kontext jedoch nicht mehr, es sei denn, ich weiß, dass der Klient positive Vorerfahrungen damit hat und die Arbeits- und Wirkweise kennt.

Lösungsoptionen/ Alternativen

Ist bereits oben unter „Konkretes Beispiel – Perspektivenwechsel" beschrieben.

4. Hilfestellungen

Zentrale Aspekte für den Erfolg von Coaching in Deutschland

Die Sprache ist ein magisches Interventionsinstrument an sich. Denn wenn Sie NLP-erfahren (Neurolinguistische Programmierung) sind und die Metaprogramme/Sortierungsmuster (siehe auch Coaching-Tool 2 unter UK–Metaprogramme) wie auch Repräsentationskanäle (im Schwerpunkt visuell, auditiv, kinästhetisch) von Klienten analysieren, dann ist die Wahrnehmung der Informationen in der Sprache an sich im Coaching eine Offenbarung. Jede Information des Klienten im Dialog ist zur Lösungsentwicklung hilfreich nutzbar. Das gilt für einzelne Worte, wie auch für bildhafte Sprache oder sprachlich genutzte Metaphern. Es braucht insofern nur Achtsamkeit, damit es nicht therapeutisch wirkt. Diese Empfehlung gilt selbstverständlich für jede Sprache, aber eben auch für die deutsche.

- Bringen Sie generell kulturellen Weitblick und Offenheit mit, das gilt natürlich für jedes internationale Coaching. Es gibt viele kulturelle Feinheiten auch bei den Deutschen, die sich nicht auf den ersten Blick erschließen. Daher ist es immens wichtig, seine eigenen Urteile und Vorurteile als Coach mitzureflektieren. Sollte man als Coach in Deutschland oder mit Deutschen arbeiten, selbst aber kein Muttersprachler sein, dann wirkt deutsch auf einen Ausländer selbst bei sehr guter Kenntnis oft hart, sowohl im Klang als auch im Kontext. Meiner Meinung nach tendieren einige Deutsche dazu, schnell, klar und konkret auf den Punkt zu kommen, ohne lange drum herumzuschnörkeln, was konfrontierend wirken kann, auch für den Coach selbst.
- Meiner Erfahrung nach sind höhere und hohe Führungskräfte, die in internationalem Kontext arbeiten und verantwortungsvolle Positionen bekleiden, eher auf Zahlen, Daten, Fakten ausgerichtet sowie ergebnis- und lösungsorientiert. Alles, was diese Grundsatz-

präferenz unterstützt, ist hilfreich und trägt zum Vertrauensaufbau bei, der dann auch weitere Themen unterhalb der „Oberfläche" besprechbar machen hilft.

- Und zu guter Letzt: Ich arbeite auch in Organisationen, in denen eine Vertrauenskultur herrscht, in denen die Offenbarung, gecoacht zu werden, durchaus stattfindet. Doch wird auf das Thema „Vertraulichkeit" nach wie vor allerhöchsten Wert gelegt. Als Coach ist dieses Thema sehr sensibel zu beachten und sicherzustellen.

Literaturhinweise, Quellen

Leao, A. (2007). Balanced Coaching – der Return on Invest für Coaching Maßnahmen. In: Strikker, F. (Hrsg.). Coaching im 21. Jhd. Augsburg: Ziel-Verlag.

Kerth, K. & Asum, H., Nührich, K.-P. (2007). Die besten Strategietools in der Praxis. München: Carl-Hanser Verlag.

Leao, A. & Hofmann, M. (Hrsg.) (2012). Fit for Change. (3. Aufl.). Bonn: managerSeminare.

Leao, A. & Hofmann, M. (Hrsg.) (2009). Fit for Change II. Bonn: managerSeminare.

Schulz von Thun, F. (2010). Miteinander reden, Bd. 3. (20. Aufl.). Reinbek: rororo.

2012 ICF Global Coaching Study – Executive Summary – im Internet abrufbar.

Bresser, F. (2009). Global Coaching Survey2009 – Europe – im Internet abrufbar.

Bresser, F.(2009). Global Coaching Survey2009 – im Internet abrufbar.

Bresser, F.(2009). Global Coaching Survey2009 – Executive Summary – im Internet abrufbar.

HDA Executive Coaching Survey Results 2010 – im Internet abrufbar.

WTO-Welthandelsbilanzorganisation – Veröffentlichung 2011 – im Internet abrufbar.

Fengler, J. (2008). Feedback geben: Strategien und Übungen. (5. Aufl.). Weinheim: Beltz.

Fengler, J. (2009). Analoge Entscheidungsfindung. In: Leao, A. & Hofmann, M. (Hrsg.) (2009). Fit for Change II. Bonn: managerSeminare.

Nöllke, M. (2007). Entscheidungen treffen, schnell, sicher, richtig. (4. Aufl.). Planegg: Haufe.

Hellinger, B. (1999). Acknowledging what is. Phoenix: Zeig Tucker.

Fisher, R. & Ury, W., Patton, B. (2000): Das Harvard Konzept. Frankfurt: campus.

Höhn, E. & Schick, C. P. (1974). Das Soziogramm. (3. Aufl.). Göttingen: Verlag für Psychologie.

Moreno, J. P. (1996). Die Grundlagen der Soziometrie. Opladen: Leske u. Budrich.

Welker, C. (2009, 2012). Aufstellungsformate in: Leao, A. & Hofmann, M. (Hrsg.) (2012). Fit for Change (2012). (3. Aufl.). Bonn: managerseminare und Fit for Change II (2009). Bonn: managerSeminare.

Böning, U. & Frischle, B. (2008). Coaching fürs Business. (2. Aufl.). Bonn: managerSeminare.

5. Über die Autorin

Seit wann coachen Sie?

Seit 1998 arbeite ich als Coach, zunächst u.a. als Personal- und Organisationsentwicklungsleiterin auch intern coachend, seit Anfang 2004 als selbstständiger Coach, Moderatorin und Prozessbegleiterin für Veränderungsprozesse.

Welche Coaching-Ausbildung haben Sie?

Ich bin Dipl. Kauffrau, Dipl. Familientherapeutin – Systemische Familientherapie, NLP-Master und Reiki-Master-Teacher. Darüber hinaus habe ich eine Coachingusbildung, eine Trainer- und eine Prozessbegleiterausbildung.

Ich bin Mitentwicklerin und Lehrbeauftragte des ersten deutschen, universitären Coaching-Studiums zur Ausbildung und Zertifizierung von Coachs – Universität Bielefeld & ZWW sowie Buchautorin einer Vielzahl von Studienbüchern für die Universität Bielefeld und Europäischen Fernuniversität zum Thema Coaching.

Weiterhin bin ich Lehrbeauftragte an diversen Universitäten und Hochschulen zum Thema „Coaching, internationales Change-Management", Konfliktmoderation und Mediation".

Außerdem habe ich als Herausgeberin und Autorin mehrere Bücher zum Thema Coaching, Change und Emotionale Intelligenz geschrieben.

Seit wann coachen Sie Klienten aus Deutschland?

Ich komme aus Deutschland, habe dort, in UK und in Australien gelebt und gearbeitet und lebe mittlerweile wieder in Deutschland. Ich coache seit ca. 15 Jahren im Schwerpunkt in großen, international operierenden Unternehmen verschiedender Branchen. In Deutschland außerdem in privat geführten, mittelständischen Unternehmen, die sowohl national als auch international agieren.

In welchem Kontext arbeiten Sie als Coach in Deutschland?

Mein Coaching-Selbstverständnis ist: „Alles ist in Dir", ich bin als Coach lediglich der Begleiter auf dem Weg der eigenen, besten Lösungsfindung. „We are fellow travelers for a while!" – beschreibt für mich den Coachingprozess wie auch die eigene, innere Haltung als Coach wunderbar.

Maßgeblich führe ich Einzelcoachings von Executives und Senior Executives sowie auch von ausgewählten „High Potentials" durch. Industrie- und Branchenschwerpunkte sind u.a. die Automobilindustrie sowie die Automobilzuliefererindustrie, die Energiebranche, die IT-Branche, Beratungsbranche, Modeindustrie.

Zu welchen Schwerpunktthemen coachen Sie?

Schwerpunkte im Coaching sind Leadership-Themen (Personalentwicklung, MA-Krisen, Verfeinerung der eigenen Führungsqualitäten etc.), eigenes, persönliches Wachstum und Karriereentwicklung, Krisenbegleitung, Konfliktklärungsbegleitung, Visionsentwicklung (persönlich wie auch bereichs- oder unternehmensbezogen); je höher die Ebene, desto mehr strategische und Unternehmensentwicklungsschwerpunkte, sowie verstärkt auch Work-Life Balance-Themen und Teamcoaching.

Interkulturelles Coaching in ...

Schweiz

In diesem Beitrag finden Sie:

1. Coaching in der Schweiz – eine Einführung

von Elisabeth Mlasko und Kirsten Brennemann

Fokus Deutschschweiz

Ganz wichtig sind uns an dieser Stelle folgende Hinweise: Wie in der Einleitung zu diesem Buch bereits erwähnt wird, bleiben die individuellen Persönlichkeitsaspekte gegenüber den kulturellen Unterschieden von zentraler Bedeutung. Im speziellen Fall Schweiz müssen zudem die unterschiedlichen Sprachgebiete berücksichtigt werden. Unsere Erfahrungen beziehen sich auf Klienten aus der Deutschschweiz. Die Beispiele und Tipps können nicht 1:1 auf die italienische und französische Schweiz übertragen werden. Auf interkulturelle Unterschiede innerhalb der Deutschschweiz wird nicht eingegangen, welche selbstredend ebenfalls vorhanden sind – nehmen wir nur etwa Zürich, Bern, Basel.

Wie verbreitet ist Ihrer Ansicht nach Coaching in Schweiz?

Weite Verbreitung

Coaching ist in der Schweiz recht weit verbreitet. Dies hängt auch mit der grundsätzlich hohen Bereitschaft zusammen, sich für Problemlösungen qualifizierte Unterstützung zu suchen. Coaching wird in der Schweiz gemäß der Studie von Seiger & Künzli (2012) besonders häufig im Gesundheits-/Sozialwesen und im Bildungswesen eingesetzt.

Für welche Anlässe wird Coaching in der Schweiz eingesetzt?

Coaching wird in der Schweiz hauptsächlich für berufliche Themen und zum Teil als Life Coaching genutzt. Wie die Studie von Künzli & Seiger (2012) sowie eine Studie des ICF (International Coaching Federation, 2012) zeigen, liegt der Fokus beim Führungskräfte-Coaching. Die Schwerpunktthemen sind ähnlich wie in anderen westeuropäischen Ländern: Persönliche Entwicklung, Selbstbewusstsein/Selbstvertrauen, soziale Kompetenzen und Karrierethemen.

Wie ist die gesellschaftliche Sicht auf das Thema?

Abhängig von Bildungsgrad und Hierarchieebene

Die gesellschaftliche Sicht ist nach unserer Erfahrung nicht zuletzt vom Bildungsgrad und der Hierarchieebene abhängig. Je höher der Bildungsgrad, desto wahrscheinlicher, dass man ein positives Bild von Coaching hat und sich Vorteile davon verspricht. In anderen gesellschaftlichen Bereichen kann es jedoch durchaus vorkommen, dass Coaching ein eher negatives Bild hat. Dann wird es als Zeichen von Schwäche/Versagen angesehen, wenn man einen Coach zur Seite gestellt bekommt. Leider ist auch in der Schweiz der Begriff „Coach" nicht geschützt und Angebote wie „Einkaufs-Coaching" und „Bastel-Coaching" sind Wasser auf den Mühlen der Skeptiker.

Rollenbilder: Wie würden Sie die typische Beziehung zwischen Coach und Coachee in der Schweiz beschreiben?

Professioneller Coaching-Ansatz

Wie unsere Erfahrungen und die genannten Studien zeigen, haben in der Schweiz viele Coachs eine zertifizierte Coaching-Ausbildung durchlaufen und legen Wert auf regelmäßige Weiterbildung. Dadurch ist der Coaching-Ansatz der meisten Coachs professionell: Coaching findet auf Augenhöhe statt und es wird ziel- und lösungsorientiert vorgegangen. Die Mehrheit der professionellen Coachs versteht sich – gemäß der Umfrage (Seiger & Künzli, 2012) – als Prozessberater und nicht als Experte oder Fachberater. Der Coach nimmt zudem oftmals die Rolle eines Sparring-Partners für den Coachee ein.

In welchen Bereichen mussten Sie das klassische Grundkonzept von Coaching anpassen um erfolgreich coachen zu können?

Zeit nehmen für Beziehungsaufbau

Kirsten Brennemann: Im Vergleich zu Deutschland ist es meiner Meinung nach hilfreich, deutlich mehr Zeit für den Aufbau einer guten Beziehung zwischen Coach und Coachee einzuplanen. Insbesondere in der Anfangsphase ist ein eher zurückhaltendender, angepasster Sprachstil von Vorteil. Wer zu schnell auf deutsche Art „auf den Punkt" kommt, riskiert, dass der Rapport zum Klienten nicht ausreichend wachsen kann. Allerdings sollte diese Sensibilität für einen guten Coach ohnehin selbstverständlich sein. Hinzu kommt, dass man als Deutscher (insbesondere als Nordlicht) seine Sprachgeschwindigkeit aus Rücksicht etwas reduzieren sollte. Hochdeutsch ist für viele Schweizer eine Art Fremdsprache und deshalb dauert der Verständnisprozess oftmals ein paar Sekundenbruchteile länger. Sinnvoll ist es zudem, wenn Sie zügig lernen Schweizerdeutsch zu verstehen, damit sich Ihre Coachees ohne Einschränkungen in ihrer vertrauten Sprache äußern können.

Vorsicht bei Ironie und schwarzem Humor

Elisabeth Mlasko: Im Vergleich zu Österreich sollte man mit humorvollen Bemerkungen aufpassen und darauf achten, dass das Verhalten des Coachs vor allem in der Anfangsphase als genügend distanziert wahrgenommen wird. Konkret lässt sich das schwer beschreiben, aber ich habe festgestellt, dass eine witzige Bemerkung, die zwar durchaus inhaltlichen Gehalt hat – was in Österreich geschätzt wird – in der Schweiz zu innerlichem Rückzug führen kann. So pflegt man meiner Einschätzung nach speziell in Wien den „schwarzen" Humor. Wir Wiener scheuen nicht davor zurück, auch mit Tod und Teufel, Himmel und Hölle Witze zu machen. Diesen Hang zum Morbiden sollte man in der Schweiz meiner Einschätzung nach tunlichst ablegen – nicht nur in Sachen Humor. Zudem sollte man Selbstironie, Sarkasmus und schon gar Zynismus höchstens in Minimaldosierungen einsetzen. Das soll keineswegs heißen, Schweizer seien humorlos. Nach meiner Erfahrung ist es vielen Schweizern aber sehr wichtig, Menschen nicht zu nahe zu treten oder gar zu beleidigen.

Haben Sie ein konkretes Beispiel?

Kirsten Brennemann: Viele Schweizer sind oft sehr rücksichtsvoll und höflich – das merkt man auch daran, dass man als Deutscher oder Österreicher umgehend gefragt wird: *„Verstehen Sie Schweizerdeutsch?"* Die Rücksicht geht so weit, dass es immer wieder passiert, dass man die Frage zwar mit „Ja" beantwortet, sich das Gegenüber aber dennoch bemüht, Hochdeutsch zu sprechen.

Eine Anpassung der eigenen Sprache an die lokalen Besonderheiten – selbst wenn man kein Schweizerdeutsch sprechen lernen möchte – zeigt einerseits eigenes höfliches Entgegenkommen und verhindert andererseits kleine Fauxpas: So erzählte einmal eine jüngere Schweizer Klientin ganz empört, dass ihr neuer deutscher Chef abends „Tschüss" zu ihr gesagt hatte. „Wir haben doch nicht im Sandkasten zusammen gesessen", ergänzte sie. „Tschüss" sagt man in der Schweiz nämlich nur zu Freunden und Kollegen, mit denen man „Duzis gemacht" hat. „Duzis machen" – sich das „Du" anbieten – das geht übrigens in der Schweiz meiner Erfahrung nach recht schnell und unkompliziert. In den meisten Firmen wird oftmals der nächste „Apéro" (Umtrunk) als Anlass genommen, mit Kollegen und sehr oft auch Vorgesetzten anzustoßen und zur Du-Form zu wechseln.

2. Passende Coaching-Tools

Passend: Erheben des Soziometrischen Status

Autorin: Elisabeth Mlasko (das Tool wurde ursprünglich in den 1930er-Jahren von J. L. Moreno entwickelt)

Zielgruppe, Themen Teamleiter.

Einsatzziel Tieferes Verständnis der Beziehungen in einem Team.

Coaching-Phase Jederzeit.

Funktioniert meist gut, weil ... Meiner Erfahrung nach schätzen viele Schweizer, mit denen ich zusammengearbeitet habe, systematische Vorgehensweisen und sind gleichzeitig an tieferem Verständnis von Zusammenhängen interessiert. Allgemein von Nutzen ist die visuelle Darstellung der Teambeziehungen, was mehr Informationen liefert als eine rein verbale Analyse.

Dauer Eine zweistündige Sitzung für die Erstellung des Soziometrischen Status, Umsetzung in der Realität kann unterschiedlich lange dauern und weitere Coaching-Sitzungen erfordern.

Voraussetzung/ Vorbereitung Als Hilfsmittel kann man Holzfiguren oder eine Magnetwand mit symbolischen oder auch einfachen Magneten verwenden. Man kann auch Papier und Bleistift verwenden, allerdings lässt sich damit weniger gut weiterarbeiten. Gut eignen sich auch Kärtchen mit den Namen der Teammitglieder. Der Coachee kann diese im Raum auslegen und zum besseren Verständnis der jeweiligen Teammitglieder selber von Kärtchen zu Kärtchen wandern.

Beschreibung

Der/die Coachee stellt sich und sein Team auf, wobei nicht die organisatorische, sondern die Beziehungskomponente im Vordergrund steht: Wie weit stehen die Figuren voneinander entfernt, sind sie einander zugewandt etc. Anschließend fragt der Coach vertieft nach, wie es zu diesem Bild kam.

Konkretes Beispiel

In einem mittelgroßen Schweizer Unternehmen übernimmt Herr Wälti (Name frei erfunden) ein Team. Er nimmt Spannungen wahr, aber auch wenig Offenheit, darüber zu sprechen. Dies ist übrigens auch eine kulturell bedingte Situation in der Schweiz – offen über Schwierigkeiten zu diskutieren, Probleme direkt anzusprechen ist eine kulturelle Stärke. Es fällt Herrn Wälti schwer, die Ursachen einzuschätzen, aber er ist sich sicher, dass die Leistungsfähigkeit des Teams potenziell höher sein könnte, als sie ist. Organisatorisch und bezüglich der Kompetenzen ist das Team gut aufgestellt. Wir wählen als Instrument für die soziometrische Analyse Namenskärtchen, die er am Boden auslegt.

Zunächst legt er die Kärtchen gemäß dem realen Arbeitsalltag aus – die Nähe der Zusammenarbeit bestimmt die Nähe der Kärtchen. An dieser Stelle benutze ich einige weitere Tools aus dem „Psychodrama" (Soziometrie ist eines der Instrumente des Psychodramas, das Jakob Levi Moreno entwickelt hat): zunächst die Rollenübernahme. Ich fordere Herrn Wälti auf, sich auf die einzelnen Plätze der Teammitglieder zu stellen und in der Ich-Form zu sprechen, wie es der jeweiligen Person da geht. Nun führe ich Rolleninterviews und Herr Wälti antwortet einmal als Frau X, dann als Herr Y etc. Dabei erkennt er, dass die Mitarbeitenden zwar für ihre Arbeit motiviert sind, aber aus ihrer Sicht mit den „falschen Leuten" zusammenarbeiten. So entdecken wir die Ursachen für Herrn Wältis Wahrnehmung, dass „hier irgendwas nicht stimmt".

Nun lade ich Herrn Wälti ein, soziometrische Optimierungen vorzunehmen. Das war ihm in diesem Ausmaß nicht bewusst gewesen, da er das Arbeitsergebnis der Subteams als ausreichend beurteilte.

Wir halten die Ausgangslage auf einem Flipchart für einen anschließenden Vergleich fest, und Herr Wälti legt die Kärtchen in einem zweiten Schritt nach dem Kriterium „Beziehungsqualität" auf. Das Bild zeigt nun recht starke Abweichungen von der ursprünglichen Ausgangslage.

Die weiteren Schritte in Kürze:
Wir bilden Hypothesen, wie eine Teamoptimierung aussehen könnte. Relevant sind die Kompetenzen, die Beziehungen im Team und die

Sitzordnung im Büro. Danach wird ein Teamtag durchgeführt, wobei wiederum – nun gemeinsam mit dem ganzen Team – eine soziometrische Analyse durchgeführt wird, die sich weitgehend mit den Einschätzungen von Herrn Wälti deckt.

Das Teamklima war anschließend deutlich besser und auch die Leistungen stiegen gemäß der vorherigen Einschätzung durch Herrn Wälti.

Mögliche Probleme Bisher keine vorgekommen.

Passend: Werte- und Entwicklungsquadrat

Autorin: Kirsten Brennemann – nach Schulz von Thun (1999, S. 43 ff.).

Zielgruppe, Themen Perfektionisten auf allen Ebenen und in allen Bereichen, sofern ihr Verhalten als hinderlich oder störend (für sie selbst) in Erscheinung tritt.

Einsatzziel Aufzeigen, dass auch eine nicht hundertprozentige Zielerreichung o.k. ist, Reframing, Bezugsrahmenerweiterung.

Coaching-Phase Change/Veränderungsphase.

Funktioniert meist gut, weil ... Warum sind Schweizer Uhren und Taschenmesser so berühmt und beliebt? – Die Schweiz ist bekannt für höchste Präzision und die hohe Qualität ihrer Produkte. Alle Komponenten eines Produktes sind wohldurchdacht und bestens aufeinander abgestimmt. Da wird nichts dem Zufall überlassen. Präzision und Perfektion sind tief verwurzelte Schweizer Tugenden. Und das ist gut so für viele hochwertige Schweizer Produkte. Es kann aber auch meiner Meinung nach ein Grund sein, warum in der Schweiz relativ viele Menschen mit einem hohen Streben nach Perfektion anzutreffen sind.

In der heutigen Arbeitswelt, die äußerst schnelllebig geworden ist, kann diese Tugend zu einem Fallstrick werden. Sie kann dazu führen, dass der, der sie lebt, oft aneckt oder einen verzweifelten Kampf gegen weniger perfekte Kollegen führt, der am Ende in einem Burnout enden kann.

Dauer

1-2 Stunden (eine Coaching-Sitzung).

Vorbereitung

Flipchart oder ein Blatt Papier.

Beschreibung

Auf einem Blatt Papier werden 4 Rechtecke aufgezeichnet (die Grafik ist adaptiert nach Schulz von Thun (1999):

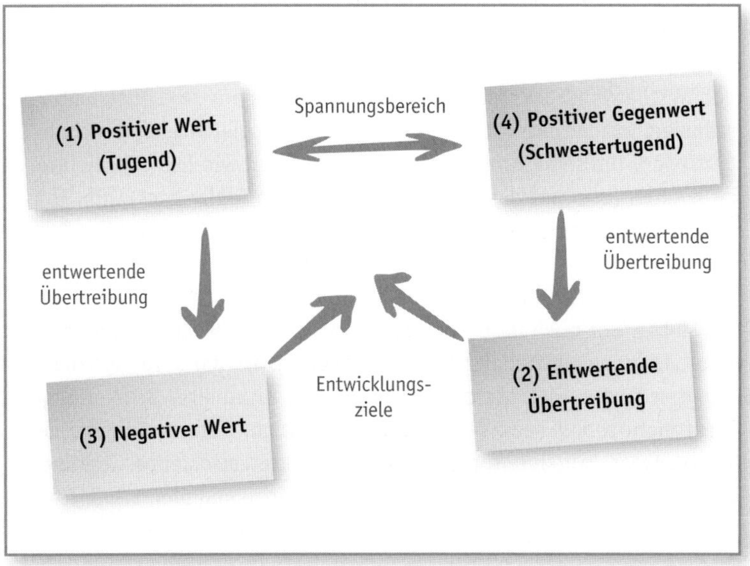

Abb.: Werte- und Entwicklungsquadrat.

- **Schritt 1:** Links oben (1) wird als positiver Wert die Beschreibung des Coachees für die perfekte Erfüllung seiner Aufgaben eingetragen.
- **Schritt 2:** Unten rechts (2) wird nun die entwertend übertriebene Beschreibung des Coachees für die Arbeitsweise seiner nicht ganz so perfekten Kollegen notiert.
- **Schritt 3:** Links unten (3) geht es um die mögliche negativ übertriebene Ausprägung des eigentlich positiven Wertes des Klienten. Darüber ist es sinnvoll, dem Coachee noch zirkuläre Fragen nach der Sichtweise seiner Kollegen zu seinem Verhalten zu stellen.
- **Schritt 4:** Oben rechts (4) ist nun der entscheidende Schritt gefragt: Der Coachee muss seine bisherige Sicht verlassen und sich Gedanken über positive Aussagen zur Gegenposition machen, also positive Aspekte des Verhaltens finden, das er im Kästchen (2) negativ gesehen hat.

Konkretes Beispiel

Urs Blaser (Name geändert), Anfang 50, arbeitet seit mehr als zehn Jahren bei einem großen Schweizer Konzern. Schon seit Längerem fühlt er sich müde, ausgelaugt und frustriert. Auf die Frage nach seinem Energielevel antwortet er leise: *„Im unteren Viertel – ich mag einfach nicht mehr."* Urs Blasers Sorge, an einem Burnout erkranken zu können, erscheint mir naheliegend. Im längeren Gespräch wird klar, wo eine der Ursachen liegt: Urs Blaser ist seit einigen Jahren für die Entwicklung komplexer Prozessabläufe zuständig. Eine Tätigkeit, die ihm sehr viel Spaß macht und liegt, wie er mehrfach betont. Vor einigen Jahren hatte er noch fünf Kollegen, mit denen er zusammenarbeitete. Aufgrund des Wettbewerbdrucks ist das Team mittlerweile auf zwei Mitarbeiter reduziert worden, aber die Anforderungen sind gleichzeitig deutlich gestiegen. Um seine Arbeit mit gleicher Qualität wie früher abliefern zu können (*„bei mir geht nichts raus, was noch Fehler hat"*), gibt Urs Blaser alles: Er geht morgens um 6:30 Uhr ins Büro, macht schon lange keine „Znüni"-Pause (Frühstückspause) mehr mit seinen Kollegen und lässt auch das Mittagessen häufig ausfallen. Oftmals ist er auch abends um sieben Uhr noch im Büro anzutreffen. Über seine Überstunden führt er schon lange nicht mehr Buch, da er seitens HR gar nicht so lange arbeiten dürfte. Gleichzeitig wird er bei den Mitarbeiter-Beurteilungen nicht mehr so gut bewertet wie noch vor einigen Jahren. Seine neue Vorgesetzten kritisieren, dass er seine Projekte verschleppe, Termine nur knapp einhalte, unflexibel sei und ein Einzelkämpfer. *„Aber ich mache doch einfach nur meine Arbeit!"*, sagt Urs Blaser empört.

Im Laufe des Coaching-Gespräches frage ich Urs Blaser nach seinen Hobbys. Es stellt sich heraus, dass ihm Perfektion auch im Privatleben (er ist Flugzeugmodellbauer) schon immer sehr wichtig war und ihm auch von seinen Eltern so vorgelebt wurde. Alles was nicht hundertprozentig gemacht wird, hat in Urs Blasers Augen keinen Wert. Natürlich sind Genauigkeit und Präzision für viele Arbeiten enorm wichtig. Nach meiner Einschätzung als Coach ist jedoch für Urs Blaser sein Anspruch an perfekte Arbeitsergebnisse zu einer perfekten Garantie für einen Burnout geworden. Aufgrund der Anforderungen seines Umfeldes wäre es für ihn ratsam, sein persönliches Verhalten und seine Einstellung anzupassen. Alternativ könnte er sich nach einer anderen Firma oder Position umsehen, in der sein Verhalten geschätzt wird und nicht hinderlich ist.

Im Coaching-Gespräch erarbeiten wir die Inhalte des Wertequadrates:

- **Schritt 1:** Das perfekte Erfüllen seiner Aufgaben steht für Urs Blaser für „Sorgfalt, Genauigkeit, und Perfektion" (1).
- **Schritt 2:** Ich frage ihn, wie seine Kollegen mit dem Thema umgehen. Urs verzieht das Gesicht: *„Der Beat liefert immer sehr schlam-*

pige Ergebnisse mit Tippfehlern und es fehlen immer irgendwelche Informationen. Es ist einfach kein Verlass auf seine Arbeit." Wir notieren: „Schlampigkeit, Fehlerhaftigkeit, Unzuverlässigkeit, Gleichgültigkeit, Nachlässigkeit" (2).

- **Schritt 3:** Nun frage ich Urs, in welche Richtung seine Genauigkeit gehen würde, wenn er es maßlos übertreiben würde. Er zögert und sagt dann, dass ihm seine Kollegen oftmals Pingeligkeit und Pedanterie vorwerfen. Und neulich hat ihn sein Vorgesetzter doch tatsächlich beschuldigt, er sei unzuverlässig, weil er die Präsentation bis zur knappen Deadline einfach nicht mehr fertig bekommen hatte. Das hat ihn arg getroffen. Ich frage ihn noch nach weiterem negativen Feedback, dass er im Laufe der Zeit erhalten hat und wir tragen folgende Punkte ein: „Pingeligkeit, Pedanterie, Unzuverlässigkeit, Starrheit, Inflexibilität" (3).
- **Schritt 4:** Nun beginnt die Suche nach positiven Aussagen zur Gegenposition, die – in der Übertreibung – zu Schlampigkeit, Fehlerhaftigkeit etc. werden könnten. Nach einigen Überlegungen erzählt Urs von einem Kollegen, der den Arbeitsdruck scheinbar relativ mühelos bewältigt. Sein Motto ist die „80/20"-Regel, die Urs bislang komplett für sich verworfen hatte. Die 80/20-Regel, auch das Pareto-Prinzip genannt, besagt, dass 80% der Ergebnisse in 20% der Gesamtzeit eines Projekts erreicht werden. Die verbleibenden 20% der Ergebnisse benötigen 80% der Gesamtzeit und verursachen die meiste Arbeit. Wir überlegen, inwiefern man die 80/20-Regel auch als positiven und nicht als negativen Gegenwert sehen könnte und ergänzen die Begriffe „80/20-Regel, Effizienz, Flexibilität" (4).

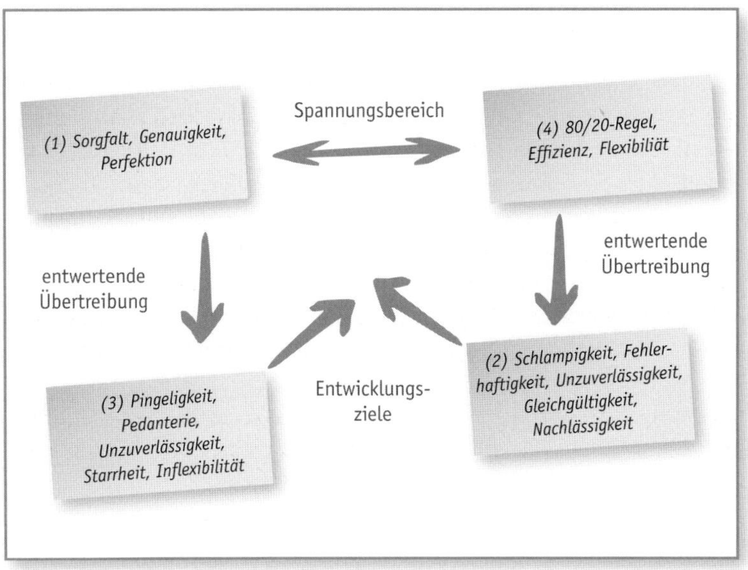

Abb.: Das vollständig ausgefüllte Werte- und Entwicklungsquadrat.

Nach und nach und mithilfe zirkulärer Fragen zum Verhalten der Kollegen finden wir für Urs Blaser erste Bereiche seiner Arbeit, in denen er in Zukunft schrittweise versuchen wird, nicht mehr 100 Prozent zu erreichen. Er hat mithilfe des Wertequadrates verstanden, dass auch die Gegenwerte durchaus positive Seiten haben und wohin sein Verhalten tendieren kann, wenn es übertrieben wird. Der erste Schritt in Richtung Veränderung. Als Anregung für ein neues Motto gebe ich ihm noch einen Gedanken mit auf den Weg: *„Was es wert ist, getan zu werden, ist es auch wert, unperfekt getan zu werden."*

Mögliche Probleme

Diese Arbeit setzt voraus, dass der Coachee sich auf eine neue Sichtweise einlässt. Sie sollten genügend Zeit für den Schritt 4 einplanen und das Wertequadrat im Rahmen eines ausführlichen Coaching-Gespräches nach und nach entstehen lassen.

3. Kritische Coaching-Tools

Kritisch: Konfrontative und provokative Fragetechniken

Autorin: Elisabeth Mlasko.

Zielgruppe, Themen

Vor allem ungünstig im Business-Umfeld.

Einsatzziel

Direktes Konfrontieren des Klienten z.B. mit ungünstigem Verhalten, das seiner Zielerreichung schadet.

Coaching-Phase

Analyse/Veränderungsphase.

Funktioniert weniger gut, weil ...

Die Schweizer Kommunikationskultur ist von großer Zurückhaltung geprägt. Eine ungeschminkte Konfrontation mit den eigenen Schwächen würde man in der Schweiz als beleidigend betrachten. Sicher kann und muss man eine gewisse Konfrontation wagen, aber erst nach längerem Kennenlernprozess und nicht in der üblichen Dosierung, sondern gut verpackt und verdaubar präsentiert.

Konkretes Beispiel und mögliche Ursachen für die Problematik

Es gibt hierfür kein auffälliges negatives Fallbeispiel. Üblicherweise sollte ein Coach über genügend Sensibilität verfügen, schon antizipativ einschätzen zu können, was in einer Kultur nicht gut ankommt. Kleinere Beispiele gibt es hingegen genügend. Hier ist das Thema Kommunikation generell angesprochen und was in der Schweiz unserer Meinung nach zu gelungener bzw. nicht gelungener Kommunikation beiträgt:

- Es ist sinnvoll, Konjunktive zu benutzen: So kann es problematisch werden, wenn man statt *„Könnte es eventuell sein, dass ...“* sagt: *„Ist es nicht so, dass ...“*
- Zu engagiert sprechen könnte als „zu emotional“ ausgelegt werden, was in der Schweiz als Kritik verstanden werden könnte.

- Zu schnell sprechen: Hochdeutsch ist tendenziell bereits genügend unangenehm, wenn es auch noch schnell gesprochen wird, eher ungünstig. Als Hintergrundinformation: Hochdeutsch („Standardsprache") wird in der Schweiz in der Schule gelehrt – für die meisten Schweizer behält es zeitlebens den Beigeschmack einer Fremdsprache.
- Unterbrechen: Klar, man unterbricht auch sonst nicht, aber in der Schweiz sollte man immer noch berücksichtigen, dass man auch nicht „in der Hitze des Gefechts" einer intensiven Auseinandersetzung mal etwas einwirft.
- Man sollte mit Vergleichen aufpassen. Dazu ein Beispiel aus meiner Zeit als Werbeberaterin. Wir produzierten für einen Schweizer Pharmakonzern TV-Commercials. Der Kunde war ungemein auf Details aufmerksam, die für einen TV-Zuschauer weit unter der Wahrnehmungsschwelle lagen. In meiner damaligen forschen Naivität sagte ich, man könne einen TV-Spot nicht behandeln wie die Entwicklung eines Medikamentes, da ginge es nicht um tausendstel Gramm-Einheiten ... Nach dieser Bemerkung kühlte sich die Stimmung spürbar ab, der Kunde ging auf Rückzug. Ich hätte lediglich sachlich sagen sollen, dass diese Korrekturwünsche unterhalb der Wahrnehmungsschwelle lägen.

Lösungsoptionen/ Alternativen

Gehen aus obig Gesagtem hervor:

- Zurückhaltende Sprache in Inhalt und Tonfall
- Konfrontation nur in sanfter Konjunktivsprache
- Reduziertes Sprechtempo
- Keine Vergleiche verwenden, die beleidigend oder gar aggressiv wirken können

Kritisch: Rollenspiele, Aktionsmethoden

Autorin: Elisabeth Mlasko.

Zielgruppe, Themen

Umfassend einsetzbar; sowohl im Einzel- als auch im Gruppensetting.

Einsatzziel

Vielfältig, daher nur beispielhaft: Zeigen, wie man sich in bestimmten Situationen bislang verhält und welche Wirkung dies auf das Gegenüber hat. Üben/Ausprobieren eines neuen Verhaltens.

Jederzeit – Analyse/Veränderungsphase/Umsetzung.

Coaching-Phase

Meiner Einschätzung nach, gibt es KEIN Tool, das per se in der Schweiz nicht gut funktioniert, daher möchte ich auch hier den Fokus auf die Formulierung legen Mit Vorsicht zu genießen". Rollenspiele eignen sich in der Schweiz hervorragend zum Lösen von Problemen. Moreno, der Erfinder des Psychodramas, auf dem das Rollenspiel basiert, sagte mal: „Handeln ist heilender als Reden." Ich würde sagen, auch effizienter. Die Problematik, die in der Schweiz vielleicht größer ist als in anderen Ländern, liegt darin, dass man sich im Rollenspiel stärker exponiert. Mein Eindruck ist, dass Selbstdarstellung dem Schweizer „Bescheidenheitsgen" zuwider ist – und der Begriff Rollenspiel beinhaltet schon eine Dosierung davon, weshalb ich die Erfahrung gemacht habe, dass die erste Reaktion sein kann: *„Ich bin kein Schauspieler.", „Oh, das liegt mir nicht."*

Funktioniert weniger gut, weil ...

Ich kann hier *kein* Beispiel bringen für einen problematischen Einsatz, da ich Instrumente, von denen ich ja bereits vorher weiß, dass sie heikel sein könnten, nicht benutze, ohne meine Klienten darüber präzise aufzuklären, worum es sich handelt. Und solange meine Klienten irritiert die Stirn runzeln, dränge ich ihnen kein Tool auf. Aber wenn es dann so weit ist, funktioniert es wunderbar, es braucht vielleicht einfach nur etwas mehr Geduld. Daher beschreibe ich kurz einige kleinere Beispiele bzw. klassische Einsatzgebiete, die jedoch fast immer funktionieren:

Konkretes Beispiel

Verhandlungstrainings, z.B. Gehaltsverhandlung

Statt darüber zu sprechen, wie die Person sich optimal verhält, „spiele" ich die Vorgesetzte. Im Rollentausch – mein Coachee spielt die Vorgesetzte und ich spiegle sie sozusagen im Gespräch – kann sie erkennen, wie sie auf ihr Gegenüber wirkt. Diese Technik ist für jede Art von Verhandlungssituation einsetzbar.

Konfliktsituation

Der Coachee hat einen Konflikt mit einem Arbeitskollegen. Statt im Gespräch diesen Konflikt, die Ursachen etc. zu analysieren, spielen wir eine typische Situation mit dem Konfliktpartner. Sowohl in der eigenen Rolle als auch im Rollentausch mit dem Antagonisten erkennt der Coachee tiefere Ursachen des Konfliktes und kann ihn in der Realsituation besser lösen.

Paarcoaching

Ein Paar gerät immer wieder in bestimmten Situationen in eine kommunikative Sackgasse. Ich lasse sie die Situation in vertauschten

Rollen spielen: Er spielt sie, sie spielt ihn. So gewinnen die beiden unmittelbar erlebte und gefühlte Einsicht, wie sie vom anderen erlebt werden.

Körperhaltung und Gestik

Durch Spiegelung in vertauschten Rollen kann sich der Coachee „selber sehen", wie seine Körperhaltung und Gesten auf das Gegenüber wirken und diese anschließend verbessern.

Mögliche Ursachen für die Problematik

Die zurückhaltende Art vieler Schweizer, die ausgeprägte Angst vor Blamage, die wenig spontane und spielerische Grundhaltung kann zunächst im Weg stehen. Im Laufe eines Coachingprozesses kann sich aber genau das auch ändern, und dann kann man das Rollenspiel wunderbar einsetzen.

Lösungsoptionen/ Alternativen

Man braucht Geduld, um den richtigen Zeitpunkt abzuwarten.

4. Hilfestellungen

Zentrale Ansätze für den Erfolg von Coaching in der Schweiz

- Für die Herstellung des Rapports mit dem Schweizer Coachee sollte unserer Erfahrung nach ausreichend Zeit eingeplant und ein zurückhaltender, wertschätzender Sprachstil verwendet werden.
- In der Schweiz wird sehr viel Wert auf höfliche, zurückhaltende, konsensorientierte Umgangsformen gelegt. Es ist deshalb wichtig, dass sich Lösungsansätze mit dieser Grundhaltung vertragen. Darüber hinaus gilt dies auch schon für die Coaching-Sitzung selbst: Schärfen Sie als Coach Ihre Antennen für das Zögern Ihres Coachees – verwechseln Sie es nicht mit einer Schwäche, sondern verstehen Sie es als Feedback Ihres Klienten. Ein deutliches „Nein“ werden Sie aus respektvoller Höflichkeit nur selten zu hören bekommen.
- Aus genau demselben Grund sind Konfrontations- und Provokationstechniken mit Vorsicht einzusetzen.
- Vorsicht empfehlen wir auch für den Einsatz von „Extremtrainings“, die darauf abzielen, den Coachee aus der Reserve zu locken. Einerseits kann es für Ihren Schweizer Coachee hilfreich sein, sich für eine internationale Zusammenarbeit einen deutlicheren Kommunikationsstil anzueignen. Andererseits können Sie Ihren Klienten damit schnell überfordern und in die Flucht treiben, da ein solches Verhalten klar gegen seine Werte geht.
- Sollten Sie Schweizerdeutsch lernen? – Wenn Sie in der Schweiz leben, sollten Sie in der Tat zügig lernen, Schweizerdeutsch zu verstehen! Anders sieht es beim Sprechen aus: Sehr oft hören wir von Schweizern die Aussage, dass es besser sei, als Ausländer (weiterhin) Hochdeutsch zu sprechen, als zu versuchen, ihre Mundart nachzuahmen. Es gibt aber auch Deutschschweizer, die es befürworten würden, dass auch deutschsprachige Ausländer Mundart sprechen lernen. Allerdings gibt es nicht *das* Schweizerdeutsch, sondern sehr viele regionale Varianten. Unser Tipp: Treffen Sie die

Entscheidung, ob Sie für Ihre beruflichen Zwecke Schweizerdeutsch sprechen lernen möchten, nach Ihrem eigenen Bauchgefühl. Als Coach sollten Sie in erster Linie authentisch sein und dies bedingt auch, dass Sie sich mit Ihrer Sprache wohlfühlen.

- Bezüglich Sprache gibt es noch eine Feinheit: Im Schweizerdeutsch gibt es kein „scharfes S". Viele Deutsch-Schweizer haben unserer Einschätzung nach zudem eine Abneigung gegen das „scharfe S". Mag seltsam klingen, aber dieses ß ist ein Symbol für das wenig beliebte Hochdeutsch. Deshalb ist es ratsam, „ß" konsequent wegzulassen und durch zwei „s" zu ersetzen.
- Last but not least: Machen Sie niemals den Fehler, Schweizer nur wegen ihrer Zurückhaltung zu unterschätzen! Unserer Erfahrung nach tendieren die meisten Schweizer nicht dazu, sofort zu zeigen, was sie können, wissen oder haben. Sie tragen ihre Kompetenzen nicht direkt nach außen. Dazu passt auch die Erfahrung eines Mountainbike-Guides in einer Mittelmeer-Feriendestination, der gerne berichtet, dass er die Schweizer Biker oftmals ein oder sogar zwei Stärkeklassen höher einordnen könne, als sie sich selbst eingestuft hätten, während es bei den deutschen Teilnehmern eher umgekehrt sei.

Literaturhinweise, Quellen

International Coaching Federation [ICF] (2012). 2012 ICF Global Coaching Study – Data Appendix Switzerland Western Europe. Verfügbar unter: http://www.coachfederation.org/coachingstudy2012 [Zugriff am 19.09.2012].

Just, F. (2005). Über die Gruppendynamik und die Lehre vom Soziogramm und der Soziometrie. München: Grin-Verlag.

Küng, T. (2008). Gebrauchsanweisung für die Schweiz. München: Piper.

Migge, B. (2005). Handbuch Coaching und Beratung. S. 371 ff. Weinheim und Basel: Beltz-Verlag.

Moreno, J. L. (1996). Die Grundlagen der Soziometrie. Wege zu Neuordnung der Gesellschaft. Opladen: Leske + Budrich. (Originalwerk publiziert 1974).

Schulz von Thun, F. (1999). Miteinander Reden: 2 - Stile, Werte und Persönlichkeitsentwicklung. Diferentielle Psychologie der Kommunikation. Reinbek bei Hamburg: Rowohlt.

Seiger, C. & Künzli, H. (2012). Schweizerischer Coachingmarkt 2011 aus der Sicht von Coachs. Winterthur: ZHAW Zürcher Hochschule für Angewandte Wissenschaften. Verfügbar unter: http://www.psychologie.zhaw.ch/de/psychologie/forschung-und-entwicklung/beratung-training/coaching/coachingmarktschweiz.html [Zugriff am 19.09.2012].

Wehrle, M. (2010). Die 100 besten Coaching-Übungen. Das große Workbook für Einsteiger und Profis zur Entwicklung der eigenen Coaching-Fähigkeiten. Bonn: managerSeminare.

Weigel, Hans (1981). Lern dieses Volk der Hirten kennen. München: Deutscher Taschenbuchverlag.

Wicha, S. (1997). Persönlichkeitsentwicklung mit Psychodrama. In: Obermann, C. (Hrsg.), Trainingspraxis. 22 erfolgreiche Seminare zu Mitarbeiterschulung, Führung, Teambildung, Unternehmensentwicklung. Köln: Wirtschaftsverlag Bachem.

Wikipedia, die freie Enzyklopädie (2012): Soziometrie. Verfügbar unter http://de.wikipedia.org/wiki/Soziometrie [Zugriff am 19.09.2012]

5. Über die Autorinnen

Seit wann coachen Sie?

Kirsten Brennemann: Ich coache seit etwa 2004 – zunächst in meiner Führungsrolle bei einer Schweizer Großbank sowie nebenberuflich auf der Basis einer internen Weiterbildung. Seit 2009 coache ich hauptberuflich/selbstständig.

Elisabeth Mlasko: Ich arbeite seit 1990 in Beratungsfunktionen, v.a. im Bereich Marketing & Kommunikation, da hat man immer auch Coaching-Funktion für Kunden. Auch habe ich meine Führungsrollen in Unternehmen immer auch coachingorientiert verstanden. Selbstständig seit 2003.

Welche Coaching-Ausbildung haben Sie?

Kirsten Brennemann: Meine Basisausbildung war ein Volkswirtschaftsstudium in Deutschland, das ich nach einem einjährigen USA-Studienaufenthalt mit einem Master abgeschlossen habe. Danach folgten verschiedene berufliche Stationen und Weiterbildungen, die zu meinem heutigen Erfahrungsschatz beigetragen haben. Handwerkliches Fundament für meine Coaching-Tätigkeit sind meine DBVC-zertifizierte Ausbildung als Business Coach sowie eine Weiterbildung zur Karriereberaterin. Daneben habe ich noch zahlreiche andere coachingbezogene Weiterbildungen besucht.

Elisabeth Mlasko: Mein Ausbildungsspektrum reicht vom Betriebswirtschaftsstudium bis zur tiefenpsychologischen Ausbildung. Spezifisch coachingorientierte Aus- und Weiterbildungen: Komplementärberaterin, systemisches Coaching, Psychodrama-Ausbildung, Coaching von Organisation etc.

Seit wann coachen Sie Klienten im Kulturkreis Schweiz

Kirsten Brennemann: Ich lebe und arbeite seit 1995 in der Schweiz. Seit ich 2004 mit dem Coaching angefangen habe, coache ich Schweizer, aber auch viele Deutsche und Angehörige anderer Nationen.

Elisabeth Mlasko: Ich arbeite seit 1990 in der Schweiz und war zunächst als Marketing- und Kommunikationsfachfrau tätig. Anschließend beziehungsweise parallel bildete ich mich für meine Coaching-Tätigkeit aus. Meine „kulturelle Anpassungsleistung" erfolgte also bereits, bevor ich Coach wurde.

In welchem Kontext arbeiten Sie als Coach im Kulturkeis Schweiz?

Kirsten Brennemann: Ich bin selbstständig als Business Coach und Karriereberaterin tätig. Die Mehrheit meiner Klienten kommt aus dem Finanzumfeld bzw. aus größeren Unternehmen. Meistens geht es um die berufliche Weiterentwicklung oder um berufliche Veränderungen nach einem Burnout.

Elisabeth Mlasko: Ich arbeite mit Führungskräften, mit besonderem Augenmerk auf Frauen, in der Organisationsentwicklung, wobei da ein Schwerpunkt in der Kommunikation liegt. Außerdem coache ich Menschen, die in beruflichen und/oder privaten Krisen stecken sowie Paare und Teams.

Zu welchen Schwerpunktthemen coachen Sie?

Kirsten Brennemann: Meine Schwerpunktthemen sind Stressmanagement und Burnout-Prävention sowie Coaching nach einem Burnout als Unterstützung für einen beruflichen Wiedereinstieg oder eine Neuorientierung. Mir ist es wichtig, dass meine Klienten/Klientinnen ihre Stärken und Werte wieder kennen oder überhaupt erst kennenlernen und so gezielter nach dem richtigen beruflichen Umfeld suchen, in dem sie sich wirklich wohlfühlen und entfalten können. Dies trägt nach meiner Erfahrung schon wesentlich zur Burnout-Prävention bei. Darüber hinaus biete ich Bewerbungs-Coaching an.

Elisabeth Mlasko: Ich habe immer die Verbesserung der Lebensqualität im Auge. Das kann bedeuten, klarer zu wissen, was man vom Leben möchte, berufliche Optimierungen vorzunehmen, die Beziehungen rundherum zu verbessern usw. Aufgrund meiner tiefenpsychologischen Ausbildung kann ich bei gewissen Themen auch „einen seelischen Stock tiefer" gehen, wenn die Klienten das wollen, denn manches wiederholt sich im Leben ständig, dann sollte man mal das tiefer liegende Muster dazu anschauen, wo man in einem Coaching-Setting normal eine Grenze ziehen muss. Ein Fokus ist außerdem, Frauen zu coachen, damit sie Karriere mit einem guten Familien- und Privatleben kombinieren können und dabei nicht in eine Depression (neudeutsch: Burnout) fallen. Einen weiteren Schwerpunkt würde ich „Charisma und Ausstrahlung" nennen wollen – ein Thema, das sehr viel mit Selbstwert zu tun hat.

Interkulturelles Coaching in ...

Frankreich

In diesem Beitrag finden Sie:

1. Coaching in Frankreich – eine Einführung

von Sabine Mrazek

Wie verbreitet ist Ihrer Ansicht nach Coaching in Frankreich?

Betrachtet man die weltweite Verbreitung von Coaching, so zählt Frankreich zu den Ländern, die Coaching in relativ frühem Stadium eingeführt haben. Gemäß dem International Coaching Research Forum war Frankreich mit der Einführung erster Coaching-Programme und Gründungen von ersten Coaching-Unternehmen – nach Großbritannien, USA, Deutschland und Süd- und Zentralamerika – an fünfter Stelle (Brock, 2012). Denn bereits in 1993 führte Jane Turner die ersten Coaching-Ausbildungen durch und gründete zwei Jahre später die Société Francaise de Coaching (SFC). Der SFC und der ICF (International Coaching Federation) sind die beiden maßgeblichen Coaching-Verbände Frankreichs.

Drittgrößter Coach-Anbietermarkt in Europa

Von den ungefähr 1.500 am Markt tätigen, anerkannten Business Coachs sind circa 450 akkreditiert (SFC, 2011). Frankreich ist nach Großbritannien und Deutschland derzeit der drittgrößte Coach-Anbietermarkt Europas (Bresser, 2009). Mit einem durchaus beträchtlichen Potenzial. Vergleichbar mit Deutschland befindet sich in Frankreich Coaching zwar auch in der Reifephase des Produktlebenszyklus, allerdings mit einem wesentlichen Unterschied: Kommt in Deutschland ein Coach auf 16.500 Einwohner, so liegt dieses Verhältnis in Frankreich bei 1:64.000 (Bresser, 2009). Aus dieser vergleichbar geringen Coachdichte lassen sich Rückschlüsse auf ein beträchtliches Potenzial ziehen.

Wie auch anderswo, unterscheidet man in Frankreich zwischen „Coaching d'entreprise" und „Coaching personnel". Allerdings überwiegt in Frankreich der Anteil des Business Coachings sehr stark, was sicherlich daher resultiert, dass die Verbreitung von Coaching über den Trainingssektor stattfindet (Brock, 2012). Hier hat das französische

Arbeitsrecht den ersten Anbietern von Coaching von vorneherein einen Vorteil verschafft: Jeder Mitarbeiter und jede Mitarbeiterin hat in Frankreich einen individuellen Fortbildungsanspruch. Per Gesetz ist jeder Arbeitgeber verpflichtet, mindestens ein Prozent der Lohn- und Gehaltskosten in Fortbildung zu investieren. Somit trafen die Anbieter der ersten Coaching-Programme auf bereits bestehende Infrastrukturen und Budgets.

Business Coaching anerkannt

In Industrieunternehmen, Banken, Versicherungen und Dienstleistungsunternehmen ist Business Coaching meiner Einschätzung nach weitestgehend als wichtiges Business-Tool akzeptiert und anerkannt. Seit circa zwei Jahren beginnt auch der Öffentliche Dienst, der größte Arbeitsgeber Frankreichs, Business Coaching in den Behörden zu etablieren. So haben beispielsweise drei Ministerien Ende 2011 ein umfassendes Nachschlagewerk für Coaching erstellt, um sowohl die Einführung von Coaching-Maßnahmen weiter voranzutreiben als auch den Rahmen und die qualitative Anforderungen zu definieren (SFC, 2011).

Trend in Richtung Teamcoaching

Parallel zeichnet sich ein Trend in Richtung Teamcoaching-Maßnahmen sowie der Etablierung von internen Coaching-Strukturen am Markt ab.

Für welche Anlässe wird Coaching in Frankreich eingesetzt?

Meiner Erfahrung nach wird Coaching in Frankreich vorwiegend für die im Nachfolgenden aufgeführten Anlässe in Anspruch genommen:

- Ausbau Selbstwertgefühl und Selbstvertrauen
- Entwicklung der Führungskompetenz
- Work-Life-Balance
- Verbesserung von Beziehungen
- Verbesserung der Kommunikation in der interkulturellen Zusammenarbeit

Auch die seitens ICF durchgeführte, weltweite Studie aus 2009 bestätigt diese Einschätzung der nachgefragten Coaching-Anliegen.

Wie ist die gesellschaftliche Sicht auf das Thema?

Einerseits sind es französische Mitarbeiter gewohnt, Fortbildung in Anspruch zu nehmen, da sie per Gesetz einen individuellen Fortbildungsanspruch haben. Andererseits stelle ich öfter fest, dass sie einen Coachingprozess mit irreführenden Erwartungen starten; nämlich der Interpretation, dass es sich um ein „Einzeltraining“ handelt.

Nach meinen Erfahrungen empfinden viele französische Coachees die Möglichkeit, ein Coaching in Anspruch nehmen zu können, als Motivation. Allerdings erlebe ich auch, dass Coaching vom Umfeld des Klienten – den Kollegen und Kolleginnen – öfter als Schwäche ausgelegt wird.

Rollenbilder: Wie würden Sie die typische Beziehung zwischen Coach und Coachee in Frankreich beschreiben?

Eher direktive Kommunikation

Was Paris für Frankreich ist, ist der Patron für das Unternehmen. Trifft man in Deutschland auf eher partizipative, konsensorientierte Führungsstile, herrschen in Frankreich mehr direktive, autoritäre Führungsstile vor (Stüdlein, 1997). Gleichzeitig kennzeichnen ähnlich ausgeprägte Macht- und Rollenhierarchien die Geschäftsbeziehungen zu externen Partnern. Wie schon Usunier (1992) beschrieb, wird in Frankreich oft erwartet, dass sich der Verkäufer oder Dienstleister dem Käufer unterordnet.

Hieraus kann man mögliche Rückschlüsse auf die Coach-Coachee-Beziehung ableiten: Die Coaching-Gespräche finden zwar auf Augenhöhe statt, doch trifft man meiner Einschätzung nach nicht selten auf eine gewisse fordernde Erwartungshaltung nach Lösungen. Das voran beschriebene und tief verankerte Rollenverständnis schwingt mit. Folglich trifft man in Frankreich fast ausschließlich auf einen nondirektiven Coachingstil (Bresser, 2009).

In welchen Bereichen mussten Sie das klassische Grundkonzept von Coaching anpassen um erfolgreich coachen zu können?

Zeit nehmen für Vertrauensaufbau

Ich erlebe, dass die Vertrauensaufbauphase bei einem Coaching von Franzosen mehr Zeit in Anspruch nimmt, denn hier ist Vertrauen personenbezogen und nicht sachbezogen. Es gehört für viele französische Geschäftsleute zum guten Ton, dass Beziehungen beim gemeinsamen Mittagessen aufgebaut werden. Daher kommt es nicht selten vor, dass das erste Coaching-Gespräch mit einem Mittagessen beginnt. Generell ist es meiner Meinung nach wichtig, dem französischen Klienten die Zeit zu geben, sich auszudrücken. Ein zu schneller Einstieg ins Thema, wie es oft von meinen deutschen Klienten erwartet wird, ist in Frankreich eher kontraproduktiv für eine erfolgreiche Zusammenarbeit.

Dies drückt sich auch in der Gesamtdauer von Coachingprozessen aus: Nimmt in Deutschland jeder fünfte Coachingprozess weniger als drei Monate in Anspruch, so ist dies in Frankreich mit 7% eher die Ausnahme (ICF, 2009). Allerdings ist die durchschnittliche Dauer aller Coachingprozesse mit circa neun Monaten wiederum mit dem deutschen Durchschnitt vergleichbar.

Kontakt zwischen den Coaching-Sitzungen oftmals erwartet

Ein weiterer Unterschied besteht meines Erachtens in den Kontakten zwischen den eigentlichen Coaching-Terminen. In französischen Unternehmen ist es üblich, dass ein Mitarbeiter kontinuierlichen Kontakt zu seinem Vorgesetzten hat und ihn einbezieht. Würde man dies in deutschen Unternehmen eher als Schwäche auslegen, so ist es in Frankreich ein Ausdruck von Respekt (Barmeyer, 2003). Ähnlich verhält es sich während eines laufenden Coachingprozesses. Ich erlebe, dass in gewissem Maße der Klient Kontakte zum Coach zwischen den Coaching-Sitzungen erwartet.

Reflexive Techniken häufig bevorzugt

Aus methodischer Perspektive führen reflexive Coaching-Techniken und Tools meiner Erfahrung nach häufiger zu einem erfolgreichen Ergebnis, als systembezogene Interventionen. Hierbei ist zu berücksichtigen, dass Franzosen tendenziell eher individualistisch denken (Hofstede, 1997). Schon das Bildungssystem in Frankreich ist darauf ausgerichtet, einen gewissen Kampfgeist zu entwickeln und stolz auf die eigene Leistung zu sein. Dies hat einen wesentlichen Einfluss auf das spätere Berufsleben (Breuer & de Bartha, 1996).

Haben Sie ein konkretes Beispiel?

Beim Start eines Coachingprozesses mit einem neuen französischen Kunden gab es Schwierigkeiten, einen passenden Termin für das erste Coaching-Gespräch zu finden. Er hatte ein sehr eiliges Coaching-Anliegen, sodass ich ihm einen Vorschlag unterbreitete, der von meinen deutschen Klienten immer sehr positiv angenommen wird. Nämlich sich bei einem seiner Zwischenstopps am Frankfurter Flughafen zu verabreden. Der französische Klient lehnte diesen Vorschlag allerdings ab. Wir starteten den Coachingprozess circa vier Wochen später in Frankreich – beginnend mit einem gemeinsamen Mittagessen. Im Kontext der französischen Kultur ist diese Reaktion verständlich: Ein Termin „zwischendurch“ am Flughafen wird dem typisch französischen Wunsch nach Beziehungsgestaltung nicht gerecht.

2. Passende Coaching-Tools

Die beschriebenen Tools sind von der Autorin selbst entwickelt. Ähnlichkeiten zu anderen Coaching-Tools sind durchaus möglich. Gegebenenfalls nachzuschlagen in „Coaching-Tools" (Rauen, 2008).

Coaching wird in Frankreich dem Gebiet der Humanistischen Psychologie zugeordnet. Die am Markt anzutreffenden Methoden entstammen fast ausschließlich der Transaktionsanalyse, der Neurolinguistischen Programmierung (NLP) oder einer Mischung von humanistischen Ansätzen (Brock, 2012).

Reflexive Tools entsprechen meines Erachtens der Vorliebe vieler Franzosen für analytisches Denken und sind daher in der Arbeit mit französischen Coachees zu empfehlen. Auch empfehle ich Tools anzuwenden, die eine Stärkung des Selbstwertgefühls hervorrufen.

Geht es beim Coaching-Anliegen um die interkulturelle Zusammenarbeit mit Deutschen, so sind kreative Methoden – wie der Ausdruck in Bildern oder Interventionen aus dem Improvisationstheater – meiner Erfahrung nach sehr wirkungsvoll. Denn: Erstens lieben es die meisten Franzosen kreativ, flexibel und mit groben Strukturen zu arbeiten. Zweitens liegen die Ursachen von Konflikten in der deutsch-französischen Zusammenarbeit, wie Barmeyer (2009) beschreibt, weniger in anderen Handlungsweisen an sich begründet, sondern vielmehr in den darauf aufbauenden unterschiedlichen Interpretationsmöglichkeiten. In Coachings erlebe ich es, dass gerade diese Unterschiede mittels Bilder oder Körpersprache im Spiel viel schneller und klarer erfasst werden.

Passend: Altlasten-Clearing

Nach Mrazek, 2008.

Zielgruppe, Themen

Zielgruppe sind Coaching-Klienten, die aufgrund einer schmerzhaften Vorerfahrung in ihrem persönlichen Weiterkommen gebremst sind.

Das Tool kann eingesetzt werden zur Stärkung des Selbstbewusstseins nach Mobbing-Erfahrung, bei alten schwelenden Konflikten sowie starken beruflichen Veränderungen. Letzteres zum Beispiel auch bei Umorganisationen, bei welchen sich für den Klienten erhebliche Veränderungen ergeben.

Einsatzziel

Ziel des Einsatzes dieses Tools ist es, emotional behaftete Erfahrungen loszulassen und Ressourcen zu fördern.

Coaching-Phase

Das Tool wird meistens zu Beginn des Coachingprozesses eingesetzt.

Funktioniert meist gut, weil ...

Franzosen drücken sich nach meiner Erfahrung gerne in Sprache aus und sind es gewohnt, innerhalb eines Rahmens flexibel zu arbeiten. Genau diese Voraussetzungen sind bei der Anwendung dieses Tools wichtig, damit der Klient nicht in der Reflexion des Vergangenen stecken bleibt.

Aufgrund der in diesem Kulturkreis oft angetroffenen analytischen Neigung eröffnet dieses Tool dem Klienten mehrere Möglichkeiten:

- Das Geschehene zu verstehen und retroperspektiv zu analysieren, um eventuell wichtige Erkenntnisse für die persönliche Weiterentwicklung zu erlangen.
- Die dazugehörigen Emotionen bewusst zu verarbeiten, sodass zukünftig keine unbewussten Projektionen auf vergleichbare Situationen und Personen erfolgen.
- Wiedererlangung, beziehungsweise Stärkung des Selbstbewusstseins.

Dauer

Für die Durchführung des Tools werden circa 90 Minuten benötigt.

Voraussetzung/ Vorbereitung

Das Tool eignet sich sowohl für die Durchführung eines Face-to-Face-Coachings als auch für ein Telefoncoaching. Es wird ein weiterer Stuhl benötigt.

Beschreibung

1. Vorbereitung des Coaching-Gesprächs

Im Falle eines Telefoncoachings bittet der Coach den Klienten im Vorfeld darum, zwei Stühle für das bevorstehende Telefoncoaching-Gespräch bereitzuhalten.

2. Einstieg ins Thema und Definition des Coachingziels

Der Klient wird gebeten, das damalige Geschehen zunächst in wenigen Worten zu benennen. Mithilfe folgender Frage *„Stellen Sie sich vor, die Coaching-Stunde ist zu Ende – was soll passiert sein?“* lässt der Coach ihn sein Ziel definieren.

Anschließend erläutert der Coach dem Klienten kurz das Vorgehen und weist ihn unter anderem darauf hin, keine Gefühle zu unterdrücken, sondern sich den Raum zu nehmen, den er gerade benötigt.

3. Zeitreise in die Vergangenheit

Der Klient wird gebeten, sich innerlich auf eine Zeitreise in die damalige Situation zu begeben. Der Coach bietet ihm mittels Fragen Unterstützung bei der Selbstreflexion an. Fragen können beispielsweise sein:

- *„Wie fühlten Sie sich?“*
- *„Was war nicht gut?“*
- *„Was war positiv?“*
- *„Was war vor dem Ereignis geschehen?“*
- *„Welche Personen waren involviert?“*

Das Ziel für den Coach ist es, den Blick des Klienten auf die damalige Situation zu erweitern. Sollten Emotionen auftauchen, ist es wichtig, dass der Coach den Klienten ermutigt, diesen Raum zu geben. Es ist wichtig, dass der Coach den Klienten mit Fragen, wie *„Gibt es sonst noch etwas, was Ihnen dazu durch den Kopf geht?“* ermuntert, weiterzusprechen. Wenn der Klient zum Ende gekommen ist, leitet der Coach ihn an, wieder bewusst ins „Hier und Jetzt“ zurückzukehren. Anschließend bittet er ihn, auf dem anderen Stuhl Platz zu nehmen.

4. Stuhlwechsel: Metaebene

Der Coach führt den Klienten in die Rolle der Metaposition ein: *„Stellen Sie sich vor, Sie sind ein externer Beobachter, der das gerade Geschehene gehört hat. Was denken Sie? Welche Hinweise haben Sie für die Person?“*

5. Reflexion und Loslassen

Der Klient wird gebeten, wieder auf seinem Stuhl Platz zu nehmen, um das soeben Erlebte gemeinsam zu reflektieren. Sie besprechen, ob noch Kommunikation mit Beteiligten notwendig ist. Ein solches Klärungsgespräch, in welchem der Klient die Gelegenheit hat, seine Verletzungen und seinen Ärger kundzutun, kann im realen Gespräch mit der Person oder imaginär stattfinden. Meist genügt ein imaginäres Gespräch. Die Vorbereitung beziehungsweise die Durchführung eines solchen Gesprächs sollte erst in einer späteren Sitzung erfolgen, nachdem die unter 7) beschriebenen Hausaufgaben erledigt wurden.

6. Stärkung von Selbstwert und Ressourcenfokussierung

Der Klient wird aufgefordert, mindestens fünf positive Aspekte zu benennen, auf die er hinsichtlich der damaligen Situation stolz auf sich selbst ist.

In einem weiteren Schritt wird herausgearbeitet, ob es Aspekte gibt, die aus seiner heutigen Sicht zur damaligen Situation geführt haben. Wenn ja, werden in einer nächsten Sitzung gemeinsam alternative Handlungswege reflektiert.

7. Abschluss

Der Klient erhält zwei Hausaufgaben. Erstens soll er sich eine begrenzte Zeit einplanen (einen oder mehrere Abende) und einen Brief an die Person, die Firma oder die Organisation der Vergangenheit schreiben. In diesem Brief darf und soll er alle Emotionen zum Ausdruck bringen. Der Brief ist erst dann fertig, wenn er am Ende – innerlich – bereit ist, loszulassen. Ein symbolischer Ausdruck dafür könnte sein, dass er niederschreibt, was er durch die Situation gelernt hat. Der Brief wird nicht abgeschickt, sondern wird – als Ritual des wirklichen Loslassens – entweder sofort oder später vernichtet. Das genaue Vorgehen vereinbart der Coach vorher mit seinem Klienten. Denn in manchen Fällen ist es sinnvoll, mit dem Brief in der folgenden Coaching-Sitzung zu arbeiten und ihn erst danach zu vernichten. Der zweite Teil der Aufgaben bezieht sich auf die eigenen Stärken und Ressourcen: Der Klient wird gebeten, aufzuschreiben, welche Stärken er aus dieser Situation gewonnen beziehungsweise entwickelt hat.

Konkretes Beispiel

Das Tool kam in einem laufenden Coachingprozess eines französischen Expatriats zur Anwendung, der zu diesem Zeitpunkt für eine französische Non-Profit-Organisation in Westafrika arbeitete. Die Zielsetzung des gesamten Coachingprozesses war es, ihn im Rahmen einer größeren Umorganisation als Coach zu unterstützen. Die Coaching-Gespräche fanden teilweise im persönlichen Gespräch in Paris oder in Frankfurt und teilweise mittels Telefoncoaching statt.

Im Laufe der Umorganisation gab es einen hierarchischen Wechsel, sodass der Klient einen neuen Vorgesetzten in Frankreich erhielt, mit dem sich verstärkt Konflikte anbahnten. Im Telefoncoaching-Gespräch kam zum Vorschein, dass sein Selbstwertgefühl sehr angeschlagen war. Er berichtete, dass er vor zwei Jahren einen Mobbing-Fall überstanden hatte. Der damalige Vorgesetzte wurde versetzt und mein Klient wurde entschädigt. Damit schien der Fall abgeschlossen. Doch im Zusammenhang mit dem aktuellen Konflikt kamen die Erinnerungen an die damalige Situation verstärkt zum Vorschein. Mein Klient hatte Angst, dass sich abermals eine Mobbing-Situation in der Ferne anbahnte. Im Coaching-Gespräch zeigten sich zwar eventuelle Ansatzpunkte zur Entschärfung des aktuellen Konfliktfalles, doch war der Klient emotional so blockiert, dass er die herausgearbeiteten Maßnahmen nicht hätte umsetzen können.

Die Anwendung des Tools Altlasten-Clearing ermöglichte ihm, emotionale Entlastung zu erleben. Er kam in Berührung mit seiner damaligen Ohnmacht, sah aber auch seine Stärke, diese durchstanden zu haben. Unbewusst hatte er damals die unberechtigten Vorwürfe des Vorgesetzten innerlich angenommen. Diese wurden durch das heutige, ähnliche Setting reaktiviert. Durch das Tal der Tränen und Wut gegangen, konnte er nun klar sehen: Er erkannte, was er aus der damaligen Situation gelernt hat und kreierte neue Handlungsoptionen hinsichtlich seines Kommunikationsverhaltens für die Zukunft.

Nach Verarbeitung des alten Mobbing-Falls wurde die aktuelle Situation reflektiert und der Klient konnte den Konflikt mit dem neuen Vorgesetzten im Sinne einer guten Zusammenarbeit klären.

Mögliche Probleme

Erfahrungsgemäß ist es wichtig, auch bei der Durchführung dieses Tools unbedingt beim nondirektiven Coachingstil zu bleiben und dem Klienten Zeit zu lassen. Es erfordert Fingerspitzengefühl und ein hohes Maß an Empathiefähigkeit des Coachs, den Klienten zwar mit Fragen zum weiteren Ausdrücken seiner Gefühle anzuspornen, ihn aber keineswegs zu dirigieren.

3. Kritische Coaching-Tools

Nach meinen Erfahrungen führt in Frankreich der Einsatz von Tools, die sich beispielsweise auf kooperative Teamgestaltung konzentrieren, oftmals nicht zu dem gewünschten Erfolg. Denn viele Franzosen streben eher nach Originalität, Einmaligkeit und individueller Orientierung und – wie Barmeyer (2003) sagt: „Für einen Franzosen ist das Unternehmen ein hierarchisch organisiertes soziales System von Personen, in dem sich die Struktur nach Status und den Autoritätsgraden richtet" (S.18).

Auch Coaching-Tools, die den Bereich des Karriere-Coachings adressieren, sind meiner Einschätzung nach ein wenig mit Vorsicht einzusetzen. Hierfür gibt es zwei wesentliche Gründe: Erstens ist die Nachfrage nach Karriere-Coaching in Frankreich geringer als beispielsweise in Deutschland (ICF, 2009). Hierzu muss man bedenken, dass Frankreich zu den sogenannten „femininen Ländern" (Hofstede, 1997) zählt. Der niedrige MAS-Index (Maskulinität versus Femininität) weist auf typische weibliche Werte in der Kultur hin. Diese sind gekennzeichnet durch Fürsorglichkeit und Bescheidenheit im Gegensatz zu Konkurrenz und materiellem Erfolg. Zweitens wird in Frankreich die ungleiche Verteilung von Macht eher akzeptiert. Ausdruck davon ist sicherlich, dass man in französischen Unternehmen – anders als beispielsweise in Deutschland oder in den USA – eher selten auf einen erfolgreichen Manager trifft, der sich von unten „hochgearbeitet" hat. Denn Autorität und Führungsanspruch leitet sich in Frankreich in besonderem Maße von der Stellung der besuchten Hochschule ab (Seidel Lauer, 2008). Dies bedeutet selbstverständlich nicht im Umkehrschluss, dass der französische Manager sich nicht weiterqualifiziert und nach Erfolg strebt. Jedoch ist die Bedeutung von Erfolg in Frankreich eine andere. Daher wird auch das explizite Karriere-Coaching seitens der französischen Kunden nicht als herausragender Hauptgrund für ein Coaching genannt.

Eine dritte Gruppe von Coaching-Tools, die in Frankreich meiner Einschätzung nach eher mit Vorsicht zu genießen sind, sind Tools, die einen provokativen Charakter haben oder solche, die auf Überschreitung von Grenzen und Regeln abzielen.

Kritisch: Provokatives Coaching

Nach Frank Farrelly, 1970.

Zielgruppe, Themen

Das Tool ist sowohl im Business- als auch im Life Coaching einsetzbar. Es bietet sich bei allen Themen an, bei welchen der Klient mit herkömmlichen Reflexionsthemen nicht an eine Lösung kommt und sich im Kreis dreht. Oder es handelt sich um Thematiken, die, objektiv betrachtet, nicht veränderbar oder vereinbar sind.

Einsatzziel

Ziel des Tools ist es, mit Humor und Provokation das Selbstvertrauen und die Selbstverantwortung des Klienten zu stärken.

Coaching-Phase

Das Tool sollte erst angewandt werden, wenn bereits eine tragfähige Beziehung zum Klienten gegeben ist.

Funktioniert weniger gut, weil ...

Bei diesem unkonventionellen Tool steigt der Coach bewusst in das Weltbild des Klienten ein und zeigt übertriebene Begeisterung für die belastende Situation. Er gibt „idiotische" Ratschläge und verwendet hypnotische Kommunikation und Sprachmuster, um die Thematik auf die Spitze zu treiben und den Widerspruchsgeist des Klienten zu wecken.

Für den erfolgreichen Einsatz des Tools sind direkte Kommunikation und ein bewusstes Übertreiben nötig.

Konkretes Beispiel

Ein französischer Klient, der Business-Unit-Leiter eines internationalen Chemiekonzerns, regte sich während des Coaching-Gesprächs sehr über einen neuen Abteilungsleiter in Deutschland auf. Er handele zu eigenmächtig, mache was er wolle, würde ihn nicht vor Entscheidungen informieren. Und er würde veranlassen, dass man ihn rauswerfe. Der Klient war sehr verärgert.

Es zeigte sich sehr schnell, dass der Einsatz des provokativen Coachings keinen Erfolg brachte. Ganz im Gegenteil. Als er die Zustimmung des Coachs hörte: *„Sie haben vollkommen recht! Den würde ich rauswerfen!"* und die bewusst provokative Frage: *„Wann gehen Sie zum CEO, um die Kündigung voranzutreiben?"*, forderte er mehr Respekt ein. Die Coach-Coachee-Beziehung geriet ein wenig ins Schwanken. Er brach die Sitzung ab. Sein Anliegen war nicht geklärt.

Nach einem erfolgten Gespräch auf der Dienstleister-Kunden-Ebene wurde der Prozess kurze Zeit später fortgesetzt. Der Klient erhielt ausreichend Zeit, seinen Ärger über den deutschen Abteilungsleiter auszudrücken. Anschließend wurden die Unterschiede des französischen und des deutschen Führungsstils gemeinsam reflektiert. Die Lösung für den Klienten lag darin, dass er erkannte, dass die fehlende Kommunikation des deutschen Kollegen in dessen Führungsstil begründet war. So werden in Frankreich beispielsweise Aufgaben delegiert, doch die „Verantwortung bleibt beim Responsable, dem Verantwortungsträger" (Barmeyer, 2003, S.17). In Deutschland dahingegen ist es eher üblich, dass mit den Aufgaben auch die Verantwortung für deren Umsetzung an den Mitarbeiter delegiert wird.

Mögliche Ursachen für die Problematik

Meiner Einschätzung nach lieben viele Franzosen zwar das Wortspiel und den Humor, doch die Form der Provokativen Intervention kann nach meiner Erfahrung in diesem Kulturkreis schnell zu Missverständnissen führen. Denn es besteht die Gefahr, dass durch die, ohnehin von anderen oft als „zu hart" bewertete Direktheit vieler deutscher Coachs deren Aussagen beim Klienten „zu hart" ankommen. Die falsch verstandene Provokative Intervention kann somit recht schnell zu einer Störung in der Coach-Coachee-Beziehung führen.

Lösungsoptionen/ Alternativen

Um Probleme im Coaching zu vermeiden, ist der Coach gut beraten, eine empathische Methode zu wählen, um den Klienten an eine Lösung heranzuführen. In dem hier beschriebenen Fall war es wichtig, dem Klienten zunächst mehr Zeit einzuräumen, seinen Ärger auszudrücken. Und anschließend eine Reflexion der kulturellen Unterschiede in der Führung durchzuführen.

Für stark emotional beladene Themen bietet es sich an, dem Klienten unterstützend die Hausaufgabe mitzugegeben, einen Brief an die Person zu schreiben. Dieser wird dann aber nicht abgeschickt.

Weitere alternative Tools könnten hierbei auch der „Imaginative Rollentausch" (Dr. Astrid Schreyögg) oder die „Wahl" (Mrazek, 2009) sein.

4. Hilfestellungen

Zentrale Aspekte für den Erfolg von Coaching in Frankreich

- Ein erfolgreiches Coaching steht und fällt mit der Haltung, dem wertungsfreien Abholen des Klienten und dem der Kultur angemessenen, ressourcenaktivierenden Methodenkoffer.
- Der Widerspruch der einerseits erfolgreichen volkswirtschaftlichen Verflechtung und der andererseits vorherrschenden Konflikte in der Zusammenarbeit von deutschen und französischen Unternehmen kann als eindrücklicher Spiegel für den deutschen Coach in Frankreich genutzt werden. Jeder, der die französische Sprache gelernt hat, hat bereits eine Idee der Unterschiede. Angefangen beim französischen „savoir vivre", zu welchem die Liebe zur Sprache und der Stolz gehören, bis hin zum Streben nach Elitezugehörigkeit und Unabhängigkeit (Breuer & de Bartha, 1996).
- Für den Coach ist es ratsam, sich mit der Kulturdimension Power Distance auseinanderzusetzen (Hofstede, 1997): In Frankreich werden Unterschiede in der Machtverteilung eher akzeptiert und viele Unternehmen sind klar hierarchisch organisiert. Ist es beispielsweise in Deutschland üblich, auch den Chef zu hinterfragen und kollegial miteinander zu arbeiten, so wird in Frankreich die Autorität des Vorgesetzten fast ausschließlich respektiert. Dieser gibt den Rahmen vor und behält die Verantwortung. Hier findet die Kommunikation herzlich-formal – mit Respekt vor der Autorität – statt.
- Ein ähnlicher Selbstreflexionsbedarf für den Coach besteht hinsichtlich der Kulturdimension Uncertainty Avoidance, die in Frankreich einen sehr hohen Wert aufweist (Hofstede, 1997). Wird Sicherheit durch akademische Titel, Konzepte und Richtlinien erreicht, so lösen Veränderungsprozesse relativ schnell emotionalen Stress aus. So erscheint auf den ersten Blick das französische Regelwerk vielen Deutschen zu bürokratisch. Für einen gelungenen

Coachingprozess ist es jedoch wichtig, Folgendes zu bedenken. Während in Deutschland Regeln oft als unumstößlich gelten, sind es Franzosen eher gewohnt, Regeln auch zu widersprechen – aber dabei immer die Autorität der Person zu respektieren.

- Abschließend sei gesagt: Für einen erfolgreichen Coachingprozess bedeutet all dies, dass der Coach mit Flexibilität innerhalb eines Rahmens, mit Zeit für Beziehung und einer Prise „Laisser-faire" dem Klienten zu seinem – dem Rahmen entsprechenden – Ergebnis verhilft.

Literaturhinweise, Quellen

Barmeyer, C. I. (2000). „Interkulturelles Management und Lernstile. Studierende und Führungskräfte in Frankreich", Deutschland und Quebec. Frankfurt, New York: Campus.

Barmeyer, C. I. (2003). „Interkulturelle Personalführung Frankreich-Deutschland", Personal-Heft 06/2003, S.16-19.

Barmeyer, C. I. (2009). "Une image vaut mille mots": Interkulturelle Bilderwelten deutsch-französischer Unternehmenskooperationen. In: Bauer, U.. Standpunkte und Sichtwechsel. München: Iudicium.

Bresser. F. (2009). „The state of Coaching across the globe – Results of the Global Coaching Survey 2008/2009". Frank Bresser Consulting Report, 170 Seiten, August 2009.

Breuer J. & de Bartha (1996). Deutsch-französisches Kooperationsmanagement. München: Becker, Band I.

Brock, V. (2012): "Global expansion of coaching". www.coachinghistory.com, Daily Theme, 8. August 2012.

Hofstede, G. (1997). Lokales Denken, globales Handeln: Kulturen, Zusammenarbeit und Management. München: dtv.

Farrelly, Frank (1970). www.nlpportal.org/nlpedia/wiki/Provokative.Therapie

ICF (2009). "Global Coaching Client Study". International Coach Federation & Pricewaterhouse Coopers and Association Ressource Center Inc.

Mrazek S. (2009). Die Wahl. Ausbildung III, Schmitten/TS.

Mrazek, S. (2008). „Ganzheitliches Coaching und die Mitarbeitermotivation". Vortrag Unternehmensverbände Dortmund und Umgebung, 21. August 2008, Dortmund.

Mrazek, S. (2011). Angst frisst Ressourcen auf. 12/2011. Köln: Personalwirtschaft.

Rauen, C. (Hrsg.) (2008). Coaching-Tools. Bonn: managerSeminare.

Société Francaise de Coaching (SFC, 2011). «Devenir coach: analyse du marché». Paris: Les Echos d'entrepreneurs, 08. September 2011.

Stündlein, Y. (1997): Management von Kulturunterschieden – Phasenkonzept für international strategische Allianzen. Wiesbaden.

Usunier, Jean-Claude (1992): Commerce entre cultures. Paris: Presses Universitaires de France.

5. Über die Autorin

Seit wann coachen Sie?

Ich habe sabeconsult® Coaching in 1997 gegründet und begleite seitdem als zertifizierter Business Coach Menschen aus unterschiedlichen Kulturkreisen in Veränderungsprozessen. Mein Schwerpunkt liegt im Coaching von Einzelpersonen (Face-to-Face und Telefoncoaching) und im Coaching von gesamten Unternehmen.

Welche Coaching-Ausbildung haben Sie?

Neben meinem betriebswirtschaftlichen Hintergrund, langjähriger Management- und Führungsverantwortung, mehrjähriger Expatriate-Erfahrung in Afrika und Südeuropa, bilden Ausbildungen in Expressiv Therapie, systemischem Coaching und Spontanschaupiel das Fundament meiner Arbeit. Ich habe mich intensiv mit Transaktionsanalyse (TA) und Psychodrama beschäftigt sowie mit Ansätzen der Lernenden Organisationen. Seit 2006 bilde ich selbst Coachs aus.

Als Mitglied der Zertifizierungskommission des dvct e.V. (Deutscher Verband für Coaching & Training e.V.) entwickle ich Qualitätsstandards und Zertifizierungsverfahren zur Beurteilung von Coachkompetenzen.

Seit wann coachen Sie Klienten aus Frankreich?

Die ersten Klienten aus Frankreich habe ich Ende der Neunziger im Rahmen eines internationalen Joint Ventures in der chemischen Industrie gecoacht. Meine mehrjährigen Erfahrungen als Expatriate im frankophonen Afrika tragen dazu bei, dass ich mich in dem französischen Kulturkreis „zu Hause“ fühle.

In welchem Kontext arbeiten Sie als Coach mit Klienten aus Frankreich?

Im Rahmen von internationalen Joint Ventures begleite ich als Coach einzelne Führungskräfte und Teams im Veränderungsprozess. Zu meinen Kunden zählen auch Führungskräfte, die als Expats im Ausland tätig sind, sowie Personen aus Non-Profit-Organisationen (EU) in Frankreich.

Zu welchen Schwerpunktthemen coachen Sie?

Meine Coaching-Schwerpunkte in diesem Kulturkreis sind vornehmlich Wachstumsprozesse gesund und nachhaltig zu realisieren, Persönlichkeitsentwicklung und Leadership, Burnout-Prävention, Förderung der interkulturellen Zusammenarbeit sowie Konflikt- und Krisenbewältigung.

Interkulturelles Coaching in ...

United Kingdom

In diesem Beitrag finden Sie:

1. Coaching in United Kingdom – eine Einführung

von Anja Leao

Wie verbreitet ist ihrer Ansicht nach Coaching in Großbritannien?

Innerhalb Europas liegt Großbritannien zum Thema „Coaching" als anerkannte, unternehmerische Begleit- und Entwicklungsmaßnahme von Führungskräften und auch Mitarbeitern mit an vorderster Stelle (Bresser, 2009). Coaching ist zumindest in international agierenden Unternehmen ein fester Bestandteil im Angebot der Personal- und Organisationsentwicklungsabteilungen und wird meist durch einen Coaching-Pool mit explizit ausgewählten Coachs an nachfragende Abteilungen oder Executives vermittelt.

Inwieweit Coachs selbst Briten sind oder Coachs ausgewählt werden, die gerade nicht aus Großbritannien kommen und einen anderen, internationalen Background haben, ist eine interessante Überlegung. Nichtmuttersprachler haben auf der einen Seite eine auch und gerade im Coaching sprachliche Herausforderung zu bewältigen, auf der anderen Seite können sie mit kulturell anderem Background besonders bei internationalen Fragestellungen hilfreiche Perspektivwechselunterstützung leisten.

Im Coaching-Markt in UK finden sich deutlich weniger Coaching-Institutionen und Organisationen als in Deutschland. Im Vergleich: Es gibt in Großbritannien ca. sechs organisierte Coaching-Institutionen, von denen die größten die ICF, die AC und die EMCC sind, während es in Deutschland bereits mehr als 20 Institutionen mit wachsender Tendenz und hohem Wettbewerbscharakter gibt (Bresser, Europa 2009).

Das europäische Land mit den meisten Coachs

Von den ca. 18.000 Coachs (Bresser, 2009) in Europa findet man zusammengenommen rund 70% der Coachs in den UK (7.500) und in Deutschland 5.000. Das entspricht einer Ratio von 1:8.000 Einwohnern in UK und 1:16.500 in Deutschland. Damit gehören diese beiden Nationen (Bresser, 2009) neben Irland und Luxemburg zu denen mit der höchsten Coachdichte in Europa. Darüber hinaus kann man für beide Länder sagen, dass der Coaching-Markt nach wie vor ein Wachstumsmarkt ist (Bresser, 2009).

Im Coaching selbst liegt der Schwerpunkt in Großbritannien nach wie vor auf dem 1:1-Coaching – 94% (HDA Executive Coaching Survey, 2010). Gleichwohl spielt auch Telefoncoaching und Distance-Coaching eine deutlich größere Rolle und besitzt mehr Akzeptanz als z.B. nach wie vor in Deutschland.

Darüber hinaus gibt es eine Vielzahl von onlinegestützten Coaching-Tools, deren Qualität ich nicht beurteilen kann. Mir fällt in der Zusammenarbeit mit UK-angesiedelten Unternehmen jedoch häufiger auf, dass es mehr onlinegestützte Lern-, Trainings-, wie auch Coaching-Tools zu geben scheint, als mir das in Deutschland begegnet.

Kosten-Nutzen-Verständnis

Auch wird zumindest nach meiner eigenen Erfahrung mehr Wert auf die Diskussion und Bewertung des ROI (Return on Invest) für Coaching in UK-ansässigen Unternehmen gelegt. Um diesem Anspruch gerecht zu werden, benutze ich einen eigens dafür entwickelten Fragebogen, der den ROI bei Bedarf errechnen hilft (Leao, 2007).

Gründe mag es verschiedene geben, ich selbst kann dazu nur Hypothesen anstellen, doch ist dieser Unterschied spürbar im Vergleich zu Deutschland. Möglicherweise liegt ein Grund darin, dass die internationalen Unternehmen in UK stärker unter wirtschaftlichem Druck stehen als in Deutschland. Vergleichszahlen der Handelsbilanzen bestärken diese Vermutung (WTO, 2011).

Interessanterweise ist in Großbritannien Life Coaching eine anerkannte und weiter wachsende Profession. Diese Entwicklung ist vergleichbar in den USA und in Australien und steht im Gegensatz zu Deutschland.

Für welche Anlässe wird Coaching in Großbritannien eingesetzt?

Häufig inhaltsgetriebene Coaching-Anlässe

Meiner Erfahrung nach kommen Klienten häufig mit dem Bedürfnis, proaktiv und vorausschauend Zukunftsthemen und Entwicklungen zu antizipieren und sich darauf sowohl persönlich als auch organisational gut vorzubereiten. Die Coaching-Anlässe scheinen zunächst inhaltsgetrieben, wobei bei guter Vertrauensbasis persönliche, emotional berührende oder schwierige Themen auch zur Sprache und zur Bearbeitung kommen können.

Wie ist die gesellschaftliche Sicht auf das Thema?

Coaching wird zunehmend akzeptiert

Meiner persönlichen Einschätzung nach ist Coaching noch akzeptierter und etablierter als in Deutschland, vermutlich auch aufgrund der stärker ausgeprägten Tendenz, auch persönlich einen Life Coach für individuelle Themen des Berufs-, Privat- oder auch gesundheitlichen Lebens zu nehmen.

Es ist zu empfehlen, zu Beginn eines Coachings das Verständnis über „Coaching" zu klären. Denn Coaching hat seinen Ursprung im Sportbereich und bedeutet dort – auch heute noch – übersetzt (Sport-) Trainer. Außerdem gibt es schon rein sprachlich verschiedene Entsprechungen und Überschneidungen zwischen Coaching, Counselling und Training, daher ist es hilfreich, zu einem gemeinsamen Verständnis zu gelangen, um Missverständnissen vorzubeugen.

Rollenbilder: Wie würden Sie die typische Beziehung zwischen Coach und Coachee in Großbritannien beschreiben?

Meist partnerschaftliche Arbeitsbeziehungen

Meiner Erfahrung nach basieren die Coaching-Beziehungen auf kooperativ-integrativer, partnerschaftlicher Arbeitsbeziehung auf Augenhöhe, was auch den wahrgenommenen Werten der grundsätzlichen Zusammenarbeitsqualität entspricht, die sehr kooperativ, integrativ sind.

In welchen Bereichen mussten Sie das klassische Grundkonzept von Coaching anpassen, um erfolgreich coachen zu können?

UK ist so multikulturell, dass ein Coaching je nach kulturellen Wurzeln sehr unterschiedlich aussehen kann. Daher basieren die hier aufgeführten Punkte auf meiner persönlichen Erfahrung und sind keine Verallgemeinerungen für britische Coachings.

Wesentliche Tendenzen

Hier seien ein paar, mir bereits häufiger begegneten Tendenzen benannt:

- Coachings an sich sind eher kürzer, sowohl, was die Einzelsitzungen als auch, was die Gesamtdauer und Anzahl anbelangt.
- Sie sind strategisch-operativ ausgerichtet.
- Auch Angst, Druck etc. wird eher ausgeblendet. Auf Nachfragen habe ich häufig gehört: *„Wir haben schon so häufig ‚organisationalen Change' gehabt, dass wir es gewohnt sind, mit der Unsicherheit umzugehen und es als gegeben hinnehmen. Wie es mir oder den anderen dabei wirklich geht, habe ich mich schon lange nicht mehr gefragt."*

- Ich habe die Briten vom Grundsatz als sehr respektvoll erlebt und es ist wichtig, ihnen in ihrer Kultur angemessenen Respekt entgegenzubringen. Gleichzeitig haben sie viel Humor. Allerdings sollte der Coach wirklich ausgesprochen gut Englisch sprechen, um diesem in gleicher Form zu begegnen. Der Schuss kann sonst nach hinten losgehen.
- Als Coach habe ich ebenfalls schon häufiger erlebt, dass Nachhaltigkeit nicht bedeutet, dass im Coaching gemachte Vereinbarungen oder gegebene Hausaufgaben bis zum nächsten Mal umgesetzt sind. Ich erlebe in UK viel häufiger, dass die Dinge noch einmal verarbeitet und erneut diskutiert werden, um sich über ein Thema wirklich final klar zu werden oder einer Entscheidung sicher zu sein. Auf Nachfragen habe ich auch sehr gute Erklärungen dafür erhalten: *„Wenn sich neue Erkenntnisse ergeben, dann gehe ich gerne erneut durch meine Entscheidungen, um zu reflektieren, inwieweit meine getroffenen Entscheidungen so noch sinnvoll umzusetzen sind."*
- Gleichzeitig erlebe ich im Coaching eine starke Ergebnisorientierung, gepaart mit einem Bedürfnis nach Detaillierung und Konkretheit. Mir scheint es an einer deutlichen Prozessausrichtung zu liegen. Stellen sich dann im Verlauf Abweichungsnotwendigkeiten heraus, erlebe ich es in den Coachings so, dass um der Verbesserung willen auch bereits entschiedene Vorgehensweisen noch einmal modifiziert werden, statt an einer Entscheidung festzuhalten, selbst wenn Einsicht Besseres empfiehlt.
- Achten Sie als Coach auf wohlgeformte, wertschätzende Formulierungen (z.B.: *„I have a slight concern"* von einem Briten formuliert, bedeutet vermutlich: *„Ich bin ausgesprochen unsicher, ob … Sinn ergibt."* Die deutsche Übersetzung deutet aber lediglich an, „dass es vielleicht noch ein leichtes Unbehagen geben könnte").

2. Passende Coaching-Tools

Passend: Risikoanalyse

Zielgruppe, Themen

Dieses Tool eignet sich insbesondere für Führungskräfte.

Einsatzziel

Ziel des Tools ist es, zu einer gegebenen Thematik, strategischen Herausforderung, Fragestellung etc. eine Analyse über mögliche Risiken vorzunehmen. Der Coach gibt die Struktur des Tools und die Begleitung des Entwicklungsprozesses vor. Der Klient füllt den Inhalt, um daraus Schlussfolgerungen für die richtigen Antworten zu erzeugen. Die Risikoanalyse antizipiert die Zukunft und berücksichtigt damit ein Sicherheitsbedürfnis, gerade wenn es sich um Zukunftsthemen handelt, deren Ausgang unbekannt/ungewiss sind.

Coaching-Phase

Es ist im Schwerpunkt in der Arbeitsphase anzuwenden, könnte aber auch eher am Ende einer Fragestellung als abschließendes Verifizierungstool für noch nicht angedachte Risiken genutzt werden. Wichtig ist in allen Phasen, auch klare, praktische, umsetzbare Arbeitsschritte festzuhalten.

Funktioniert meist gut, weil ...

Das Tools ist strukturiert für strategische Themen hervorragend nutzbar, es antizipiert Zukunftsthemen/Risiken und bringt häufig auch unausgesprochene oder bisher noch nicht angedachte Themen in den Raum, indem der Coach die richtigen Begleitfragen im Rahmen der Arbeit stellt. Meiner Erfahrung nach ist es ein Tool, was generell Führungskräften entgegenkommt, da es ein strategisch, praktisches Tool mit schnellen Ergebnissen ist. All das ist auch in Coaching-Situationen in Großbritannien gut einsetzbar.

Dieses Tool ist im Übrigen auch hervorragend in Teamcoaching-Sessions/-Workshops einsetzbar.

Dauer

Ca. 1-2 Stunden, je nach Thematik. Mehr Zeit sollte es aber auch nicht in Anspruch nehmen. Sollte die Thematik des Klienten eine deutlich intensivere Analyse erfordern, dann kann das als Ergänzung/ Hausaufgabe für eine nächste Coaching-Sitzung festgehalten werden. In dieser werden dann die Erkenntnisse diskutiert und reflektiert.

Vorbereitung

Ein Flipchart und oder eine Plakatwand ist hilfreich.

Beschreibung

Schritt 1: Auftragsklärung der Coaching-Sitzung

Klärung des Anliegens und des Ergebnisses. „Was wäre für heute zu diesem Thema ein gutes Ergebnis?" Voraussetzung dafür, dieses Tool anzuwenden, ist, dass es zum zu erzielenden Ergebnis passt.

Schritt 2: Erklärung der Vorgehensweise

Es geht in der Risikoanalyse darum, eine umfassende Einschätzung möglicher Risiken in einer strategisch wichtigen oder kritischen Fragestellung vorzunehmen, um darauf eine fundierte und gesicherte Entscheidung zu treffen, soweit das zum Zeitpunkt der Analyse möglich ist. Das kann in einem einfachen Brainstorming erfolgen.

Meist kommen die intellektuell wahrnehmbaren Risiken deutlich schneller als die emotionalen Risiken oder Befürchtungen. Diese sind sinnvollerweise mit gezielten Fragestellungen in das Blickfeld bzw. in die Risikoanalyse zu rücken. Hilfreich kann dazu auch sein, nach den von der Thematik betroffenen „Stakeholdern" (Hofmann, 2012) zu fragen und diese systematisch abzufragen.

Um mögliche Risiken systematisch zusammenzutragen, kann man eine strukturierte Ergänzung vornehmen, die je nach Themenstellung hilfreich ist: die PEST-Analyse oder erweitert PESTEL-Analyse, auch bekannt als Umweltanalyse (Kerth et.al., 2007, S.117 ff.) In der PESTEL-Analyse werden Risiken nach folgenden Schwerpunkten geclustert: „Political, economical, social, technolocical, ecological, legal." Ich ergänze die PESTEL-Analyse ggf. um folgende Schwerpunkte: „Cultural, global, market, customer/client", und frage den Klienten nach den möglichen Risiken, Trends, Einflüssen, kritischen Entwicklungen, die für ihn bereits erkennbar sind bzw. die überhaupt erst durch die Fragestellung erkennbar werden.

Daraus ergibt sich i.d.R. eine erste Diskussion, in der wir diejenigen Einflussfaktoren aus der PESTEL-Analyse ausschließen, die für die Risikoanalyse nicht erforderlich sind. Beispielsweise könnten ökologische oder legale Risiken zu vernachlässigen sein, wenn es sich um ein internes, strategisches Thema handelt. Nun wird die eigentliche Liste der möglichen Risiken erstellt, die dann zur eigentlichen Risikobewertung führt.

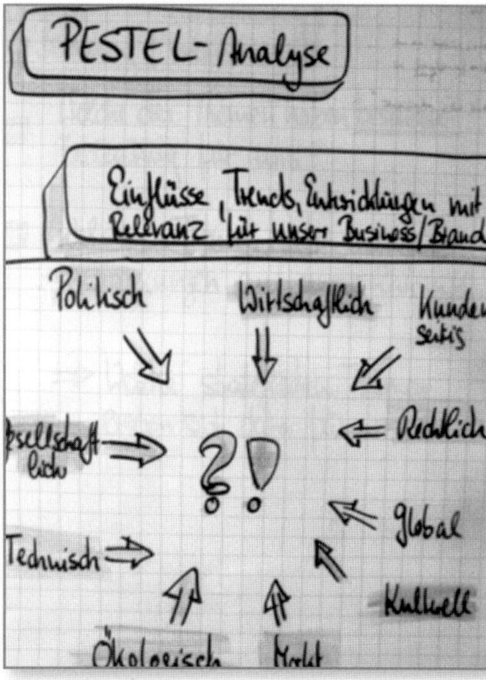

Schritt 3: Risikomatrix

In der Risikobewertungsmatrix werden die gesammelten Risiken nach zwei Schwerpunkten bewertet: Nach der Risiko-Eintrittswahrscheinlichkeit und nach der Risikoauswirkung.

Daraus ergibt sich folgende Matrix, in die dann alle Risiken, die zusammengetragen worden sind, eingeordnet werden.

5) So gut wie sicher - alles deutet darauf hin, dass es zum Problem wird					
4) Sehr sicher – große Wahrscheinlichkeit, dass es zum Problem wird					
3) Wahrscheinlich – gleich verteilte Chance, dass es eintritt					
2) Unwahrscheinlich – manchmal wird es zum Problem					
1) Fast unmöglich – sehr unwahrscheinlich, dass es jemals eintritt					
Risikoeintrittswahrscheinlichkeit / **Risikoauswirkung**	1) Zu vernachlässigen	2) Gering	3) Mittelmässig	4) Kritisch	5) Katastrophal

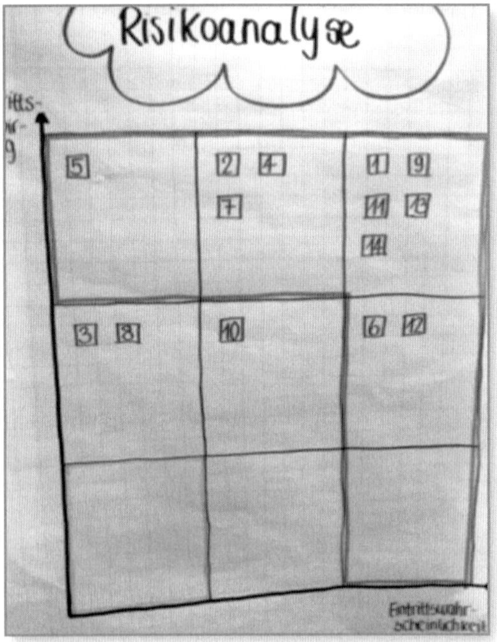

Wenn alle erdenklichen Risiken zusammengetragen und in die Risikobewertungsmatrix eingetragen worden sind, ergeben sich i.d.R. visuell deutliche Schwerpunkte zur Coaching-Thematik. Diese werden dann näher betrachtet, diskutiert und in einem Umsetzungsplan beantwortet: in einem „Risikovermeidungs-Aktionsplan" bzw. „Risikovorbeugungsplan".

Schritt 4: Risikovermeidungs- bzw. Vorbeugungsplan

Im Risikovermeidungs- bzw. Vorbeugungsplan werden alle bewerteten Risiken nach Eintrittswahrscheinlichkeit und Auswirkung betrachtet. Gemeinsam mit dem Klienten werden Maßnahmen entwickelt, wie zur Vermeidung der Risiken bestmöglich verfahren werden kann.

Schritt 5: Ergebniskontrolle

Zum Abschluss bietet sich erneut die Coaching-Abschlussfrage nach der Ergebniskontrolle zur eingangs gestellten Frage an: *„Zu Beginn haben Sie formuliert, dass xy ein gutes Ergebnis für Sie zu dieser Thematik wäre. Wie zufrieden sind Sie mit dem momentanen Ergebnis? Wenn es noch etwas zu ergänzen gäbe, was wäre das, damit für Sie für heute diese Thematik zu einem guten Ergebnis/Abschluss kommt?"*

Konkretes Beispiel

Der technische Geschäftsführer einer Tochtergesellschaft eines Großkonzerns hat ursprünglich um einen Coaching-Begleitprozess gebeten, da es zwischen den Geschäftsführungsspitzen bereits seit Längerem erhebliche Unstimmigkeiten und Zusammenarbeitsschwierigkeiten gab.

Nachdem die eigentliche Thematik des Klienten herausgearbeitet war, nämlich der Wunsch, das Unternehmen und gleichzeitig seine berufliche Karriere frühzeitiger zu beenden (der Klient war Ende fünfzig und hatte deutliche, gesundheitliche Probleme), kam sein zweites Thema heraus: Er hatte Angst, seine berufliche Karriere unbedacht unachtsam und unfertig zu beenden, sozusagen mit dem Gefühl „verschiedene Baustellen zurückzulassen", die seinem Verantwortungsbereich unterlagen und von deren Entwicklung ein Großteil auch des zukünftigen Erfolgs des Unternehmens abhing. Seine Werte Integrität und Verantwortung signalisierten deutlich Abwehr und Blockade.

Nachdem sich herauskristallisierte, dass er seine berufliche Laufbahn beenden wollte, wurde der nächste Schritt deutlich, den es zu bearbeiten galt. Wir entwickelten einen sauberen Plan, mit dessen Hilfe ein geordneter, mittelfristiger Austritt möglich werden konnte. Dieser sollte sicherstellen, dass er alles getan hatte, was nötig war, um „beruhigt Abschied nehmen zu können".

Wir haben eine Risikoanalyse durchgeführt, die sich aufgrund der Komplexität mehrfach weiterentwickelte und die wir mehrfach aufgegriffen haben, um Themen zu konkretisieren, die zeitlich in einer Abfolge anstanden.

Der geordnete Ausstieg hat sich insgesamt über einen Zeitraum von 1,5 Jahren hingezogen und war so sorgfältig vorbereitet, dass der Klient nicht nur mit dem Gefühl ausgestiegen ist, „sein Haus gut bestellt zu haben". Er hat in diesen 1,5 Jahren auch sichergestellt, dass ein Projekt erfolgreich umgesetzt wurde, welches zur technologischen Zukunftssicherung des Unternehmens entscheidend wichtig war. Vorbereitung war in der Risikoanalyse der „technologisch, langfristig und wirtschaftlich entscheidende Risikofaktor".

Mögliche Probleme

Es ist wichtig, das Anliegen des Klienten und ein für ihn gutes Ergebnis zu verstehen.

Dieses Tool ist ein strategisches und analytisches Tool und genau dafür hervorragend einsetzbar und nutzbar. Dieses Tool wird gerne von Klienten genutzt, die selbst analytisch ausgerichtet sind bzw. auch von solchen, deren Themen deutlich strategisch sind und die einen Sparringspartner zur Diskussion und Analyse von möglichen Risiken benötigen und dafür den Coach als Partner nutzen.

Das Risiko liegt aus meiner Sicht weniger im Tool an sich, als daran, dass oft nicht die inhaltlich strategische Frage die wirklich drückende ist, sondern ein emotional darunter liegendes Thema.

Mancher Klient mag erleichtert sein, wenn er seine Themen intellektuell weiter durchdringen darf, sich aber um das eigentliche, darunter liegende Thema bewusst oder unbewusst drückt.
Bildlich gesprochen: Im „Eisbergmodell" schwimmen wir zwischen der Wasseroberfläche und den ersten, kühleren Wasserschichten.

Gleichwohl kann es sich je nach Klient um sehr brisante Themen handeln, die in der Risikoanalyse aufgrund der richtigen Fragestellungen des Coachs aufgedeckt und diskutiert werden und für weitreichende, zukunftsweisende Managemententscheidungen dienen.

Passend: Analyse der Metaprogramme/ Wahrnehmungsfilter/ Sorting Styles

Zielgruppe, Themen

Die Analyse der „Metaprogramme/Wahrnehmungsfilter/Sorting Styles", ursprünglich entwickelt von C. G. Jung und weiterentwickelt zu einer Methodik im NLP, kann für verschiedene Zielgruppen und Themen angewendet werden.

Einsatzziel

In diesem Tool geht es darum, Wahrnehmungs- und Motivationsmuster des Klienten und auch von weiteren Personen, mit denen dieser zu tun hat, herauszufinden. Dies geschieht insbesondere sprachlich, aber auch körpersprachlich. Mithilfe dieses Tools kann man sowohl eigene als auch die Sortierungs- und Motivationsmuster von anderen kennenlernen und daraus Erkenntnisse und neue Verhaltensweisen ableiten.

Coaching-Phase

Anzuwenden in der Arbeitsphase.

Dauer

30-60 Minuten, je nach Ausführlichkeit und Tiefe.

Voraussetzung/ Vorbereitung

NLP-Ausbildung und ggf. eine Übersicht über Sorting Styles – siehe Darstellung unten, ergänzt um einen Fragebogen.

Beschreibung

1. Schritt

Erklärung der „Metaprogramme/Sorting Styles" und deren Bedeutung für den Klienten sowie deren Anwendung, wenn man die Bedeutung der Metaprogramme erkannt hat.

Hier die wichtigsten im Überblick (gekürzte Tabelle aus: NLPedia – NLP-Enzyklopädie, www.NLpedia.de):

Name	Erklärung	Frage
Motivation: Hin zu – weg von	Manche Menschen fühlen sich eher dadurch motiviert, dass sie sich zu etwas hingezogen fühlen, andere wollen eher unangenehmen Dingen entfliehen.	Zieht es Dich zu etwas Positivem hin oder willst Du etwas vermeiden?
Bezugsrahmen: Internal – external	Bildest Du Deine Urteile und Entscheidungen aus Dir heraus oder abhängig davon, was andere denken?	Machst Du Deine Entscheidungen davon abhängig, wie Du die Dinge siehst oder was andere denken (könnten)?
Menschen – Dinge	Der Fokus kann auf Personen oder auf Sachen gerichtet sein.	Achtest Du eher auf Menschen (weil sie spannend sind) oder auf Dinge (vielleicht weil Dir Menschen unberechenbar erscheinen)?
Gleichheit – Unterschiedlichkeit	Bei vergleichbaren Dingen liegt der Fokus auf den Gemeinsamkeiten oder auf den Unterschieden.	Achtest Du auf das, was Du mit jemandem gemeinsam hast oder auf Eure Unterschiede?
Global – spezifisch/Detail	In der Betrachtung von komplexeren Sachverhalten liegt der Fokus auf dem großen Ganzen oder auf den konkreten Details.	Willst Du Überblick oder es ganz genau wissen?
Chancen – Risiken	Bei vergleichbaren Dingen liegt der Fokus auf den Chancen oder auf den Risiken.	Achtest Du eher auf Möglichkeiten oder Gefahren?
Zeitorientierung: Vergangenheit, Gegenwart, Zukunft, zeitlos	Worauf liegt zeitlich der Fokus?	Ist Dir ein Zeitaspekt wichtiger als die anderen – und wenn ja, welcher?
Selbst – andere: Ich – Du – Wir	Worauf liegt bei Personen der Fokus?	Worum geht es Dir? Um Dich, um andere, um uns?
Dissoziiert (denkend) – assoziiert (fühlend)	Liegt die Präferenz des Beteiligten auf der Betrachtung von außen oder auf dem Mittendrinsein (-wollen)?	Bist Du eher ein Denker/Außenstehender oder ein „Fühler"/Beteiligter?
Träumer – Realist – Kritiker	Der Fokus kann auf eigenen oder fremden Ideen liegen, auf der Umsetzung dieser Ideen oder auf den Problemen, die bei der Umsetzung oder danach vielleicht entstehen können.	Liegt Dein Fokus auf dem, was sein könnte, darauf, es umzusetzen oder achtest Du auf das, was schiefgehen könnte?
Wahrnehmungskanal: Sehen Hören Lesen Fühlen Tun	Sehen: muss Beweise sehen Hören: muss etwas hören Lesen: muss etwas lesen Fühlen: muss es fühlen, spüren Tun: muss etwas tun	Woran erkennst Du, dass jemand anderer seine Arbeit gut macht?

2. Schritt

Gemeinsame Analyse der Metaprogramme des Klienten anhand von Fragen und von Beispielen (siehe Tabelle).

Sie können den Klienten bitten: *„Nennen Sie mir die ersten Sätze, die Ihnen zu den beschriebenen Fragen oder Situationen in den Sinn kommen."* Auf dieser Basis können Sie sehr schnell die wesentlichen Metaprogramme des Klienten analysieren. Ich habe dazu einen eigenen Fragebogen auf Basis der obigen Tabelle weiterentwickelt.

Außerdem können Sie eine grobe Analyse der möglichen Metaprogramme weiterer Beteiligter innerhalb des Systems des Klienten mit ihm vornehmen.

3. Schritt

Transfer auf die Thematik des Klienten. Beispiel: Der Klient beschreibt, dass er Kommunikationsschwierigkeiten mit dem Chef habe. Während dieser immer wieder über unglaubliche Möglichkeiten und neue Projektchancen spreche, denen man sich zuwenden müsste, um den Umsatz zu multiplizieren und damit die Company immens voranzubringen, wird dem Klienten immer ganz flau. Außerdem ist er nervös, weil ihm das alles viel zu groß und zu nebulös und unkonkret ist. Gleichzeitig hat der Klient das Gefühl, dass die konkreten Tagesprojekte nicht fertiggestellt werden und definitiv an Detailorientierung und Qualitätssicherung mangeln lassen. Derartige Beschreibungen einer Konfliktsituation eignen sich gut dazu, zu analysieren, welche Metaprogramme der Klient und auch sein Chef vermutlich bevorzugen, um zu verstehen, wieso beide auf so unterschiedlichen Kanälen senden, empfangen und motiviert sind. Mit dieser Erkenntnis versehen, können hilfreiche Lösungen entwickelt werden.

Konkretes Beispiel

Mein Coaching-Klient war ca. 50 Jahre alt und ich hatte ihn bereits in einem Seminar bei mir kennengelernt. Er bat um eine Einzelsitzung zur persönlichen Thematik. Es ging ihm um einen Konflikt mit seinem Vorgesetzten. Er beschrieb ein paar Situationen, die er als äußerst schwierig empfand und gerne für sich klären wollte.

Ich beschrieb ihm die neurologischen Ebenen und erklärte ihm, auf welcher Ebene man ansetzen muss, damit Menschen zu Veränderungen bereit sind, und interviewte ihn. Dann stellte ich ihm die Metaprogramme vor und fragte ihn, wie er sich denn selbst wahrnähme und ergänzte um meine Eindrücke aus dem Interview.

Danach befragte ich ihn über die Metaprogramme, die er aufseiten seines Chefs vermuten würde. Es kamen sehr schnell ein paar deutlich unterschiedliche Wahrnehmungsfilter heraus, die für ihn deutliche Erklärungen zu bereits erlebten Unstimmigkeiten ergaben. Auch halfen sie ihm zu verstehen, wieso beide häufiger unterschiedliche Verständnisse zu bestimmten Themen und Reaktionen zeigten und offensichtlich aneinander vorbeiredeten.

Mögliche Probleme

Die Metaprogramme sind durch sensibles Zuhören und Wahrnehmen identifizierbar. Allerdings sollte sowohl die eigene Sprachkompetenz ausgeprägt genug sein als auch die Kenntnis über die Ausdrucksqualitäten des Gesprächspartners, bevor man Interventionen und Tools nutzt, die eine besondere Spracherkennungskompetenz voraussetzen. In diesem Fall sollte Englisch so gut beherrscht werden, dass man in der Lage ist, die wesentlichen Metaprogramme aufgrund der gegebenen Antworten zu identifizieren.

Sollte ein Kandidat neben der Fremdsprache einen ausgeprägten Slang besitzen, wird die Identifizierung der Metaprogramme ggf. noch herausfordernder.

3. Kritische Coaching-Tools

Grundsätzlich würde ich sagen, sind Tools, die einen spirituellen oder emotional sehr tief gehenden Eindruck machen bzw. tiefenpsychologisch anmuten, mit Vorsicht zu genießen. Die Briten, mit denen ich bisher im Coaching gearbeitet habe, waren sehr strategisch, analytisch ausgerichtet. Die unternehmerischen Ausgangslagen sind von hohem wirtschaftlichem Druck geprägt und die Coachings sind immer auch mit dem klaren Wunsch versehen, umsetzbare, nachhaltige Ergebnisse zu erzeugen, mit denen der Klient in seiner täglichen Arbeit einen „wirklichen Unterschied“ machen kann. Das heißt zwar nicht, dass die Klienten nicht auch bereit waren, sich auf emotional berührende Themen einzulassen, wenn sie vorlagen oder im Prozess auftauchten. Allerdings war dafür ein hohes Maß an Vertrauen erforderlich.

Außerdem würde ich als nichtmuttersprachlicher Coach außerordentlich achtsam mit der englischen Sprache und insbesondere in der Anwendung von Humor oder gar Sarkasmus, aber auch von kritischen Kommentaren sein. Briten sind tendenziell sehr humorvoll. Sie haben auch vielfach kein Problem dabei, sich selbst oder ihre Organisation schon mal mit einer Bemerkung „aufs Korn“ zu nehmen. Gleichzeitig sind sie in ihrer Sprache häufig sehr gewählt und höflich, sehr angemessen und wenig direkt klar und deutlich kritisierend. Wenn man als deutscher Coach mit den „Feinheiten der Sprache“ und der Kultur nicht allzu vertraut ist, dann würde ich humoristische, provokante oder sarkastische Interventionen nicht empfehlen. Die Fettnäpfchen der Missverständnisse stehen überall herum.

Gleichzeitig habe ich sehr gute Erfahrungen damit gemacht, sprachliche Unverständnisse zum Thema auch im Coaching zu machen und kulturelle Aspekte darin gleich mit zu besprechen. Das ist erstens immer willkommen gewesen, da viele Briten hilfsbereit sind, solange es nicht zu langatmig wird, es darf nicht in „blabla“ ausarten.

Kritisch: Das Innere Team

Nach F. Schulz von Thun, 2009.

Zielgruppe, Themen

Vom Grundsatz keine Einschränkung in der Zielgruppe. Dieses Tool ist grundsätzlich sehr hilfreich.

Einsatzziel

Erkenntniserzeugung der innen Anteile, der inneren Stimmen und Antreiber, all der inneren Persönlichkeitsbeteiligten und Kräfte, die uns manchmal in die eine Richtung und mal in die andere Richtung ziehen und dazu beitragen, dass wir sind, wer wir sind und wie wir handeln. Die Erkenntnis über unsere inneren Teammitglieder und die Gewinnung der inneren Klarheit über diese hilft, sich selbst zu steuern und nur darüber kann es auch final gelingen, im guten Kontakt und in die Führung mit anderen zu gehen. „Wer mit sich selbst im Reinen ist, kann der Welt mit vereinten (inneren) Kräften begegnen!" – F. Schulz von Thun beschreibt mit diesem Modell eine hilfreiche Vorgehensweise, mit sich in guten Kontakt und in die richtige Verhandlung zu kommen, um mit Klarheit dadurch auch anderen bestmöglich begegnen zu können (Schulz von Thun, 2009).

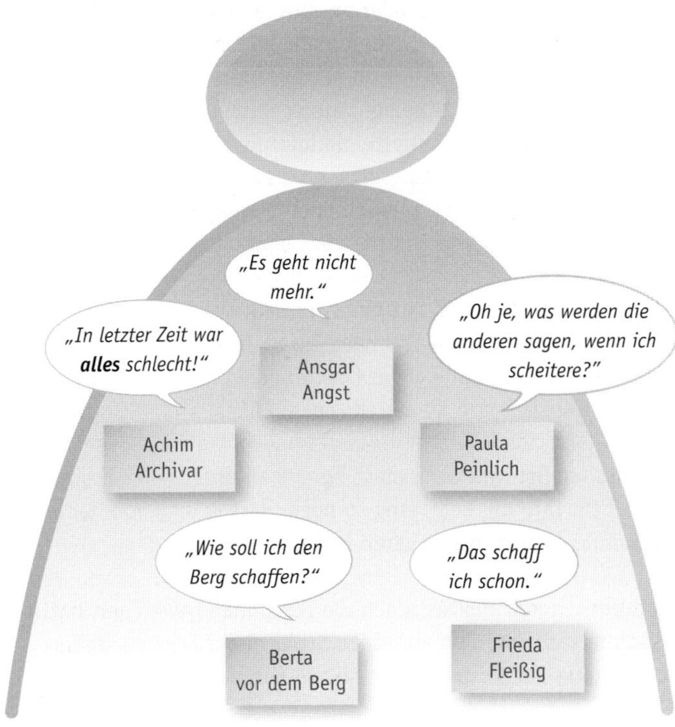

Abb.: Ein Inneres Team (aus: „Reflexion im Training, S. 255).

Coaching-Phase Arbeitsphase, Klärungsphase.

Funktioniert weniger gut, weil ... Im konkreten Fall ist es sicher eine Mischung aus vielen Themen gewesen, die die Anwendung erschwert haben. Um ehrlich zu sein, kann ich nicht hinreichend begründen, wieso das Tool in UK vom Grundsatz nicht funktionieren sollte, allerdings war es im folgenden Fall nicht hilfreich.

Konkretes Beispiel Es handelte sich um eine international verantwortliche und agierende Führungskraft aus einem großen, internationalen Konzern. Das Coaching-Thema war eine desaströse Arbeits- und Projektsituation. Das Projekt stockte, Entscheidungen wurden nicht getroffen, es ging um Millionen und auch um viele Mitarbeiter. Zum Coaching-Start war der zu coachende Klient bereits stark burnout-gefährdet, hochgradig frustriert und belastet durch die gesamte Situation.

An einer Stelle im Coachingprozess erschien es hilfreich, das innere Team vor allem im Sinne der eigenen inneren Kräfte zur Unterstützung heranzuziehen und ihm zu helfen, sich darauf zu besinnen, wie er in anderen Fällen derartige Situationen bereits sehr erfolgreich bewältigt habe.

Er hatte die inneren Teammitglieder um ihn herum auf dem Fußboden angeordnet. Doch schien es, als würden alle „inneren Teammitglieder" nur zusätzlich dazu beitragen, ihn in seinem Drama zu bestärken bzw. ihn herunterzuziehen. Alle Stimmen, die er formulierte, waren negativ, destruktiv, egal, wie ich formulierte, umformulierte und ihm mit „Reframings" neue Perspektiven zu eröffnen versuchte. Er befand sich in einem tiefen, schwarzen Loch und ich mich augenscheinlich in einer Patt-Situation, die eine neue Intervention benötigte.

Ich bat ihn, aufzustehen und mit mir ein Stück abseits des inneren Teams zu wechseln und fragte ihn nach Ideen, die ihm kämen, wenn er sich vorstellte, er wäre sein eigener Coach und würde sich selbst von außen sehen und als Coach begleiten (Leao, 2012).

Doch augenscheinlich war auch diese bereits externalisierte Position noch zu nah für ihn, die Belastung so hoch, dass er sich von der eigenen Position noch nicht dissoziieren konnte.

Erst, nachdem ich mit ihm mehrfach die Positionen gewechselt hatte und ihn schließlich bat, sich auf einen Stuhl in der Ecke zu stellen und die Thematik des Klienten dort hinten von oben zu betrachten, fing er an, sarkastisch zu lachen. „*Ja, von hier ist das ja leicht. Von hier ist das so, als wäre ich ein externer Berater, die schauen immer von oben herab und wissen alles. Und wenn es an die Umsetzung geht, dann springen sie ab.*"

Ich habe ihn gefragt, was denn von dort oben aus leicht wäre und er als Berater dem Kollegen dort hinten zu tun empfehlen würde, um sich selbst und der Umsetzung des Projekts bestmöglich zu helfen. Und er formulierte in ein paar Minuten einen sehr konkreten zehn Punkte-Plan. Offensichtlich war die eigene Belastung so groß, dass hier nur eine deutlich externalisierte, Metaposition half, wichtige Lösungs- und zielführende Schritte selbst zu erkennen.

Mögliche Ursachen für die Problematik

Der Klient war hochgradig belastet und kurz vor dem Zusammenbruch. Er war dringend darum gebeten worden, einen Coach zurate zu ziehen und hatte das Gefühl, ihm wird ein Coaching auferlegt. Außerdem war er, und das haben wir bei der Reflexion zum Ende der ersten Sitzung auch herausgearbeitet, therapiebedürftig.

Gegebenenfalls hat das Tool bzw. meine Hinführung zur Thematik zu psychologisch geklungen, dass er zunächst sehr blockiert war. Möglicherweise war meine Wortwahl im Englischen nicht angemessen? Oder ich habe ggf. auch kulturell etwas übersehen, was sich mir nicht erschlossen hat.

Lösungsoptionen/ Alternativen

Woran lag es? War es das Tool, war es meine Einführung, war es seine ausgesprochen belastete Konstitution, war es ein kulturelles Thema, welches die Anwendung des Tools schwierig machte und daher hier für den UK-Bereich nicht unbedingt zu empfehlen ist?

Um ehrlich zu sein, ich habe darauf nicht die eine Antwort. Alles können mögliche Gründe für die zunächst blockierte Coaching-Situation gewesen sein – oder auch noch ganz andere. Jedes Coaching ist anders. Jedes Tool ist so gut wie der Anwender, der es nutzt, die Thematik und Situation, die es anbietet und es zum jeweiligen Klienten passt.

Ist es möglich, dass Tools oder Interventionen nicht funktionieren? – Absolut! Und ist Ursachenforschung dann hilfreich? – Auf jeden Fall! Ich glaube, dieses Coaching war ein Beispiel dafür, dass vieles zusammenkommen kann, es nicht nur eine Antwort auf die Frage von Erfolg und Misserfolg im Coaching gibt, aber viele Möglichkeiten, daraus zu lernen.

Im konkreten Fall war eine Lösungsoption unter anderem von mir, seine sehr hohe psychische Belastung anzusprechen und ihm auch zu empfehlen, sich psychologisch und auch gesundheitlich begleiten zu lassen. Denn es war ganz klar, dass mein Klient Unterstützung benötigte, die über Coaching hinausging. Er hat diese Empfehlung angenommen und wir haben später weitergearbeitet, als es ihm wieder besser ging.

Das heißt auch: Eine Alternative ist ebenfalls, zu wissen und zu merken, wann die Coaching-Kompetenz die eigenen Grenzen erreicht und wann ein Klient andere Expertise zur Begleitung benötigt und die Finger vom therapeutischen Feld zu lassen.

4. Hilfestellungen

Zentrale Aspekte für den Erfolg von Coaching in Großbritannien

- Sie sollten als Coach mit der britischen Kultur vertraut sein, insbesondere mit sprachlichen Gepflogenheiten etc.
- Bringen Sie generell kulturellen Weitblick und Offenheit mit, das gilt nicht nur für Coaching von Briten, sondern für jedes internationale Coaching. Denn obwohl wir geografisch so nah beieinander liegen und obwohl Coaching auch in UK bzw. bei Briten weit verbreitet ist, gibt es viele kulturelle Unterschiede, die sich nicht auf den ersten Blick erschließen. Daher ist es immens wichtig, seine eigenen Urteile und Vorurteile immer wieder auch als Coach mitzureflektieren.
- Auch ist es wichtig, sich über die historische Dimension im Klaren zu sein, die das „United Kingdom" über Jahrhunderte mitbringt. Viele Briten sind stolz auf ihre parlamentarische Monarchie, auf ihr Königshaus, auf ihre immer noch politisch aktive Aristokratie im Oberhaus und überhaupt auf die Jahrhunderte der Herrschaft und der Errungenschaften, die dieser Nation entstammen. Selbst wenn das so nicht verbal benannt wird, ist es doch ein kultureller Bestandteil, der sich von der deutschen Kultur unterscheidet. Es ist aus meiner Sicht sehr hilfreich, diese Historie im positiven Sinne achtsam zu behandeln und im Hinterkopf zu behalten.
- Außerdem ist es möglich und sinnvoll, zu Beginn noch einmal Begriffsklärung zwischen Coaching, Counselling und Training zu betreiben, um Missverständnissen und missverständlichen Erwartungshaltungen vorzubeugen.
- Meiner Erfahrung nach sind höhere und hohe Führungskräfte, die in internationalem Kontext arbeiten und verantwortungsvolle Positionen bekleiden, eher an Zahlen, Daten, Fakten ausgerichtet und ergebnis- und lösungsorientiert. Alles, was diese Grundsatzpräferenz zunächst unterstützt, ist hilfreich und trägt sicherlich

deutlich zum Vertrauensaufbau bei, der dann auch weitere Themen unterhalb der „Oberfläche" besprechbar macht, wenn es ansteht.

- Generell gilt: Briten sind meiner Erfahrung nach ausgesprochen höflich, humorvoll und integrativ sowie auch integrationsbereit und offen, sofern man sie respektiert und wertschätzt und selbst offen und neugierig auf sie, ihre Kultur und für ihre Qualitäten ist.

Literaturhinweise, Quellen

Friebe, J (2012): Reflexion im Training. Aspekte und Methoden der modernen Reflexionsarbeit. 2. Aufl. Bonn: managerSeminare.

Kerth, K. & Asum, H., Nührich, K.-P. (2007). Die besten Strategietools in der Praxis. München: Carl-Hanser.

Leao, A. & Hofmann, M. (Hrsg.) (2012): Fit for Change, (3. Aufl.). Bonn: managerSeminare.

Leao, A. (2007): Balanced Coaching – der Return on Invest für Coaching Massnahmen. In: Strikker, F. (Hrsg. 2007), Coaching im 21. Jhd. Augsburg: Ziel-Verlag.

Hofmann, M. (2012). Stakeholderanalyse. In: Leao, A. & Hofmann, M. (Hrsg) (2012). Fit for Change. (3. Aufl.). Bonn: managerSeminare.

Schulz von Thun, F. (2009). Das innere Team in Aktion. (4. Aufl.). Hamburg: Rowohlt.

Schulz von Thun, F.: Miteinander reden, Bd. 3. Hamburg: Rowohlt.

2012 ICF Global Coaching Study – Executive Summary – im Internet abrufbar.

Bresser, F. (2009). Global Coaching Survey2009 – Europe – im Internet abrufbar.

Bresser, F. (2009). Global Coaching Survey2009 – im Internet abrufbar.

Bresser, F. (2009). Global Coaching Survey2009 – Executive Summary – im Internet abrufbar

HDA Executive Coaching Survey Results 2010 – im Internet abrufbar.

WTO-Welthandelsbilanzorganisation – Veröffentlichung 2011 – im Internet abrufbar.

NLP-Enzyklopädie unter: www.NLpedia.de; die Tabelle ist ein Auszug aus der Gesamttabelle der NLP-Enzyklopädie.

5. Über die Autorin

Mein Coaching-Selbstverständnis ist: „Alles ist in Dir", ich bin als Coach lediglich der Begleiter auf dem Weg der eigenen, besten Lösungsfindung. „We are fellow travelers for a while!" – beschreibt für mich den Coachingprozess wie auch die eigene, innere Haltung als Coach wunderbar.

Seit wann coachen Sie?

Ich arbeite seit 1998 als Coach, zunächst u.a. als Personal- und Organisationsentwicklungsleiterin auch intern coachend, seit Anfang 2004 als selbstständiger Coach, Moderatorin und Prozessbegleiterin für Veränderungsprozesse.

Welche Coaching-Ausbildung haben Sie?

Ich bin Dipl. Kauffrau, Dipl. Familientherapeutin – Systemische Familientherapie, NLP-Master und Reiki-Master-Teacher. Darüber hinaus habe ich eine Coaching-Ausbildung, eine Trainer- und eine Prozessbegleiterausbildung.

Ich bin Mitentwicklerin und Lehrbeauftragte des ersten deutschen, universitären Coaching-Studiums zur Ausbildung und Zertifizierung von Coachs – Universität Bielefeld & ZWW sowie Buchautorin einer Vielzahl von Studienbüchern für die Universität Bielefeld und Europäischen Fernuniversität zum Thema Coaching.

Ich bin Lehrbeauftragte an diversen Universitäten und Hochschulen zum Thema „Coaching, internationales Change-Management", Konfliktmoderation und Mediation".

Außerdem habe ich als Herausgeberin und Autorin mehrere Bücher zu den Themen Coaching, Change und Emotionale Intelligenz geschrieben.

Seit wann coachen Sie Klienten im Kulturkreis Großbritannien?

Ich begleite u.a. Klienten aus bzw. in UK lebend seit Ende der 1990er-Jahre, ausschließlich für große international operierende Konzerne. Ich möchte diesen Hinweis explizit machen, denn mein Erfahrungshintergrund als Coach in Großbritannien bzw. mit Briten bezieht sich auf

Führungskräfte aus internationalen Großkonzernen. Möglicherweise gibt es Coaching-Erfahrungen, die sich unterscheiden, wenn man in mittelständischen, privat geführten Unternehmen in Großbritannien coacht. Das heißt, neben länderspezifisch kulturellen Unterschieden gibt es immer auch die nationalen/regionalen und organisationsstrukturellen Unterschiede, die in ein Coaching einfließen.

Für Großbritannien kann ich nur für den internationalen Großkonzern-Kontext sprechen.

In welchem Kontext arbeiten Sie als Coach im Kulturkreis Großbritannien?

Schwerpunkte im Coaching sind Einzelcoachings von Executives und Senoir Executives sowie auch von ausgewählten „High Potentials", die auf bestimmte, zukünftige Tätigkeiten gezielt durch Coaching begleitet, vorbereitet werden sollen.

Industrie- und Branchenschwerpunkte sind die Automobilindustrie sowie die Automobilzuliefererindustrie, die Energiebranche, die IT-Branche.

Zu welchen Schwerpunktthemen coachen Sie?

Schwerpunkte im Coaching sind Leadership-Themen (Personalentwicklung, MA-Krisen, Verfeinerung der eigenen Führungsqualitäten etc.), eigenes, persönliches Wachstum und Karriereentwicklung, Krisenbegleitung, Konfliktklärungsbegleitung, Visionsentwicklung (persönlich wie auch bereichs- oder unternehmensbezogen), je höher die Ebene, desto mehr strategische und Unternehmensentwicklungsschwerpunkte, sowie verstärkt auch Work-Life-Balance-Themen und Teamcoaching.

Interkulturelles Coaching in ...

USA

In diesem Beitrag finden Sie:

1. Coaching in den USA – eine Einführung

von Sabine Mrazek

Wie verbreitet ist Ihrer Ansicht nach Coaching in den USA?

Vergleichbar mit deutschem Entwicklungsstand

Die Coaching-Entwicklung in den USA ist im Großen und Ganzen mit dem deutschen Entwicklungsstand, in unterschiedlichen Nuancen, vergleichbar.

Einerseits befindet sich der US-amerikanische Markt in einer ähnlichen Situation wie der deutsche Coaching-Markt: Auch hier hat sich ein vielfältiger Coaching-Anbietermarkt entwickelt. Mit über 10.000 Business Coachs stehen die USA in internationalem Vergleich an erster Stelle (Bresser, 2009). Differenziert wird vorwiegend zwischen Executive Coaching, Middle Management- und Young-Professional-Coaching sowie zwischen Business Coaching und Life Coaching. Es gibt zwei Coaching-Verbände im Land, wobei vor allem der ICF (International Coaching Federation) zu nennen ist, der weltweit agiert und für wesentliche Qualitätsstandards am Markt gesorgt hat.

Andererseits sind die Begriffe Coaching und Coach in den USA weitaus verbreiteter und vielen vertrauter als beispielsweise in Deutschland. Dies hat auch einen Grund: Es gibt kaum einen US-Amerikaner oder eine US-Amerikanerin, die nicht an den Schulen mit Sport-Coachs groß geworden sind. Der Begriff Coaching ist deshalb positiv belegt.

In der Praxis stolpert man allerdings öfters über den Interpretationsspielraum des Begriffs Coaching, unter dem viele US-Amerikaner Training verstehen. Hierbei kommt ein zentraler Unterschied zum deutschen Markt zum Vorschein: Bemüht man sich hierzulande eher um die Abgrenzung von Coaching zu Supervision oder Psychotherapie, so konzentriert sich die Debatte in den USA tendenziell eher um die Abgrenzung von Coaching zu Training.

Nachdem die frühere Definition aus den Siebzigern (Mintzberg, 1973) – nämlich dass Coaching eine Maßnahme ist, damit Manager Defizite ihrer Mitarbeiter korrigieren können – längst überholt ist, hat sich Business Coaching als pragmatischer Ansatz in Veränderungsprozessen etabliert, und zwar für Verhaltensänderung von Managern auf den unterschiedlichsten Führungsebenen. Große Unternehmen haben Coach-Pools eingerichtet, CEOs nutzen Business Coachs ebenso wie die Manager der anderen Führungsebenen.

Vergleichsweise hoher Anteil an Telefoncoachings

Als Besonderheit des US-amerikanischen Marktes zählt zweifelsohne der einzigartig hohe Anteil des Telefoncoachings von sechsundfünfzig Prozent gegenüber dem klassischen Face-to-Face-Coaching von vierzig Prozent (ICF, 2009). Frei nach dem Grundsatz „Zeit ist Geld" und der Gegebenheit der langen Entfernungen nutzen US-Amerikaner viel ungezwungener und selbstverständlicher die Möglichkeit des Telefoncoachings.

Für welche Anlässe wird Coaching in den USA eingesetzt?

Business- und Managerthemen sowie Karriereentwicklung verstärkt bevorzugt

Einer weltweit durchgeführten Coaching-Studie zufolge (ICF, 2009) ist zu entnehmen, dass das Arbeitsfeld eines Coachs in den USA ähnlich weitgefächert ist wie in Deutschland. Allerdings stehen der Studie zufolge offenbar Business- und Managementthemen sowie Karriereentwicklung an erster Stelle vor den Coaching-Anlässen zur Stärkung von Selbstwert und Selbstvertrauen sowie Work-Life-Balance. Nutzt in Deutschland beispielsweise nur jeder elfte Manager einen Coach als Reflexionspartner für wichtige Managementthemen, so zieht in den USA offensichtlich jeder sechste Manager einen Coach hinzu, um neue Handlungsoptionen und Sichtweisen zu gewinnen (ICF, 2009).

Manager – ob CEO, Senior oder Middle Manager –, die schnell aufgestiegen sind und nun sowohl ihre Einstellung als auch ihr Verhalten „anpassen" möchten, nehmen sich ebenso einen Coach an ihre Seite wie auch diejenigen, die einen Karriereaufstieg anstreben und die notwendigen Ressourcen entwickeln möchten (Judge & Cowell, 1997). Ob Unternehmer oder angestellt, in Zeiten von Krisen nutzen US-Manager offensichtlich nach wie vor häufig einen Coach, um neue Visionen und Möglichkeiten außerhalb ihres bisherigen Denkens und Erfahrungsfeldes zu erschließen.

Wie ist die gesellschaftliche Sicht auf das Thema?

Generell ist mein Eindruck, dass die gesellschaftliche Sicht auf das Thema Coaching in den USA ungezwungen ist. Hat jemand einen Coach, so wird dies weder negativ noch besonders positiv bewertet. Oftmals wird Coaching auch praktikabel in andere Beratungsformen integriert. Da US-Amerikaner per se eine entspanntere Einstellung zu Öffentlichkeitsarbeit haben, spricht man viel offener über Coaching als anderswo.

Wendet man das Augenmerk auf den Mikrokosmos des Einzelnen, so höre ich in den USA kaum Aussagen wie beispielsweise in Deutschland: *„Oh, ich muss auf die Couch?!"* Viel eher ist die erste Reaktion der Klienten: *„Klasse, ich wusste gar nicht, dass ich auch im beruflichen Umfeld einen Coach bekommen kann!"* Allerdings gibt es einen Unterschied zwischen denjenigen, die einen Coachingprozess selbst initiieren und denjenigen, die von ihrem Unternehmen geschickt werden. Wie auch anderswo, kann es bei zuletzt Genannten schnell geschehen, dass sie es zunächst als Zeichen von Schwäche empfinden, wenn der Vorgesetzte ihnen ein Coaching anträgt. Allerdings gibt es in diesem Kulturkreis meiner Einschätzung nach kritische Punkte: Erstens erlebe ich, dass US-Amerikaner – von der inneren Grundhaltung her – gemocht werden wollen („he wants to be liked") und demnach kann es schwierig sein, in einem Defizitgefühl (vor allem für längere Zeit) zu verharren. Zweitens habe ich die Erfahrung in meinen Coachings gemacht, dass negatives Empfinden weder deutlich noch direkt angesprochen wird, wie es vergleichsweise ein deutscher Klient tun würde. Hier ist der Coach gefragt: Eine motivierende, zukunfts- und ressourcenorientierende Grundhaltung kann die Sicht des Klienten in Windeseile wenden und somit den Raum für ein erfolgreiches Coaching eröffnen und somit den Blick auf Coaching wieder ins Positive wenden.

Häufig positiv eingestellt auf eigenverantwortliches Agieren

Ein weiterer Aspekt, der die allgemein positive Sicht auf Coaching verstärkt, ist meiner Meinung nach die Tatsache, dass für viele US-Amerikaner eigenverantwortliches Agieren und das Betreten von Neuland seit jeher zum Alltag gehören. Warum sollte er dann nicht eine kraftvolle und wirkungsvolle Unterstützung zur Erreichung seiner Ziele nutzen? Es gibt nun mal keine Absicherung durch den Staat wie in einigen europäischen Ländern. Daher ist es fast selbstverständlich, auch in Krisenzeiten im Coaching neue Ideen zu generieren. In diesem Sinne gehen teilweise auch Executives dazu über, ihre Coachings selbst zu zahlen, falls die Unternehmen die Budgets kürzen.

Rollenbilder: Wie würden Sie die typische Beziehung zwischen Coach und Coachee in den USA beschreiben?

Eher partnerschaftliche Beziehung

Die Coaching-Beziehung basiert auf einer co-created partnership relation; also partnerschaftlich auf Augenhöhe. Die der US-amerikanischen Kultur zugrundeliegenden Werte Freiheit und Unabhängigkeit drücken sich auch hier besonders aus. Zwar gibt es auch Coachs, die einen eher direktiven Coachingstil anwenden, doch das Gros agiert in einem nondirectiven Coachingstil (Bresser, 2009). Der Klient bestimmt den Fokus des Coachings.

Stimmt die Beziehungsebene, so nehmen meiner Erfahrung nach US-amerikanische Klienten Empfehlungen und auch Tipps sehr gerne an und erwarten sie oftmals auch. Wichtig ist, Klienten auf ihrer optimistischen, in die Zukunft gerichteten Wellenlänge wertzuschätzen und „groß zu denken".

In welchen Bereichen mussten Sie das klassische Grundkonzept von Coaching anpassen um erfolgreich coachen zu können?

Mit der vielleicht naheliegenden Vermutung, ein Coachingprozess im US-amerikanischen Kulturkreis gestaltet sich kürzer als anderswo, liegen die meisten falsch: Circa sechzig Prozent aller Coachingprozesse erstrecken sich nämlich genau wie in Deutschland über drei bis zwölf Monate (ICF, 2009). Allerdings schließt in Deutschland jeder fünfte Klient seinen Coachingprozess bereits nach drei Monaten ab, was in den USA recht selten vorkommt. Im Gegenteil, der durchschnittliche US-Klient nutzt seinen Coach oftmals ein bis zwei Jahre (18,5%) oder gar bis zu fünf Jahre (13%) (ICF, 2009).

Eine Frage der Haltung

Das A und O in einem gelungenen Coaching ist meiner Meinung nach neben den Tools vor allem die Haltung. Um in der Lage zu sein, einen US-amerikanischen Klienten erfolgreich coachen zu können, sollte sich der Coach demnach in dessen Kultur „einfühlen" und so weit wie möglich in das Denken eintauchen. Von den kulturspezifischen Dimensionen (Hofstede, 1997) muss sich der Coach vor allem mit den beiden Dimensionen „Individualismus versus Teamorientierung" und „Unsicherheitsvermeidung" innerlich vertraut machen. Die Dimension „Individualismus" ist im weltweiten Vergleich in den USA am höchsten ausgeprägt und weicht sehr von deutschen Vorstellungen ab. Der niedrige Faktor der „Uncertainty Avoidance" steht für eine hohe Toleranz, Offenheit für vielfältige Ideen und weniger starre Regeln. Meiner Meinung nach müssen die Coachhaltung, die Form der Fragetechniken und der Einsatz der Tools wertungsfrei auf diesen, deutlich von der deutschen Kultur abweichenden, US-amerikanischen Werten fußen.

Eher gegenwarts- oder zukunftsbezogenes Denken und Handeln

Ich habe die Erfahrung gemacht, dass sich die Phase des Beziehungsaufbaus mit einem US-amerikanischen Klienten oftmals verhältnismäßig kurz gestaltet. Man könnte voreilig zu einer Schlussfolgerung von Oberflächlichkeit gelangen. Doch dem ist nicht so! Ich denke, dies hat viel mehr mit den kulturellen Werten zu tun, die dem Denken, Fühlen und Handeln zugrunde liegen. Meiner Einschätzung nach tendieren US-Amerikaner kulturbedingt zu gegenwartsbezogenem Handeln und richten ihren Blick und ihr Denken in die Zukunft. Ich erlebe, dass Deutsche eher dazu neigen, den Blick zunächst in die Vergangenheit zu richten, um Gründe und Ursachen zu erforschen. Erst im weiteren Schritt richten sie ihr Augenmerk in die Zukunft. Dieser Unterschied findet im Alltag und Geschäftsleben ebenso seinen Ausdruck wie in Kommunikation und Beziehungen. Ein Beispiel hierfür sind Reden und Präsentationen: Beinhaltet die Präsentation eines US-Amerikaners selten Informationen über Vergangenes, so beginnen deutsche Redner fast immer mit der Historie. Ebenso verhält es sich mit Beziehungen: Für einen Deutschen ist eine gute Beziehung häufig verbunden mit der Dauer des Kennens. Für viele US-Amerikaner ist das aktuelle Auskommen miteinander und das jeweilige individuelle Ziel dagegen eher von Bedeutung (Kohlert, 1999, S. 97 ff.).

Genau in diesem Kontext ist auch der Verlauf des gesamten Coachingprozesses zu sehen. Meine Coachings mit US-amerikanischen Klienten sind häufig weitaus ergebnis- und zielorientierter als mit deutschen Klienten. Um eine tragfähige und ergebnisreiche Coaching-Beziehung aufzubauen und aufrechtzuerhalten, benötigen deutsche Klienten häufig einen vorangegangenen Prozess, der sich meist in Warum-Fragen, Diskussionen und tieferen Selbstreflexionen widerspiegelt. US-amerikanische Klienten haben ihre Sensoren in der Regel eher auf die Zukunft und auf das Ergebnis ausgerichtet. Hier höre ich als Coach viel häufiger vorwärtsgerichtete Fragen wie: *„Was kann ich als Nächstes tun?“*

2. Passende Coaching-Tools

Die im Detail beschriebenen Tools sind von der Autorin selbst entwickelt. Ähnlichkeiten zu anderen Coaching-Tools sind durchaus möglich. Siehe hierzu auch „Coaching-Tools" (Rauen, 2008).

Allgemeine Angaben

Prinzipiell empfehle ich für ein Coaching in den USA alle Tools, die eine starke Zukunftsorientierung innehaben und ein wirkliches Verlassen des bisherigen Denkens verursachen. Entsprechend habe ich die Erfahrung gemacht, dass sämtliche Tools zur Visionsfindung sehr gut in den USA funktionieren. Die Wunderfrage (Steve de Shazer, 1988) in vielfältigen Schattierungen zählt ebenso zu den wirkungsvollsten Tools wie auch alle anderen, sonst im Coaching üblichen, systemischen Frage-Interventionen. Hierbei handelt es sich um Fragen, die zur Unterbrechung bisheriger, automatisch ablaufender Muster und zum Einnehmen einer neuen Sichtweise dienen; beispielsweise zirkuläre Fragen (Simon, 1999): *„Woran würde Ihr Kollege Ihre Veränderung merken?"*

Eine relativ schnelle, praktikable Umsetzung und ein ausgeprägt ergebnisorientierter Coachingprozess treffen das Wesen der Kultur.

Aufgrund der Tatsache, dass in den USA sehr viel Telefoncoaching in Anspruch genommen wird, bieten sich vor allem verbale Interventionen sehr an, wie auch imaginative Interventionen. „Groß sehen" – das heißt den Klienten und sein Potenzial größer sehen als er sich selbst sieht – und Wertschätzung sind meiner Einschätzung nach wesentliche Schlüsselkomponenten im Coaching eines US-Amerikaners.

Passend: Imaginativer kultureller Sichtweisenwechsel

Zielgruppe, Themen

Das Tool eignet sich besonders für Führungskräfte aller Hierarchieebenen und Projektmanager, die im internationalen Kontext tätig sind.

Einsatzziel

Das Tool dient dazu, Klarheit über das gemeinsame Ziel in der Zusammenarbeit mit dem ausländischen Geschäftspartner zu gewinnen sowie Konfliktthemen in einem kulturellen Zusammenhang zu verstehen.

Hierdurch wird sowohl ein Verständnis für die eigenen Aktionen und Reaktionen gefördert als auch für die des Geschäftspartners. Das personifizierte Kritikempfinden des Klienten wird reduziert, sodass sich dem Klienten in der zukünftigen Zusammenarbeit ein neuer Handlungsspielraum eröffnet, welcher von Freiheit und Ergebnisorientierung geprägt ist.

Konkret werden folgende drei Ziele mit Einsatz des Tools erreicht:

- Erhöhung der Kompetenz in der interkulturellen Zusammenarbeit.
- Beseitigung von immer wiederkehrenden Konflikten mit dem ausländischen Unternehmens- oder Geschäftspartner.
- Optimierung der Zusammenarbeit von Managern der oberen Führungsebene von international besetzten Managementteams.

Coaching-Phase

Das Tool wird in der Veränderungsphase eingesetzt. Nachdem eine tragfähige Coach-Beziehung aufgebaut und das Coachingziel klar herausgearbeitet ist, wird mit diesem Tool die grundlegende Sichtweisenveränderung ausgelöst. Anschließend werden mit dem Klienten Handlungsweisen erarbeitet, die dieser dann im Alltag umsetzt.

Funktioniert meist gut, weil ...

Durch die häufig anzutreffende, kulturbedingte Zukunftsorientierung, den immerwährenden Blick auf das Ergebnis als Motivator sowie die sehr hohe vorhandene Flexibilität, fällt es den meisten US-amerikanischen Klienten mit denen ich bisher zusammengearbeitet habe, recht leicht, sich in dieses Tool einzufinden.

Dauer

Man benötigt circa 1,5 Stunden.

Voraussetzung/ Vorbereitung

Wird das Tool im Face-to-Face-Coaching angewandt, so werden drei zusätzliche Stühle sowie rote, grüne und weiße Moderationskarten benötigt.

Im Falle eines Telefoncoachings wird der Klient gebeten, sich drei runde Moderationskarten in den Farben Grün, Rot und Weiß bereitzulegen sowie ausreichend grüne und rote rechteckige Moderationskarten.

Im Folgenden wird das Vorgehen anhand eines Beispiels in einem Face-to-Face-Coaching-Rahmen beschrieben.

Beschreibung

1. Einstieg ins Thema und Definition des Coachingziels

Der Klient wird gebeten, den aktuellen Konflikt mit seinem deutschen Geschäftspartner zu beschreiben. Mithilfe der Wunderfrage wird der Klient relativ zügig mit seinem heutigen Coachingziel in Berührung gebracht: *„Stellen Sie sich vor, die Coaching-Sitzung ist vorbei und alles ist eingetreten, was Sie wollten. Was ist das Ergebnis? Bitte formulieren Sie es in einem Satz."* Die daran anschließende Frage *„Woran erkennen Sie und andere, dass dieses Ziel erreicht wurde?"* führt zu entsprechenden Zielerreichungsmerkmalen, die das Coachingziel untermauern.

2. Situationsklärung aus Sicht des Klienten

Es werden zwei Stühle nebeneinander gestellt. Der Klient wird gebeten, auf Stuhl A Platz zu nehmen und den Konflikt mit seinem Geschäftspartner aus seiner eigenen Sicht nach folgender Anleitung zu beschreiben.

- *„Versetzen Sie sich in eine konkrete Situation hinein. Beschreiben Sie zunächst die Situation. Was ist geschehen? Wie haben Sie sich in der Situation gefühlt? Was hat Ihnen gefallen? Was hat Ihnen nicht gefallen?"*
- *„Was hätten Sie sich gewünscht: Welche Ressourcen hätte Ihr Gesprächspartner sehen sollen?"*
- *„Was war Ihr Ziel bei diesem Gespräch?"*

Es ist wichtig, dass der Coach den Klienten mit viel Empathie und der genannten Anleitung begleitet, sodass dieser wirklich gedanklich und gefühlsmäßig in der Situation bleibt.

Der Coach notiert die genannten Ressourcen auf die roten Karten und platziert die Karten um den Stuhl herum auf dem Boden. Das Ziel schreibt er auf die weiße Karte und legt es zwischen die beiden Stühle.

3. Situationsklärung aus Sicht des Geschäftspartners

Der Klient wird gebeten, auf dem zweiten Stuhl B Platz zu nehmen und sich in die Rolle des ausländischen Geschäftspartners einzufühlen. Hat der Klient noch keinerlei Erfahrung mit imaginativem Arbeiten, kann es hilfreich sein, ihn zu bitten, für einen Moment die Augen zu schließen. Der Coach beschreibt dann den Gesprächspartner mit den Worten und Fakten, die er bisher vom Klient gehört hat. Dann bittet er den Klienten, die Augen wieder zu öffnen und lädt ihn dazu ein, sich in die konkrete Situation hineinzuversetzen und diese aus dem Blickwinkel des Geschäftspartners zu beschreiben.

- *„Beschreiben Sie zunächst die Situation. Was ist geschehen? Wie haben Sie sich in der Situation gefühlt? Was hat Ihnen gefallen? Was hat Ihnen nicht gefallen?"*
- *„Was hätten Sie sich gewünscht: Welche Ressourcen hätte Ihr Gesprächspartner sehen sollen?"*
- *„Was war Ihr Ziel bei diesem Gespräch?"*

Der Coach schreibt die genannten Ressourcen auf die grünen Karten und platziert die Karten um Stuhl B herum auf dem Boden. Das Ziel schreibt er auf die weiße Karte und legt es ebenfalls zwischen die zwei Stühle, neben die erste weiße Karte.

4. Einnehmen der Beobachtersicht

Der Coach bittet den Klienten nun auf dem dritten Stuhl, dem Beobachterstuhl, der gegenüber den beiden Stühlen aufgestellt wird, Platz zu nehmen. Er lässt ihm genügend Zeit, das Geschehene zu reflektieren und seine Erkenntnisse beim Betrachten der Karten mitzuteilen. Wesentliche Erkenntnisse werden am Flipchart festgehalten.

Nachdem der Klient aus dieser Perspektive heraus bereits Erkenntnisse gewonnen hat, lassen sich nun konkrete Interventionen zur Veränderung der kulturbedingten Sichtweise anschließen.

Veränderung der Sichtweisen im Kontext kulturbedingter Werte

Die vier ersten kulturellen Werte der beiden Nationen werden nebeneinander auf einem Flipchart notiert (siehe Abbildung auf der Folgeseite).

Der Coach erläutert dem Klienten in wenigen Worten, dass die kulturellen Werte jedem Denken, Handeln und Fühlen zugrunde liegen. Nun bittet er den Klienten zu prüfen, ob er die Werte in der zuvor bearbeiteten Übung beziehungsweise in den Themen wiedererkennt.

USA	Deutschland
Unabhängigkeit	Sicherheit u. Stabiliät
Individualismus	Gruppenorientierung
Freiheit	Zuverlässigkeit
Ergebnis-/Ist-bezogen	Herkunftsbezogen

Abb.: Die vier ersten kulturellen Werte der beiden Nationen werden nebeneinander auf einem Flipchart notiert.

Um den Erkenntnisprozess zu beschleunigen, hilft der Coach dem Klienten mittels diverser Fragen bei der Selbstreflexion.

Eröffnung von neuen konkreten Handlungsmöglichkeiten

Der Coach unterstützt den Klienten bei der Verdichtung der Erkenntnisse und fasst mit ihm konkrete Veränderungsschritte zusammen. Mittels zirkulärer Fragen wie zum Beispiel *„Woran wird Ihr Geschäftspartner Ihre neue Einsicht erkennen?“* verstärkt er dessen Vorhaben.

Ergänzung zur Zielklärung

Stellt sich heraus, dass beide Gesprächspartner offensichtlich unterschiedliche Zielvorstellungen von der Situation hatten, sollte der Coach den Klienten ermutigen, ein entsprechendes Zielklärungsgespräch mit seinem Geschäftspartner zu führen. Zur Vorbereitung bietet es sich an, das bevorstehende Gespräch in Form eines Imaginativen Rollentauschs (Schreyögg, 2008) zu üben, um die Sicherheit des Klienten zu fördern.

Im Face-to-Face-Coaching werden zur Unterstützung des imaginativen Rollenspiels abermals zwei Stühle benutzt, wobei der Klient auf dem einen Stuhl Platz nimmt und zu seinem imaginär auf dem gegenüberstehenden Stuhl sitzenden Gesprächspartner spricht. Durch ein Wechseln der Stühle wird jeweils die andere Rolle eingenommen und somit ein imaginärer Dialog geführt. Im Telefoncoaching ist der Rollenwechsel, mit erweiterten Instruktionen, verbal anzuleiten.

Konkretes Beispiel

Der lokale Vertriebsrepräsentant eines deutschen Biotechnologieunternehmens in den USA hatte vermehrt Konflikte mit seinem deutschen Vorgesetzten. Er war zum Zeitpunkt des Coachings relativ kurz im Unternehmen, hatte aber mehr als dreißig Jahre Berufserfahrung in der US-amerikanischen Industrie. In der letzten Zeit traten vermehrt Verstimmungen in der Zusammenarbeit auf. Seine Motivation, die US-amerikanische Niederlassung aufzubauen und zu leiten, bröckelte so langsam, aber sicher. Auch seine Ergebnisse in Form von Verkaufsabschlüssen frustrierten ihn.

Mithilfe des Tools „Imaginativer kultureller Sichtweisenwechsel" reflektierten wir die Zusammenarbeit mit dem Vorgesetzten aus Deutschland.

Als Coachingziel für diese Sitzung definierte der Klient: „Handlungsimpulse für meine Motivation und für den geschäftlichen Erfolg als Sales Manager". Als langfristige Messkennzahlen nannte er die unerwartete Rückmeldung seiner Ehefrau, dass er nicht mehr so viel grüble und darüber spreche sowie Freude über die Anrufe seines Chefs, außerdem konkrete Geschäftsabschlüsse.

Während des Coachings traten zwei wesentliche Begebenheiten zutage: Sein Vorgesetzter rief ihn fast täglich aus Deutschland an. Der Klient empfand diese Anrufe als unangenehm, ging immer auf Abwehr und fühlte sich nach den Telefonaten schlecht. Das zweite Thema bezog sich auf gemeinsame Kundenbesuche vor Ort. Es war nun schon mehrfach passiert, dass von ihm Erfolg versprechend initiierte Verkaufsprozesse ins Stocken geraten waren, nachdem der deutsche CEO, ein Wissenschaftler, bei den Kunden eine Präsentation gehalten hatte. Dies frustrierte ihn.

Nachdem er die unterschiedlichen Rollen im Verlauf der Intervention eingenommen hatte, erkannte er, dass er die Nachfragen seines Vorgesetzten ständig als Kritik wahrnahm. Die Reflexion im Zusammenhang mit den kulturellen Werten eröffnete ihm eine neue Sicht: Sein Vorgesetzter wollte wahrscheinlich aus einem Teamgefühl heraus so viel Kontakt! Nun war er in der Lage, sich einen eigenen, neuen Kontext für die vielen Gespräche zu kreieren. Unter Einbezug der im ersten Teil der Intervention herausgearbeiteten Ressourcen seines Vorgesetzten fand er zahlreiche Ansatzpunkte, wie dieser ihm beim Erreichen seines Ziels helfen konnte.

Neu war für ihn außerdem, dass es für einen Deutschen so wichtig ist, ständig einen detaillierten Überblick zu haben und alle konkreten

Fakten zu kennen. Nachdem in der Geschäftspartnerrolle (Schritt 3) die Investoren zur Sprache gekommen sind, wurde dem US-Klienten bei der anschließenden Reflexion klar, dass sein Vorgesetzter vielleicht auch so häufig nach Details fragte, weil er darüber Rechenschaft abgeben musste. Und nicht, wie vermutet, um ihn zu kontrollieren oder zu kritisieren.

Was die Kundenthematik anbetraf, so brachte hier vor allem die Zuordnung zu den kulturbedingten Werten eine völlig neue Erkenntnis hervor: Der Klient gab an, dass der deutsche CEO bei seinen Präsentationen sehr in die Historie eingestiegen sei und die US-amerikanischen Kunden einen irgendwie gelangweilten Eindruck machten. Der Funke sei weg gewesen! Jetzt in der Reflexion wurde dem Klienten plötzlich klar, dass das Denken und Handeln des deutschen CEO kulturbedingt tendenziell vergangenheitsbezogen ist.

Durch die starke Verankerung der beiden Ziele der Geschäftspartner in diese Coaching-Intervention wurde die Motivation des Klienten angetriggert: Das Erreichen seines Ergebnisses erhielt ein größeres Gewicht als seine gewohnte Kritikvermeidung, um „zu gefallen". Anstatt zu kündigen, entschied er sich, das für ihn vermeintliche Risiko einzugehen und mit dem deutschen CEO über seine Frustration bei den Kundenbesuchen zu sprechen. In einer späteren Sitzung berichtete er, dass dieser äußerst dankbar für diesen wichtigen Hinweis gewesen sei und dass er ihn gebeten habe, zukünftig die Präsentationen im Vorfeld zu prüfen. Die ersten Letter of Intent kamen bereits nach kurzer Zeit.

Mögliche Probleme

Es ist wichtig, dass der Coach darauf achtet, den Coachingprozess im Kontext der Ergebnisbezogenheit des Klienten zu leiten und dabei weniger Augenmerk auf eine gute Beziehung zwischen den Geschäftspartnern zu legen. Denn der innere Hauptmotivator ist das Ergebnis. Berücksichtigt der Coach dies nicht, erreicht er den Klienten nicht wirklich. Dann kann es passieren, dass der Klient die herausgearbeiteten Erkenntnisse dazu benutzt, Strategien zu entwickeln, wie er dem Gesprächspartner gefallen kann. Das würde ihn innerlich unter Druck setzen und kein wirkliches Neuland in der Zusammenarbeit hervorbringen.

3. Kritische Coaching-Tools

Allgemeine Angaben

Ich habe die Erfahrung gemacht, dass bei stark reflexionsreichen, beziehungsweise prozessorientierten Tools Vorsicht geboten ist.
Dies betrifft zum Beispiel auch Klassen von Tools, die sehr tief in die Detailanalyse von Abläufen gehen. Aber auch Tools, die sich unter Berücksichtigung von Werteorientierung auf das zwischenmenschliche Miteinander in der Zusammenarbeit konzentrieren, sind in den USA meiner Meinung nach ebenfalls mit Bedacht einzusetzen.

Des Weiteren sei noch die grundlegende Intervention im Coaching, Feedback-Geben (C. Rogers, 2012), genannt: Ich habe die Erfahrung gemacht, dass Feedback geben im US-amerikanischen Kulturkreis eine andere Gewichtung und ein hohes Maß an Feingefühl und Präsenz erfordert. Bekanntlich gibt der Coach beim Feedback bewertungsfrei und beschreibend Rückmeldung zu Besonderheiten in Sprache, Ausdruck, Körperhaltung oder zum Inhalt. Das Feedback dient entweder zur Bestärkung eines bereits beschrittenen Weges oder als Initiator für neue Entwicklungsmöglichkeiten.

Beim Coaching eines US-amerikanischen Klienten kann ein direktes, stark problem- und kritikorientiertes Feedback schnell die Coaching-Beziehung negativ belasten oder gar einen gegenteiligen Effekt hervorrufen (Mrazek, 2007). Denn es ist oftmals so, dass US-Amerikaner tief in ihrem Wesen „gemocht werden wollen" (Kohlert, 1999, S.111) und daher alles tun, um Kritik zu vermeiden (Schmidt, 2002). Ein zu direkt gegebenes negatives Feedback kann den Klienten somit recht schnell innerlich unter Druck setzen; und zwar ohne dass es der Coach merkt. Meine Erfahrung ist, dass US-amerikanische Klienten es oftmals obendrein nicht gewohnt sind, ihr Unbehagen zu kommunizieren. Der US-amerikanische Klient sagt meist nichts – und das vielleicht sogar lächelnd –, kommt aber im schlimmsten Fall auch nicht wieder.

Kritisch: Motivation durch Werteorientierung

Zielgruppe, Themen

Das Tool eignet sich für Führungskräfte und Projektleiter, die Teams führen.

Einsatzziel

Mit Einsatz dieses Tools wird einerseits eine Neuorientierung und Motivationssteigerung auf Basis von Werten angestrebt, andererseits dient es einer einheitlichen Ausrichtung der Personalentwicklung im Unternehmen und der Verbesserung der Zusammenarbeit im Team.

Coaching-Phase

Das Tool kann in der Analysephase oder der Veränderungsphase gut eingesetzt werden.

Funktioniert weniger gut, weil ...

Das Tool erfordert eine tiefere und meist längere Selbstreflexion.

Konkretes Beispiel

Eine anonymisierte Fallstudie mit negativem/suboptimalem Ergebnis: Der CEO eines in New Jersey ansässigen US-amerikanischen Unternehmens hatte die Aufgabe, zusammen mit seinen Kollegen aus dem Managementteam das in der deutschen Zentrale und in anderen europäischen Niederlassungen bereits etablierte Personalentwicklungskonzept einzuführen. Nach der Fusion mit dem deutschen Unternehmen vor sechs Monaten war er nach anfänglicher Begeisterung tendenziell demotiviert und es ergaben sich immer wieder Reibungspunkte innerhalb des US-amerikanischen Managementteams.

Sein Coachingziel war, seine Motivation wieder zu steigern und gleichzeitig Impulse zu bekommen, um das europäische Personalentwicklungskonzept einzuführen. Mittels des Tools „Motivation durch Werteorientierung" sollte zunächst seine Motivation wieder gesteigert und eine bessere Zusammenarbeit mit den Kollegen aus dem Managementteam erreicht werden. Der Einsatz dieses Tools bot sich unter anderem an, da auch das einzuführende Personalentwicklungskonzept ein umfangreiches Portfolio an Maßnahmen enthielt, die sich stark auf persönliche Werte und den Umgang im Team konzentrierten.

Der Klient wurde gebeten zu reflektieren, welche Werte er vom Elternhaus übernommen hatte, welche ihm in seinem bisherigen Berufsleben wichtig waren und welche Werte ihm heute wichtig sind. Bereits im Coaching-Gespräch fiel ihm diese Selbstreflexion schwer und er wich immer wieder auf die Bereiche Zahlen, Erfolge und auf die Frage nach konkreten Handlungsschritten aus. Auch die ihm zum Thema für die nächste Sitzung mitgegebene Hausaufgabe zeigte die gleichen Merkmale. Was das Team anbetraf, so antwortete er auf Fragen wie *„Welche Unterstützung brauchen Ihre Kollegen, um motiviert zu sein?"* oder *„Wie geht es Ihren Kollegen?"* oder *„Welche Werte sind Ihren Kollegen wichtig und was verbindet Sie alle?"* sehr zurückhaltend. Der Einsatz des Tools zeigte nicht den gewünschten Erfolg.

Mögliche Ursachen für die Problematik

Der Einsatz dieses Tools adressiert an die Zusammenarbeit im Team, unter anderem bezogen darauf, „sich zu verstehen", sich bei Schwächen gegenseitig zu unterstützten sowie darauf, Synergien zu finden. Das Erkennen dieser Werte erfordert oftmals eine tiefere Selbstreflexion und ein intensiveres Beschäftigen mit den Kollegen.

Aufgrund der in den USA starken Ausprägung des Wertes der Individualität führt dieses Tool oft nicht zum gewünschten Erfolg. Es wird vielleicht an der Oberfläche darüber gesprochen, aber der Coach läuft Gefahr, den Klienten zu „verlieren". In dem beschriebenen Fall wurde das Tool zu sehr im Kontext des sich „Miteinanderverstehens" angeleitet. Für einen US-Amerikaner kann aber sein Mehrwert aus der Zusammenarbeit mit anderen die Triebfeder sein, und nicht zwingend die Teamverbundenheit über Werte (Kohlert,1999).

Selbstverständlich möchte auch er gut mit den Kollegen zusammenarbeiten, aber eben aus einem anderen Selbstverständnis heraus: Für ihn ist es normal, dass auch seine Kollegen ein hohes Maß an Eigenverantwortung haben und sehr wohl in der Lage sind, ihr Leben zu meistern. Er sieht sie in gewissem Maße „groß" und traut ihnen zu, ihre Probleme lösen zu können. Der Teamgedanke und das Teamgefühl werden über die Leistung und das gemeinsame Erreichen der Ziele definiert. Mit deutscher Brille kann dies schnell als Egoismus gesehen und negativ bewertet werden. Doch im US-amerikanischen Kontext ist es normal, da dieses Denken einer anderen Grundhaltung entspringt.

Es gab einen weiteren Aspekt, warum das Tool nicht den gewünschten Erfolg zeigte: Die Tatsache, dass eine so drastische Veränderung in einem Unternehmen den ohnehin schon ausgeprägten Konkurrenzgedanken jedes Einzelnen verstärkt, wurde nicht berücksichtigt.

Lösungsoptionen/ Alternativen

Eine Wende im beschriebenen Coachingprozess brachte die ausschließliche Konzentration auf die Person des Klienten und seine konkreten Ergebnisse. Über verhaltensorientierte Interventionen wurde sein Handlungsspielraum hinsichtlich seiner Positionierung im Konkurrenzkampf mit den Kollegen des Managementteams und im veränderten Umfeld allgemein erweitert. Erst in einem späteren Face-to-Face-Coaching kamen Werte nochmals zur Sprache, aber in einem zweitrangigen Kontext. Generell gingen die Reflexionen mehr in die Richtung von *„Was will ich erreichen?"* und *„Wie können meine Kollegen mir helfen, meine Ergebnisse zu erzielen?"* und *„Was kann ich konkret tun, damit ich das bekomme, was ich brauche, um meine Ergebnisse zu erreichen?"*

Es sei an dieser Stelle ausdrücklich darauf hingewiesen, dass das Team, nach einem späteren gemeinsamen Teamcoaching, sehr erfolgreich miteinander arbeitete. Aber eben anders, gemessen am deutschen Teamverständnis.

In Bezug auf das einzuführende Personalentwicklungskonzept übernahm der Klient zu einem späteren Zeitpunkt die Verantwortung und verließ seine Komfortzone: Er teilte der deutschen Geschäftsleitung mit, dass das Konzept so nicht in den USA funktioniere. Gemeinsam mit Kollegen aus Deutschland erarbeitete er eine auf die US-amerikanische Kultur angepasste Variante.

4. Hilfestellungen

Zentrale Aspekte für den Erfolg von Coaching in den USA

Ein gelungenes Coaching steht und fällt mit der Haltung! Da die Zusammenarbeit mit US-Amerikanern für viele Führungskräfte heutzutage zum Alltag gehört, ist es umso wichtiger, dass der Coach sich mit seinen bisherigen Erfahrungen mit US-Amerikanern und seinem unbewussten Bild, das er über sie hat, auseinandersetzt. Gerade in der Tatsache, dass die Kultur so vertraut erscheint und die meisten Deutschen Englisch sprechen, liegt die größte Falle. Wer US-Amerikaner erfolgreich coachen möchte, muss als Coach an seinen eigenen Vorbehalten, Vergleichen und Bewertungen arbeiten, um den Klienten wirklich dort abzuholen, wo dieser steht.

Die vorher beschriebenen Tools einzusetzen und sich in die US-amerikanischen Werte einzufühlen und einzudenken, ist die eine Seite der Medaille. Die andere Seite ist, sich zu wappnen, nicht in mögliche unterschwellige Machtkämpfe mit dem Klienten einzusteigen, um die deutsche Kultur subtil zu verteidigen. Denn auch „der" US-Amerikaner hat ein Bild über „den Deutschen". Meiner Überzeugung nach sind Sie als Coach derjenige, der Verständnis für beide Seiten haben muss.

Literaturhinweise, Quellen

Bresser. F. (2009). The state of Coaching across the globe – Results of the Global Coaching Survey 2008/2009. In: Frank Bresser Consulting Report, August 2009.

de Shazer, Steve & Berg, I. K. (1988). Clues – Investigating Solutions in Brief Therapy. New York: W. W. Norton & Co.

Hofstede, G. (1997). Lokales Denken, globales Handeln: Kulturen, Zusammenarbeit und Management. München: dtv.

ICF (2009). Global Coaching Client Study. International Coach Federation & Pricewaterhouse Coopers and Association Ressource Center Inc.

Judge, W. Q. & Cowell, J. (1997): The brave new world of executive coaching. Business Horizons, pp 71-77.

Kohlert & Delany, Regier (1999). Amerikageschäfte mit Erfolg. Berlin: Springer.

Mintzberg, H. (1973). The nature of Managerial Work. New York: Harpercollins College.

Mrazek, S. (2007). Den US-Markt erschließen. Vortrag Wirtschaftsförderung der Stadt Dortmund, 06.11.2007, Dortmund.

Mrazek, S. (2008). Imaginativer kultureller Sichtweisenwechsel. Ausbildung II, Schmitten/TS.

Rauen, C. (Hrsg.) (2011). Coaching-Tools. (7. Aufl.). Bonn: managerSeminare.

Rogers, C. (2012). Die klientenzentrierte Gesprächspsychotherapie. (19. Aufl.). Frankfurt/M.: Fischer.

Schmidt, P. (2002). American and German Communication Styles. Bridging Cultural Differences. University Ingolstadt.

Schreyögg, Astrid (2011). Imaginativer Rollentausch. In: Rauen, C. (Hrsg.) (2011). Coaching-Tools. (7. Aufl.). Bonn: managerSeminare.

Simon, F. B. & Rech-Simon,C. (1999). Zirkuläres Fragen. Systemische Theorie in Fallbeispielen. Heidelberg: Carl-Auer-Systeme.

5. Über die Autorin

Seit wann coachen Sie?

Ich habe sabeconsult® Coaching in 1997 gegründet und begleite seitdem als zertifizierter Business Coach Menschen aus unterschiedlichen Kulturkreisen in Veränderungsprozessen. Mein Schwerpunkt liegt im Coaching von Einzelpersonen (Face-to-Face und Telefoncoaching) und im Coaching von gesamten Unternehmen.

Welche Coaching-Ausbildung haben Sie?

Neben meinem betriebswirtschaftlichen Hintergrund, langjähriger Management- und Führungsverantwortung, mehrjähriger Expatriate-Erfahrung in Afrika und Südeuropa, bilden Ausbildungen in Expressiv Therapie, systemischem Coaching und Spontanschauspiel das Fundament meiner Arbeit. Ich habe mich intensiv mit Transaktionsanalyse (TA) und Psychodrama beschäftigt sowie mit Ansätzen der Lernenden Organisationen.

Ein verantwortungsvoller und professioneller Coach zeichnet sich einerseits durch fundierte Ausbildungen, Fachwissen und Erfahrung aus. Andererseits steht der Erfolg des Coachings im engen Zusammenhang mit der persönlichen Weiterentwicklung. Daher tausche ich mich eng mit Kollegen aus und lasse mich regelmäßig supervidieren. Seit 2006 bilde ich Coachs zum sabeconsult® Business Firmen Coach aus, einem innovativen Ansatz für das Coaching von klein- und mittelständischen Unternehmen.

Als Mitglied der Zertifizierungskommission des dvct e.V. (Deutscher Verband für Coaching & Training e.V.) entwickle ich Qualitätsstandards und Zertifizierungsverfahren zur Beurteilung von Coachkompetenzen.

Seit wann coachen Sie Klienten aus den USA?

Seit den ersten Change-Management-Projekten in 1998 begleite ich Klienten aus den USA bei Veränderungsprozessen in Form von persönlichem Coaching und auch Telefoncoaching.

In welchem Kontext arbeiten Sie als Coach in den USA?

Ich führe im Rahmen von Joint Ventures zwischen europäischen und amerikanischen Unternehmen Business-Einzelcoachings und Teamcoachings – zum Aufbau einer gemeinsamen Corporate Identity und einer einheitlichen Personalentwicklung – durch. Gleichfalls begleite ich als persönlicher Business Coach beispielsweise amerikanische Vertriebsmitarbeiter von deutschen Unternehmen der Biotechnologiebranche.

Zu welchen Schwerpunktthemen coachen Sie?

Coaching-Schwerpunkte sind, Wachstumsprozesse gesund und nachhaltig zu realisieren, Persönlichkeitsentwicklung und Leadership, Konflikt- und Krisencoaching, Burnout-Prävention sowie Standort-, Zukunfts- und Entscheidungscoaching. Der Fokus von Firmen-Business Coaching-Projekten liegt in den Bereichen „Neugründung und Wachstum", „Internationale Zusammenarbeit" und „Aufbau einer zukunftsorientierten Personalentwicklung".

Interkulturelles Coaching in ...

Brasilien

In diesem Beitrag finden Sie:

1. Coaching in Brasilien – eine Einführung

von Regine Egger

Wie verbreitet ist ihrer Ansicht nach Coaching in Brasilien?

In Brasilien ist das Thema Coaching einer sehr kleinen und gehobenen gesellschaftlichen Schicht vorbehalten. Somit bleibt der hier dargestellte Diskurs auf einen kleinen, sozial starken Anteil der Gesellschaft beschränkt, der in diesem Land lebt und mit diesen großen Unterschieden umgeht. Empfehlungsmarketing funktioniert in Brasilien besonders gut und hilft bei der Verbreitung von Coaching, das ohnedies hauptsächlich über Mund-zu-Mund-Propaganda und Referenzen bekannt wird.

Coaching beschränkt sich zurzeit auf eine kleine, sozial starke Schicht

Für welche Anlässe wird Coaching für Brasilianer/-innen eingesetzt?

Da ich insbesondere mit in Deutschland ansässigen Brasilianern arbeite, ist ein Schwerpunkt meiner Arbeit die Adaption an die neue (deutsche) Kultur. Auch mit einem guten, sicheren Arbeitsplatz fällt es oft schwer, sich in einer neuen Kultur zu Hause zu fühlen. Dieser innere Zwiespalt kostet Kraft und Motivation. Immer wieder habe ich Brasilianerinnen und Brasilianer kennengelernt, die nach einigen Jahren in Deutschland zurück in ihre Heimat wollen. Dahinter steht auch für heimische Unternehmen viel Kapital und Wissen, das wieder abwandert. Deshalb investieren Unternehmen in die Begleitung der ausländischen Mitarbeiterinnen und Mitarbeiter durch einen spezialisierten Kultur- oder Veränderungscoach.

Wie ist die gesellschaftliche Sicht auf das Thema?

Ich durfte die Brasilianerinnen und Brasilianer als sehr experimentierfreudige und offene Menschen kennenlernen, die keine Scheu haben, kreative und neue Methoden auszuprobieren. Die Neugierde und die

Stark verbreitet: Neugierde und Offenheit

Möglichkeiten, die sich daraus erschließen, sind der größte Motivator. Ja, die meisten Brasilianer, die ich gecoacht habe, sind „gierig" danach, Neues zu lernen und zu erfahren – und zudem offen für Veränderung. In Brasilien gilt die Inanspruchnahme eines Coachs, so die Aussage meiner Klienten, als Zeichen von Motivation und Status. Auch aus meinen persönlichen Erfahrungen in Brasilien kann ich bezeugen, dass viele Menschen dort gewohnt sind, mit schwierigen Situationen umzugehen und diese relativ schnell zu verarbeiten.

Erhebliche soziale Unterschiede in Brasilien

Es will auch gesagt sein, dass es mir unmöglich ist, von „der brasilianischen Kultur" zu sprechen. Brasilien ist eine Welt in einem einzigen Land vereint und dies hat auch einen Einfluss auf die Sicht auf das Thema Coaching. Das größte Land Lateinamerikas und fünftgrößte Land unserer Erde erstreckt sich über 8.514.215 km^2. Brasilien hat laut Bericht des nationalen Statistikinstituts IBGE von Juli 2011 mehr als 192 Millionen Einwohner (http://www.ibge.gov.br). Die Bevölkerung Brasiliens ist sehr jung und geprägt durch immense soziale Unterschiede. Dieses Brasilien hat alles, einen Reichtum, den man sich kaum erträumen mag und eine extreme Armut. Viele Menschen leben in Favelas (so nennt man die Armenviertel des Landes), haben kein Dach über dem Kopf und wissen nicht, was sie morgen essen. Hier gibt es wenig Schulbildung und über Coaching zu sprechen, ist in „dieser Welt" absurd und grotesk. Hier geht es um die Erfüllung von Grundbedürfnissen und oft ums nackte Überleben. Ich selbst habe einige Zeit in einer Grundschule einer Favela unterrichtet und ein klein wenig zu verstehen versucht, was die Menschen dort beschäftigt.

Somit bleibt der hier dargestellte Diskurs auf einen kleinen, sozial starken Anteil der Gesellschaft beschränkt, der in diesem Land lebt und mit diesen großen Unterschieden umgeht. All dies prägt die brasilianische Kultur und verändert offensichtlich auch den Umgang mit Problemen. Dies hat einen großen Einfluss auf die Sichtweise auf das Thema Coaching – es ist bedeutsam, dass ein Coach diese Realitäten der brasilianischen Kultur kennt und versteht.

Rollenbilder: Wie würden Sie die typische Beziehung zwischen Coach und Coachee in Brasilien beschreiben?

Im Coachingprozess selbst stehen Coach und Coachee auf Augenhöhe und dies unabhängig von Alter, Geschlecht oder beruflichem Background. Während in Deutschland eher Coachs desselben Alters oder älter gewählt werden, ist dieses Kriterium in Brasilien nur bedingt von Bedeutung. Klienten dürfen hier durchaus auch älter sein als ihr Coach. Aus meiner persönlichen Erfahrung heraus kann ich berichten, dass die Erwartungshaltung an Coaching weniger zielfokussiert und die Form der Coachings informeller ist als in der deutschen Kultur.

In welchen Bereichen mussten Sie das klassische Grundkonzept von Coaching anpassen, um erfolgreich coachen zu können?

Jeitinho: der „Um-weg" zur Lösung

Das „Jeitinho Brasileiro" bedeutet frei übersetzt: „Es gibt immer einen Ausweg." In meiner eigenen Zeit in Brasilien faszinierte mich das „brasilianische Jeitinho" immer wieder. „Jeitinho" ist ein Wort, das es auf Deutsch in der direkten Übersetzung gar nicht gibt. Es existiert nicht in unserer Kultur. Als „Jeitinho" bezeichnet man gewissermaßen den Weg um das Problem herum.

Dieser „Um-Weg" ist allerdings eine sehr kurzfristig angelegte „Lösung" der aktuellen Situation. Warum schreibe ich das und was bedeutet gerade dieses „Jeitinho" für Coaching? Wer weiß, dass es immer ein „Jeitinho" gibt, kann mit Problemen anders umgehen.

Adaptiert auf das Coaching-Konzept, erwarten Brasilianer nach meiner Einschätzung nicht eine Analyse des Problems, sondern eine Art „Aus-Weg" oder besser „Um-Weg" – nämlich neue kreative Formen, mit dem Problem umzugehen. Weder Vergangenheit noch Zukunft stehen im Fokus, sondern das Hier und Jetzt. Ich erlebe Brasilianer in der Regel als kreativ und als Menschen, die Neues mögen. Sie sind neugierig und probieren gerne aus. Mein Eindruck ist, dass im Unterschied zur deutschen Kultur Entschlüsse und Ziele oft mehrfach überdacht und geändert werden.

2. Passende Coaching-Tools

Passend: Coaching mit den Identitätsebenen nach Dilts

Nach Robert Dilts.

Zielgruppe, Themen Menschen, die sich Ihrer eigenen Talente, Werte und Fähigkeiten klarer werden wollen.

Einsatzziel Das Tool beschreibt unterschiedliche Erfahrungsebenen in Veränderungsprozessen. Die einzelnen Ebenen beeinflussen sich dabei wechselseitig.

Coaching-Phase Das Tool setzt ein gewisses Grundvertrauen und eine klare und genaue Auftragsklärung voraus. Setzen Sie das Tool nur ein, wenn Ihr Klient bereits das nötige Vertrauen zu Ihnen gewonnen hat.

Funktioniert meist gut, weil ... Im Unterschied zu den meisten deutschen Coachings verlangen brasilianische Coachees in der Regel nach weniger Struktur im Coaching. Während Cochees in Deutschland gerne eine klare Struktur im Prozess erkennen, um sich sicher zu fühlen, gehen Brasilianer nach meiner Erfahrung kreativer und lockerer an Fragestellungen heran. Zu viel Struktur kann hier einen Denkprozess blockieren oder demotivieren. Entscheidungen werden oftmals schnell gefällt, jedoch mehrfach verändert, sodass immer wieder eine neue Auftragsklärung sinnvoll sein kann. Das kreative Element dieses Tools hilft dabei, den „roten Faden" im Coaching zu fokussieren und den Prozess voranzutreiben, ohne diesen durch zu viel Struktur zu blockieren.

Das Durchlaufen der verschiedenen Ebenen verlangsamt den Prozess und setzt die Lupe auf die einzelnen Wirkungsräume.

Wenn ich dieses Tool im brasilianischen Kulturkreis anwende, fällt mir auf, dass die Spiritualität ein Thema ist, zu dem Brasilianer oft einen sehr guten Zugang haben und das für sie von hoher Bedeutung ist. Über Spiritualität zu reden, ist oft ein wichtiger Teil des Coachings, wohingegen diese Ebene in meinen Business Coachings in Deutschland üblicherweise nicht thematisiert wird.

Dauer

Ca. 45 Minuten.

Voraussetzung/ Vorbereitung

Ausführliches Vorgespräch und gegenseitiges Kennenlernen. Sehr gute Vorbereitung auf das Tool. Planen Sie hierfür genügend Zeit ein.
Konkretes Beispiel für erfolgreichen Einsatz des Tools im Kulturkreis Brasilien

Ich habe mit einem 65-jährigen Coachee namens Alexander (fiktiver Name) aus Brasilien gearbeitet und über Coaching gesprochen. Alexander war 20 Jahre Leiter eines Lebensmittelkonzerns in Brasilien und führte mehr als 900 Mitarbeiter. Der Geschäftsmann berichtete mir, dass er sich gegen die Korruption in Brasilien auflehnte und „das Spiel mit dem Schmiergeldern nicht mitmachen wollte", worauf die Firma „regelrecht vernichtet wurde". Das Unternehmen wurde letztendlich geschlossen. Alexander lebt heute in Deutschland, nahe bei seiner Familie. Er erschien unvoreingenommen zum Termin und erzählte aus seinem Leben. Alexander stellte viele Fragen. Ein konkretes Thema wollte er zu diesem Zeitpunkt nicht nennen, hatte aber dennoch den Wunsch, ein Coaching zu machen.

Beschreibung

Das nachfolgende Schaubild (siehe Folgeseite) hilft, wirkungsvolle Fragen zu formulieren und mit den einzelnen Bodenankern zu verknüpfen. Es ist sehr wichtig, dass hier ausreichend Zeit und Ruhe eingeräumt wird. Der Coachee darf nicht ausgefragt, sondern in seinem inneren Prozess durch Fragen begleitet werden. Dies erzielen Sie durch ausreichend Zeit und Nachfragen wie: *„Und was noch ...?"*

Diese Methode arbeitet mit sogenannten Bodenankern, das können Wortkarten sein, auf die sich der Klient stellt, während er die Fragen beantwortet und sich mit den einzelnen Ebenen beschäftigt. Bodenanker intensivieren und strukturieren den Prozess. Alexander ließ sich darauf ein und arbeitete aktiv mit. Bei der Arbeit mit Bodenankern stellte sich Alexander auf die einzelnen Wortkarten (symbolisch für die oben erwähnten Ebenen), fühlte sich in den Prozess ein und antwortete auf die Fragen.

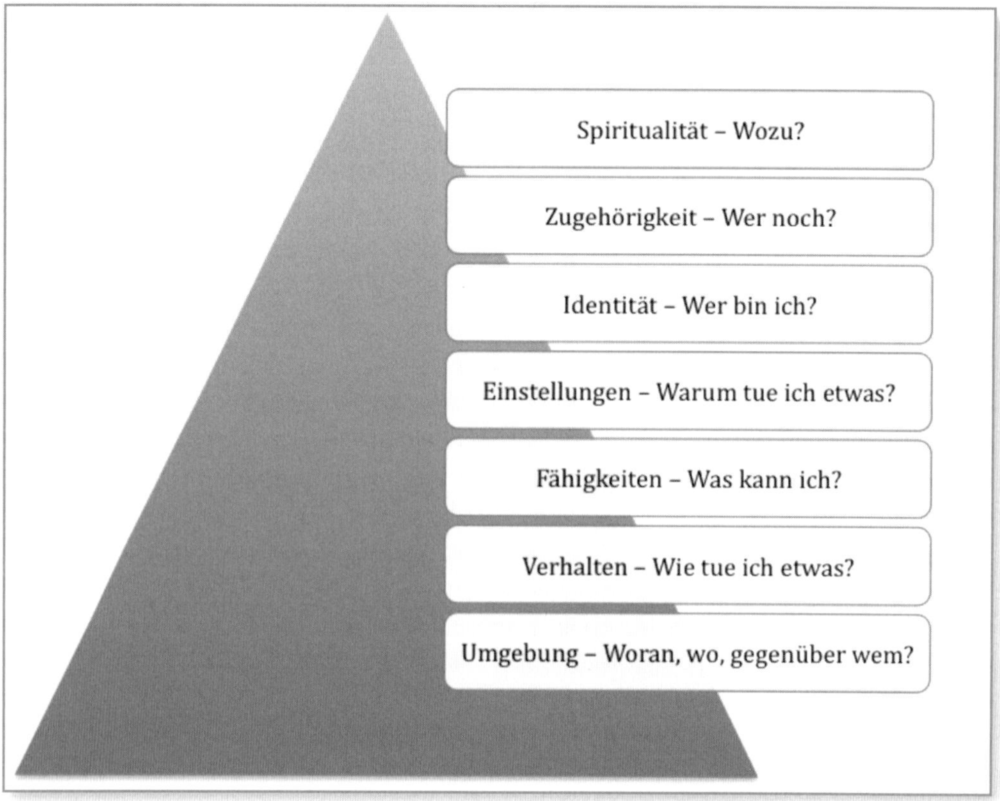

Abb.: Grafik in Anlehnung an das Skript der Coaching-Ausbildung, Metaforum International (2009).

- *Umgebung*: Hier erkannte Alexander, wie sehr er Sicherheit, Freiheit und das gute Gesundheitssystem in Deutschland genießt. Alexander fühlte sich in Deutschland integriert und zu Hause, vermisste aber die menschliche Wärme, die er aus Brasilien gewohnt war.
- *Verhalten*: Alexander beschrieb sein Verhalten als diszipliniert, pünktlich, respektvoll und korrekt. Dies ist Alexander sehr wichtig und er ist stolz darauf, diese Werte aktiv zu leben.
- *Fähigkeiten*: Er konnte sehr gut seine eigenen Grenzen einschätzen, das Recht der anderen respektieren und nannte auch positive Dinge, die er erfahren durfte. Hierfür drückte Alexander Dankbarkeit aus.
- *Zugehörigkeit*: Alexander schätzt es, in Deutschland nahe bei seiner Familie zu sein. Diese Zugehörigkeit gab ihm Kraft und Motivation.
- *Spiritualität*: Die Beschäftigung mit Spiritualität gibt Alexander inneren Frieden, Ruhe, Entspannung und Liebe.

Alexander hat fast sein ganzes Leben in Brasilien gelebt, ist jedoch in Deutschland geboren und hat hier seine Heimat wiedergefunden. Die Methode eröffnete Alexander die interessante Bestätigung, in Deutschland eine Heimat gefunden zu haben. Er berichtete nach dem Coaching mit viel Dankbarkeit, nun einen neuen Fokus in seinem Leben hier in Deutschland zu haben. Er hatte nun eine bewusste Vision, nämlich etwas mehr an „menschlicher Wärme" in seinem Leben in Deutschland Raum zu geben und für ihn somit „ein Stück Brasilien" nach Deutschland zu bringen.

3. Kritische Coaching-Tools

Kritisch: Zirkuläres Fragen

Zielgruppe, Themen

Für alle Zielgruppen geeignet.

Einsatzziel

Beleuchtung eines Themas aus unterschiedlichen Perspektiven. Das zirkuläre Fragen ist eine Arbeit mit unterschiedlichen Wahrnehmungspositionen.

Coaching-Phase

In jeder Phase möglich.

Funktioniert weniger gut, weil ...

Ich habe schon erwähnt, dass in meinen Augen Brasilianerinnen und Brasilianer oft weniger Bedürfnis nach Struktur haben und sehr kreativ sind. Öfter habe ich beobachtet, dass sie ihrer Mentalität zufolge ein „Jeitinho", also einen schnellen und kurzfristig angedachten Weg suchen, um dem Problem aus dem Weg zu gehen.

Dieses „Jeitinho" ist keine langfristige Lösung des Problems. So werden auch zirkuläre Fragen meist sehr weitläufig beantwortet und es bedarf viel Konzentration, um den Prozess und das Ziel im Auge zu behalten und eine wirkliche Lösung herbeizuführen.

Konkretes Beispiel

Schon beim ersten Termin erzählte mein brasilianischer Klient Richard (fiktiver Name) von verschiedenen Situationen in seinem Leben – guten und schlechten. Von der Vergangenheit, Zukunftsplänen und der aktuellen Situation. Sich ein Thema für das Coaching auszusuchen, dauerte einige Zeit.

Um eine Wirkung beim zirkulären Fragen zu erzielen, bedarf es genauen Zuhörens und der Klient muss sich auf die Fragetechnik einlassen.

Richard ist bei seinen Antworten auf die zirkulären Fragen gedanklich sehr gesprungen. Die Struktur war ihm nicht wichtig, daher hat er sie nicht beachtet. Letztendlich war das Coaching mit Richard sicherlich ein gutes Gespräch, das eine Wirkung hatte, aber nicht den gewohnten Effekt zeigte.

Mögliche Ursachen für die Problematik

Die Vorbereitungszeit vor dem ersten Coaching ist meiner Erfahrung nach beträchtlich länger als in der deutschen Kultur. Brasilianer suchen in der Regel nicht von sich aus – wie ich die meisten Deutschen erlebe – nach Struktur und Ergebnissen, wenn sie sich in ein Coaching begeben. Da der Coachee letztendlich das Coaching bestimmt, kann der Verlauf leicht in ein „nettes Gespräch" abflachen und den Lösungsfokus verlieren.

Lösungsoptionen/ Alternativen

Ich empfehle kreative Methoden und visuelle Techniken einzusetzen. Diese geben einen roten Faden vor, welcher den Prozess nach vorne treibt und gleichzeitig, die typische Neugierde und Kreativität der Brasilianer weckt, welche ich häufig in meinen Coachings erlebe.

4. Hilfestellungen

Zentrale Aspekte für den Erfolg von Coaching in Brasilien

- Achten Sie auf das „Jeithino“ (es gibt immer einen „Aus-Weg“ oder „Um-Weg“), das gibt es auch im Coaching. Meine Erfahrung ist, dass viele Brasilianer danach streben, schnelle, kurzfristig angelegte Lösungswege zu finden.
- Es bedarf einer guten Vorbereitung und Auftragsklärung, um ein Thema intensiv zu betrachten und auch langfristig und tief gehend zu verändern.
- Im Hier und Jetzt arbeiten.
- Kreative Formen anbieten und anregen und dadurch den Prozess vorantreiben.
- Keine zu starre Struktur vorgeben.
- Neugierde wecken und selbst offen sein.
- Akzeptanz, dass sich die Ziele im Laufe des Prozesses mehrfach ändern können.
- Offenheit für spirituelle Themen, auch im Business-Kontext.

Literaturhinweise, Quellen

Thomas, A. & Kinaast, E.-U., Schroll-Machl (Hrsg.) (2005). Handbuch Interkulturelle Kommunikation und Kooperation, Band 1. (2. überarb. Aufl.). Göttingen: Vandenhoeck & Rupprecht.

Isert, B. & Rentel, Klaus. Wurzeln der Zukunft. Lebensweg Arbeit, Aufstellungen und systemische Veränderung. Paderborn: Junfernmann

Dilts, R. B. & Kierdorf, T. & Höhr, H. (2006) Die Veränderung von Glaubenssystemen: NLP-Glaubensarbeit. Paderborn: Junferman

Kumbier, D. & Schulz von Thun, F. (2011). Interkulturelle Kommunikation: Methoden, Modelle, Beispiele. (5. Aufl.) Reinbek: Rowohlt.

Krämer, G. & Nazarkiewicz, K. (2012). Handbuch Interkulturelles Coaching: Konzepte, Methoden, Kompetenzen kulturreflexiver Begleitung. Göttingen: Vandenhoeck & Rupprecht.

Bär, M. & Krumm, R. & Wiehle, H. (2010). Unternehmen verstehen, gestalten, verändern: Das Graves-Value-System in der Praxis. (2. überarb. Aufl.). Heidelberg: Gabler.

Beck, D. E. & Cowan, C. (2005). Spiral Dynamics: Mastering Values, Leadership and Change, John Wiley & Sons.

Beck, D. E. & Cowan, C., Polonyi, C. (Übersetzer) (2005). Spiral Dynamics - Leadership, Werte und Wandel: Eine Landkarte für das Business, Politik und Gesellschaft im 21. Jahrhundert. Kamphausen.

Skript der Coaching-Ausbildung, Metaforum International (2009).

5. Über die Autorin

Bereits im Beitrag über Italien habe ich von meiner eigenen Arbeit als Coach (www.egger-konzept.de) gesprochen und möchte hier daher nur noch kleine Ergänzungen zu meinem Coachingverständnis im interkulturellen Kontext machen.

Mit dem Thema Interkulturalität habe ich mich intensiv beschäftigt und ein Weiterbildungsinstitut zum Schwerpunkt „Interkulturelle Kommunikation und Kooperation" mit aufgebaut und einige Jahre als Firmenberaterin für Sprachen und interkulturelle Trainings gearbeitet. Einige Zeit meines Lebens habe ich in Brasilien, Italien und anderen Ländern verbracht. Ich durfte fremde Kulturen kennenlernen und spüren, was das Hineinwachsen in eine neue kulturelle Umwelt bedeutet und verändert. Diese eigene Erfahrung hilft mir heute sehr bei meiner Arbeit als Coach. Eine Besonderheit bei meinen Coachings ist der bewusste Einsatz verschiedener Sprachen. Diese besondere Möglichkeit, mit Verlangsamung und Beschleunigung zu arbeiten, hilft beim Erschließen tiefer innerer Prozesse und distanzierter Betrachtungsweisen. Ich denke, dass ich durch meine „Fremdsprache" in einer neutraleren und distanzierten Position bin, als jemand mit derselben Muttersprache. Dies ermöglicht mir manchmal Fragen zu stellen, die jemand aus dem eigenen Kulturkreis nicht fragen kann.

Interkulturelles Coaching ist somit ein Prozess, dessen Richtung die Bedürfnisse des Coachees vorgeben. Als Coach begleite ich diesen Prozess, beleuchte Aspekte und intensiviere den Lernprozess, den der Coachee gerade durchläuft.

Interkulturelles Coaching in ...

Argentinien

In diesem Beitrag finden Sie:

1. Coaching in Argentinien – eine Einführung

von Karin Repsold

Wie verbreitet ist Ihrer Ansicht nach Coaching in Argentinien?

Coachs vorwiegend in Großstädten tätig

Die ICF Global Coaching Study (2012), die bisher weltweit größte Studie im Bereich Coaching, zeigt, dass der Coaching-Markt in Argentinien stark wachsend ist und noch ein großes Wachstumspotenzial hat. Dies verdeutlichen besonders auch folgende Zahlen: Das ICF Chapter Argentinien hatte 2009 erst 6 Mitglieder (Coachs), 2010 schon 160 Coachs, 2011 bereits 201 und Mitte 2012 ca. 225 Mitglieder. Gründe für diesen steilen Anstieg der Mitgliedszahlen in so kurzer Zeit sieht Richardson, ICF Staff (www.coachfederation.org/articles), vor allem in den umfangreichen Qualifizierungsangeboten (on-site und virtuell) des ICF Chapters Argentinien. Die meisten Coachs sind in der argentinischen Hauptstadt Buenos Aires tätig, gefolgt von den Großstädten Córdoba, Rosario (Santa Fe) und Mendoza.

An der ICF Global Coaching Study (2012) beteiligten sich 117 argentinische Coachs. Diese rechnen in Zukunft mit einer steigenden Coaching-Nachfrage bei gleichzeitig steigenden Honoraren. Auffällig ist der bei argentinischen Coachs höhere Bildungsgrad sowohl im globalen Vergleich als auch im Vergleich zu Deutschland (ICF Global Coaching Study, 2012).

Noch recht geringe Coachdichte

Die Anzahl der Coachs und die Coachdichte sind in Argentinien im weltweiten Vergleich ziemlich gering (Bresser, 2009). Dies steht im Gegensatz zu der ziemlich hohen Professionalisierung von Coaching in Südamerika im Allgemeinen und in Argentinien im Besonderen. Dieses Phänomen könnte laut Bresser (2009, S. 151) ein Merkmal der lateinamerikanischen Länder im Allgemeinen sein, da das Gleiche auch in Portugal und Spanien zu beobachten ist.

Für welche Anlässe wird Coaching in Argentinien eingesetzt?

Einsatz überwiegend im Business-Bereich

Coaching wird in Argentinien überwiegend im Business-Bereich eingesetzt und zwar hauptsächlich für Führungskräfte. Die meisten Firmen setzen Executive Coaching als Leadership-Development-Tool ein (Executive Coaching in Latin America, Executive Report, S. 4). Vor allem in größeren Unternehmen werden gezielt Senior Manager gecoacht, die dann als Rollenvorbild im Unternehmen agieren sollen. Gründe für den Einsatz dieses 1:1-Führungskräfte-Coachings sind typischerweise die Verbesserung der Leistung und des Führungspotenzials sowie spezielle Entwicklungsthemen wie Entscheidungsfindung, Delegieren etc. (Executive Coaching in Latin America, Executive Report, S. 20).

Coaching als managementorientiertes Personalentwicklungsinstrument wird in Argentinien insbesondere von Führungskräften als Möglichkeit der beruflichen und der persönlichen Entwicklung genutzt. Schwerpunktthemen im persönlichen Bereich sind laut ICF Global Coaching Study (2012) die Verbesserung der interpersonellen Beziehungen, Verbesserung der kommunikativen Fähigkeiten, persönliches Wachstum und Stärkung des Selbstvertrauens/Selbstbewusstseins.

Life Coaching weniger verbreitet

Gemäß der ICF-Studie ist Life Coaching (welches die privaten Klienten selbst bezahlen) in Argentinien weniger verbreitet. Dies bestätigen auch meine argentinischen Klienten. Mögliche Gründe sehe ich hier zum einen in der derzeit schwierigen wirtschaftlichen Lage in Argentinien und der Tatsache, dass es in Argentinien Tradition ist, bei persönlichen Problemen einen Psychotherapeuten aufzusuchen. „Kein anderes Volk verbringt so viele Stunden auf der Couch der Seelendoktoren wie das aus Buenos Aires. Dort gehört es schon zum guten Ton, einen Psychoanalytiker zu konsultieren ..." (Goerdeler, C. D., 2010, S. 140).

Wie ist die gesellschaftliche Sicht auf das Thema?

Coaching ist in Argentinien in hohem Maße akzeptiert und als Beruf hoch entwickelt. In Argentinien gibt es sowohl einen nationalen Coachingverband AAPC (Asociación Argentina de Profesionales de Coaching) als auch ein ICF Chapter (International Coach Federation, Chapter Argentinien). Laut ICF-Studie (2012) sehen ca. 80% der argentinischen Coachs Coaching als Profession an, im Gegensatz zu nur ca. 50% in Deutschland. In Argentinien legen mehr Klienten Wert auf eine Zertifizierung des Coachs als z.B. in Deutschland und auch im weltweiten Vergleich. Dieser Qualitätsanspruch wird unterstützt durch die Antworten der argentinischen Coachs (ICF-Studie, 2012) auf die Frage, ob Coaching reguliert werden sollte. 72% der argentinischen Coachs bejahten diese Frage (in Deutschland waren es nur 48% der befragten Coachs, weltweit 53,3%).

Rollenbilder: Wie würden Sie die typische Beziehung zwischen Coach und Coachee in Argentinien beschreiben?

Überwiedgend partnerschaftliche Arbeitsbeziehung

Aufgrund der hohen Qualifikation argentinischer Coachs ist Coaching in Argentinien überwiegend sehr professionell. Die Gesprächsführung im Coaching in Argentinien ist klientenzentriert und in jedem Falle wertschätzend (www.icfargentina.com). Coaching findet auf Augenhöhe statt. Dabei nimmt der Coach situationsabhängig die Rolle als objektiver Beobachter, Berater, Beurteiler oder auch Sparringspartner ein, der mit seinem Klienten Alternativszenarien erarbeitet. In der Zusammenarbeit eröffnen sich dem Klienten neue Perspektiven und Möglichkeiten.

In welchen Bereichen mussten Sie das klassische Grundkonzept von Coaching anpassen, um erfolgreich coachen zu können?

Kultur ist nur ein Faktor und sagt meiner Erfahrung nach nicht viel über das Individuum aus. In erster Linie nehme ich meine Klienten als individuelle Persönlichkeiten wahr und nicht als stereotypische Vertreter eines bestimmten Kulturkreises. Dieser Ansatz gestaltet unsere Beziehung als Coachingpartner. Trotzdem gibt es einige Punkte, die für Coachs von Bedeutung sein können, die mit Klienten aus dem Kulturkreis Argentinien arbeiten.

Aufbau einer vertrauensvollen Beziehung

Vertrauen in zwischenmenschliche Beziehungen ist in Argentinien sehr wichtig, auch und vor allem im Geschäftsleben. Es wird erst dann vom Small Talk zum Geschäftlichen übergegangen, wenn man zum Gegenüber eine persönliche Beziehung aufgebaut hat. Für den Aufbau einer vertrauensvollen Beziehung, die die Basis eines erfolgreichen Coachingprozesses ist, verwende ich deutlich mehr Zeit als bei deutschen Klienten. Dies beginnt schon bei der Auftrags- und Zielklärung, die gerade bei internationalen Firmenklienten in dem Dreiecksverhältnis Auftraggeber (Firma), Klient und Coach sehr viel komplexer ist.

Mein Eindruck ist, dass die Hauptprioritäten im Leben von Argentiniern die Familie, zwischenmenschliche Beziehungen und Lebensqualität sind. Berufstätige arbeiten, um zu leben – nicht umgekehrt. Ich führe deshalb sämtliche Interventionen im Coaching vor dem Hintergrund dieser Werte durch. Dies gilt auch für die Formulierung und Umsetzung der Ziele meiner argentinischen Klienten.

Das Kommunikationsverhalten von Argentiniern ist meiner Einschätzung nach vielschichtig. Respekt ist ihnen in allen Aspekten des Lebens extrem wichtig und bildet die Basis ihres (Kommunikations-) Verhaltens. Weichheit prägt den Umgang. Obwohl sie durchaus direkt kommunizieren, vermeiden sie sowohl Konfrontationen als auch Konflikte. Außerdem erlebe ich viele Argentinier als besonders mitteilungsbedürftig. Dies trifft nach meiner Erfahrung gleichermaßen auf Männer und Frauen zu, ebenso wie auf eher introvertierte und extrovertierte Persönlichkeitstypen. Diese Besonderheiten erfordern von mir als Coach eine Anpassung im Coachingprozess (siehe nachfolgende Fallstudie).

Zeit und Geduld mitbringen

Zudem erlebe ich, dass Argentinier tendenziell eine andere Zeitorientierung haben. Der Coachingprozess ist dadurch insgesamt langsamer. Dies erfordert von mir als Coach mehr Zeit und Geduld.

Haben Sie ein konkretes Beispiel?

Ein argentinischer Firmenklient, Mitte 40, ledig, war zum damaligen Zeitpunkt in noch ungeklärtem Umfang von Umstrukturierungsmaßnahmen in seiner Firma betroffen und daher sehr beunruhigt. Nach ausführlicher Auftrags- und Zielklärung und einem längeren telefonischen Vorgespräch schickte ich ihm, wie allen meinen Klienten, vorab einige Fragen per E-Mail zu. Es waren Fragen nach seinen mit dem Coaching verbundenen Zielen, was danach anders bzw. besser sein sollte und nach seiner Erwartungshaltung an mich als Coach. Er beantwortete alle Fragen ausführlich. Bis zu unserem ersten persönlichen Gespräch war ich also umfassend über seine Situation und sein Anliegen informiert.

Beim ersten persönlichen Gespräch fragte ich ihn, ob es zwischenzeitlich irgendwelche Veränderungen gäbe. Sofort brach ein ungebremster Wortschwall aus ihm heraus. Sein Redebedürfnis war enorm. Inhaltlich wiederholte er dabei das mir bereits Bekannte. Obwohl er diese Fragen zuvor schon alle schriftlich beantwortet hatte, war es ihm ein großes Bedürfnis, sich seine Sorgen nun endlich auch mal von der Seele reden zu können und dabei in mir eine neutrale Zuhörerin in einem geschützten Rahmen zu haben. Ich merkte sofort, dass es wichtig war, ihm hier und jetzt den Raum für sein Mitteilungsbedürfnis zu geben.

Entscheidend für den Erfolg dieser ersten Sitzung war, dass ich ihn aktiv zuhörend und mit Einfühlungsvermögen dort abholte, wo er gerade stand. Zugleich war dabei aber auch eine sehr strukturierte Vorgehensweise wichtig, und zwar aus zwei Gründen: Erstens habe ich die Erfahrung mit einigen Klienten aus Argentinien gemacht, dass diese sich in verschiedenen Situationen weniger in der aktiven Rolle des handelnden Akteurs sehen, was im Coachingprozess eher kontraproduktiv ist. Ich habe also immer wieder an seine Eigenverantwortung appelliert und ihn gefragt: *„Was können Sie dazu beitragen ...?“* Zweitens ist insbesondere bei Firmenklienten der zeitliche Coachingumfang nach erfolgter Auftragsklärung ausgehandelt und damit vorgegeben. Die besondere Herausforderung an mich als Coach besteht nun darin, die gesteckten (und von der Firma oft vorgegebenen) Ziele in diesem Zeitrahmen auch tatsächlich zu erreichen, bei gleichzeitig anderer Zeitorientierung und großem Mitteilungsbedürfnis vieler Argentinier. Dieses war nämlich stets ungebrochen groß, auch in den Folgesitzungen.

Oft hohes Mitteilungsbedürfnis

2. Passende Coaching-Tools

Passend: Die (Arbeits-)Lebenslinie

Nach Martin Wehrle, 2010.

Zielgruppe, Themen

Dieses Tool ist für alle Zielgruppen geeignet. Es ist sehr gut einsetzbar in der Karriereplanung bei Klienten, die schon mehrere berufliche Stationen und Wechsel erlebt haben.

Einsatzziel

Mit der (Arbeits-)Lebenslinie unterstützt der Coach seinen Klienten bei der Reflexion und Einordnung seiner (beruflichen) Lebensabschnitte. Dieses Tool visualisiert und quantifiziert die Zufriedenheit des Klienten in seinem bisherigen (Arbeits-)Leben. Durch Fragen geleitet, hilft der Coach dem Klienten, Gemeinsamkeiten der günstigen und ungünstigen Umstände herauszuarbeiten. Diese Erkenntnisse können dem Klienten auch bei der Entscheidungsfindung für eine anstehende Veränderung helfen.

Coaching-Phase

Als Einstiegsübung bzw. als Unterstützung bei der Potenzialermittlung.

Funktioniert meist gut, weil ...

Ich habe die Erfahrung gemacht, dass einige meiner argentinischen Klienten dazu neigen, Verantwortung für ihr Leben und damit auch für ihre Zufriedenheit in erster Linie bei anderen zu sehen. Außerdem gebrauchen Argentinier in ihrer Kommunikation inflationär oft den Superlativ. Da ist es schwierig zu erkennen, wie zufrieden oder unzufrieden genau der Klient in einer bestimmten Phase in seinem Leben war oder ist, im Vergleich zu einer anderen Phase. Die (Arbeits-)Lebenslinie kann dabei helfen, Abstufungen zwischen „himmelhoch jauchzend" und „zu Tode betrübt" herauszuarbeiten und zu quantifizieren.

Dauer

Die Dauer kann sehr unterschiedlich sein und hängt vom Lebensalter und von der Anzahl an beruflichen Stationen des Klienten ab und zum anderen auch davon, inwieweit er diese Wechsel selbst schon reflektiert hat. Dauer daher 30-90 Minuten.

Voraussetzung/ Vorbereitung

Lebenslauf des Klienten als Grundlage für diese Übung; Rolle Packpapier, Marker.

Beschreibung

Die (Arbeits-)Lebenslinie zeigt, wie wohl sich der Klient in den Phasen seines Lebens gefühlt hat – eine Dimension, die im Lebenslauf nicht vorkommt. Daraus lassen sich wertvolle Erkenntnisse für die Zukunft ableiten.

Schritt 1

Eine Rolle Packpapier, das sich auf beliebige Länge ausrollen lässt, mit dem Anfang links auf einem Tisch nach rechts ausrollen. Der Klient zeichnet ein Koordinatensystem ein: Die senkrechte Achse (y-Achse) ist die Gefühlslinie. Sie wird mit „Wohlfühlen" beschriftet und mit Skalenwerten von 1-10 eingeteilt. Die waagerechte Linie (x-Achse) ist die Lebenslinie und wird mit „Zeit" beschriftet.

Schritt 2

Der Klient schreibt seine Eckdaten unter die Lebenslinie, von links nach rechts. Nicht nur berufliche, offizielle Daten seines Lebenslaufs, sondern alles, was ihm wichtig ist (z.B. Umzug, Heirat usw.).

Schritt 3

Wenn alle wichtigen Daten und Ereignisse in einer Reihe unter der Lebenslinie stehen, beginnt die Besprechung der einzelnen Lebensphasen mit dem Klienten.

Konkretes Beispiel

Ein argentinischer Klient, Anfang 50, arbeitete seit sechs Jahren bei einem deutschen Konzern in Deutschland und kam mit dem Anliegen zu mir, „ob es das schon war im Leben". Er war an einem Tiefpunkt angelangt und wollte für sich die Frage klären, wohin die „Reise" in seinem Leben gehen sollte.

Die Schilderungen seines Lebensweges klingen wie eine Achterbahnfahrt; hohe Berge, tiefe Täler. Zu dem Zeitpunkt befand er sich im tiefsten Tal und war ziemlich ratlos.

Ich schlug ihm die Arbeit mit der (Arbeits-)Lebenslinie vor, um das bisher Erlebte besser einordnen und daraus wichtige Erkenntnisse gewinnen zu können, gerade auch im Hinblick auf seine Zukunft. Nachdem er alle wichtigen Erlebnisse und Eckdaten unter die Lebenslinie (Zeitachse) eingetragen hatte, begannen wir. Ich erkläre hier beispielhaft seinen Lebensabschnitt USA vor ca. 25 Jahren. Die Beschreibung einer kompletten Lebenslinie würde den Rahmen der Buchstruktur sprengen.

„Als Sie in die USA gingen, um dort zu studieren, wie haben Sie sich dabei gefühlt? Ging es Ihnen gut oder schlecht?“ Der Klient malte eine Gefühlslinie, die steil nach oben ging, bis zum Wert 10 und über die gesamte Phase hoch blieb. Ich bat ihn, den steilen Anstieg und die Hochphase zu kommentieren. Er betitelte die Phase: neue, grandiose Lernerfahrung. Bei besonderen Hoch- und Tiefpunkten bat ich ihn stets, diese kurz auf dem Papier zu kommentieren.

Ich ging mit dem Klienten den kompletten Lebenslauf durch und stellte ihm immer wieder Fragen: *„Was war in der Phase gut? Was war schlecht?“* Zu den Wendepunkten in seinem Leben fragte ich ihn: *„Welche Ihrer Fähigkeiten haben Ihnen zu dem Zeitpunkt zu mehr Zufriedenheit verholfen? Wie haben Sie es geschafft, aus dem Tief wieder auf die Beine zu kommen? Welche Menschen waren für Sie in dieser Phase wichtig? Was haben Sie besonders in Erinnerung?“*

Es entstand eine Gefühlslinie mit vielen Bergen und Tälern. Nun werteten wir die komplette Linie aus. Ich fragte den Klienten: *„Was fällt Ihnen auf, wenn Sie auf Ihr Leben in dieser Form schauen? Gibt es Hoch- und Tiefpunkte, die Sie überraschen? Welche Zusammenhänge erkennen Sie?“* Mein argentinischer Klient erkannte unvermutete Gemeinsamkeiten, die er vorher noch nie so gesehen hatte. Er gewann viele neue Erkenntnisse über sein Leben während dieser Reflexion.

Danach stellte ich ihm gezielte Fragen zu den Hoch- und Tiefpunkten. *„Was haben Sie zu den Umschwüngen beigetragen?“* Dabei wurden seine Ressourcen sichtbar. Die herausgearbeiteten Kompetenzen konnten ihm auch in Zukunft nützen.

Ich fragte ihn insbesondere auch nach Gemeinsamkeiten: *„In welchen Situationen, mit welchen Tätigkeiten und unter welchen Menschen haben Sie sich besonders wohl/unwohl gefühlt? Welche Erkenntnisse können Sie für Ihre Karriereplanung daraus ableiten?“* Eine der vielen Erkenntnisse war, dass Lernen für ihn ein wichtiger Wert war, der in seinem Leben zum Zeitpunkt des Coachings nicht erfüllt wurde.

Am Ende forderte ich den Klienten auf, alle gewonnenen Erkenntnisse für ein ideales Umfeld für seine Zukunft herauszuarbeiten. Ich bat ihn, die Höhepunkte der Gefühlslinie als Linie miteinander zu verbinden. Ich fragte ihn: *„Wenn Sie eine Pflanze wären, wo würden Sie gedeihen? Was bräuchten Sie dafür? Und welche Dinge könnten Ihnen im Weg stehen?“*

Der Klient gewann wertvolle Erkenntnisse und sah klare Gemeinsamkeiten, die ihm bei der Entscheidungsfindung, wohin die „Reise“ gehen soll, helfen konnten.

Mögliche Probleme

Es kann passieren, dass sich ein Klient in einem Lebensabschnitt verliert; insbesondere dann, wenn es dabei um private Dinge geht. Da hilft vorab eine Vereinbarung mit dem Klienten, wie er die zur Verfügung stehende Zeit im Coaching gern nutzen möchte: mehr mit dem Privat- oder dem Berufsleben. Auf diese Vereinbarung berufe ich mich dann und lenke zurück zum Beruflichen.

Passend: Die Umsetzungs-Pyramide

Nach Martin Wehrle, 2012.

Zielgruppe, Themen

Dieses Praxistransfer-Tool ist für alle Zielgruppen geeignet. Die Umsetzungspyramide visualisiert Umsetzungsschwierigkeiten vorab und hilft dem Klienten, sich auf sie vorzubereiten. Daher kann dieses Tool bei allen Themen eingesetzt werden.

Einsatzziel

Mit der Umsetzungs-Pyramide unterstützt der Coach seinen Klienten dabei, mögliche Transferhindernisse frühzeitig zu erkennen. Er lässt ihn passende Strategien zu deren Überwindung entwickeln und ermöglicht so einen sicheren Praxistransfer.

Coaching-Phase

Dieses Praxistransfer-Tool eignet sich für den Abschluss eines Coachingprozesses.

Funktioniert meist gut, weil ...

Meine Erfahrung im Coaching ist, dass viele Argentinier die Pflicht nicht mögen. Was unangenehm ist, kann manchmal gerne auf den nächsten Tag (oder den übernächsten) verschoben werden. Umso wichtiger ist am Ende des Coachingprozesses der Praxistransfer, damit es nicht bei einer Absichtserklärung in Form von „hätte", „könnte", „müsste", „sollte" bleibt. Die Wahrscheinlichkeit, dass der Klient sein Ziel erreicht, wächst. Die Umsetzungs-Pyramide ist ein ideales Coaching-Tool als „Hilfe zur Selbsthilfe", um den Erfolg für den Klienten auch nach Beendigung des Coachings nachhaltig zu sichern.

Dauer Nach meiner Erfahrung im Durchschnitt ca. 30 Minuten.

Vorbereitung Flipchart oder Blatt Papier, Marker.

Beschreibung Am Ende des Coachingprozesses weiß der Klient, welche Schritte er gehen wird, um seine Ziele zu erreichen. Mit der Umsetzungs-Pyramide sichert der Klient den Praxistransfer ab: In die Mitte die Ziele, links die Hindernisse, rechts die Überwindungsstrategien.

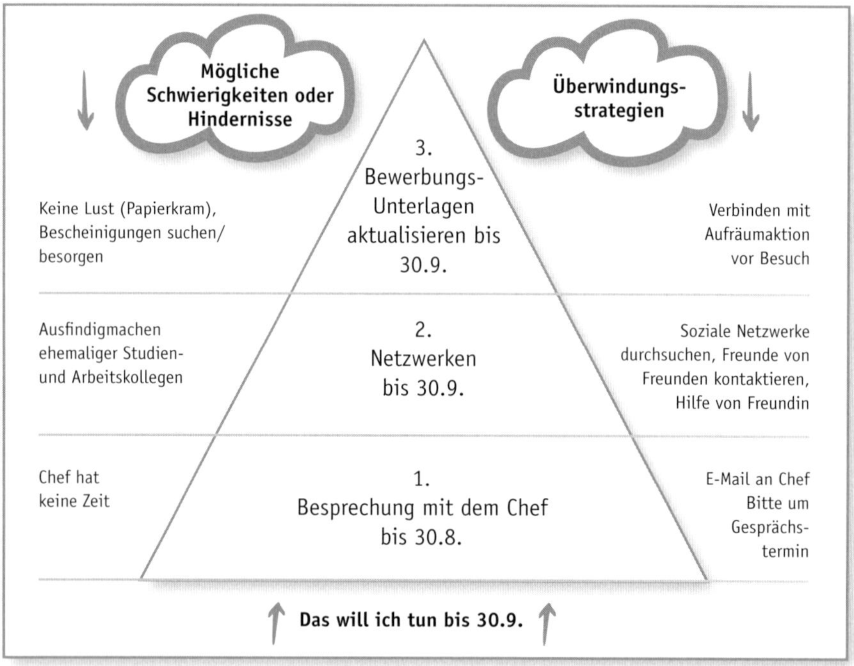

Abb.: Grafik adaptiert nach Wehrle, 2012, S. 306.

Schritt 1

Die Pyramide wird mittig auf ein Blatt Papier oder das Flipchart gezeichnet. Für die wichtigsten drei Ziele werden durch Querstriche übers ganze Papier einzelne Ebenen gebildet. Unter die Pyramide schreibt der Klient den Satz: „Das will ich tun bis …" Nun notiert er, unterstützt durch die Fragen des Coachs, in der ersten (untersten) Ebene der Pyramide sein wichtigstes Ziel. Wichtig dabei: Auf verbindliche Termine achten. Eine Ebene höher wird das zweitwichtigste Ziel notiert etc.

Schritt 2

Wenn alle Ziele eingetragen sind, schreibt der Klient links oben auf das Blatt „Schwierigkeiten". Nun nutzt er den Raum links der Pyramide, um auf der jeweiligen Ebene die möglichen Hindernisse einzutragen. Dabei wird er durch Fragen des Coachs begleitet.

Schritt 3

Im letzten Schritt schreibt der Klient oben rechts neben die Pyramide: „Überwindungsstrategien" und stellt den Schwierigkeiten seine (alternativen) Lösungen gegenüber. Auch hierbei wird er wieder vom Coach durch Fragen unterstützt.

Konkretes Beispiel

Eine argentinische Klientin, Mitte 30, die vor drei Jahren wegen eines lukrativen Jobangebots nach Deutschland kam, sah zum Ende des Coachingprozesses die Welt wieder klarer: Nicht „die anderen" waren schuld an ihrer Unzufriedenheit, sondern ihre Werte waren mit ihrem Leben hier nicht vereinbar. Sie hatte das Gefühl, hier nicht „ihr" Leben zu leben. Sie hatte in den drei Jahren auch kein Deutsch gelernt, was ihrer Ansicht nach nicht notwendig war, da sie im Beruf sowieso nur Englisch sprach und ihre Freunde in Deutschland alle aus spanischsprachigen Ländern kamen. Auch nach drei Jahren war sie hier irgendwie noch nicht richtig angekommen. Sie wollte wieder in ein – auch kulturell – wärmeres Land umsiedeln. Der Konzern, für den sie tätig war, hatte Niederlassungen auch in anderen Ländern.

Zu Beginn schrieb sie den Satz „Das will ich bis zum 30.9. tun" unter die Pyramide. Bis dahin will sie ihre im Coaching erarbeiteten Ziele umgesetzt haben.

Sie notierte als erstes Ziel: „Besprechung mit Chef bis zum 30.8." Sie wollte mit ihrem Chef über die Möglichkeiten eines Jobwechsels in eine andere Niederlassung in Südeuropa oder Südamerika sprechen. Als zweites Ziel notierte sie: „Netzwerken bis zum 30.9." Alle weltweiten Kontakte (Kollegen, Familie, Freunde, ehemalige Studien- und Arbeitskollegen) wollte sie systematisch kontaktieren, um sich über die Arbeitsmarktsituation in den betreffenden Ländern und auch mögliche Jobs innerhalb/außerhalb ihres Konzerns zu informieren. Außerdem wollte sie ihre Bewerbungsunterlagen aktualisieren. Also notierte sie als drittes Ziel: „Bewerbungsunterlagen aktualisieren bis zum 30.9."

Wir begannen mit dem ersten Ziel: Besprechung mit Chef bis zum 30.8. Ich fragte: *„Welche Schwierigkeiten könnten auftreten, um mit ihrem Chef einen Besprechungstermin zu vereinbaren?"* Sie antwortete: *„Mein Chef hat nie Zeit."* Sie notierte diese Schwierigkeit links vom Ziel. Ich fragte: *„Wie haben Sie dieses Problem in der Vergangenheit bewältigt?"* Sie antwortete: *„Dann habe ich ihm eine E-Mail geschrieben."* Sie notierte rechts vom Ziel die Überwindungsstrategie: „E-Mail an Chef mit Vorschlag/Bitte Gesprächstermin."

Wir widmeten uns dem zweiten Ziel: Netzwerken bis zum 30.9. Ich fragte: *„Welche ungünstigen Umstände könnten auftreten?"* Sie antwortete: *„Ich weiß ja nicht, wer wann da ist und ob ich meine Freunde in den anderen Ländern dann auch erreichen kann. Und außerdem weiß ich z.B. bei meinen ehemaligen Arbeits- und Studienkollegen gar nicht, wo die jetzt leben und wie ich die finden kann."* Sie notierte links vom Ziel die Hindernisse: „Ausfindigmachen ehemaliger Arbeits- und Studienkollegen." Ich fragte: *„Wie haben Sie diese Schwierigkeit in der Vergangenheit gemeistert? Wie sind Sie da vorgegangen?"* Sie antwortete: *„Ach, dann habe ich bei einem sozialen Netzwerk gesucht oder einen Freund vom Freund kontaktiert, das macht man bei uns in Argentinien so."* Aha, sie notierte also rechts vom Ziel als Überwindungsstrategie: „Soziale Netzwerke durchsuchen, Freunde von Freunden kontaktieren."

Ich merkte ihr an, dass der Punkt sie noch beschäftigte und für sie noch nicht abgeschlossen war. Das veranlasste mich, noch mal nachzuhaken. Ich fragte weiter: *„Sie haben so spontan die Lösungen geliefert, das scheint Ihnen ja nicht schwerzufallen. Gibt es da vielleicht auch Hindernisse in Ihnen selbst, die Sie abhalten könnten, mit dem Netzwerken zielgerichtet zu beginnen?"* Sie sah mich an, als ob ich sie „erwischt" hätte. Dann antwortete sie: *„Na ja, das ist schon ganz schön viel Aufwand, zu überlegen, wen ich woher kenne und wie ich den/die ausfindig machen kann. Ich weiß gar nicht, wo ich da anfangen soll. Und das dann alles allein machen …"* Ich fragte weiter: *„Wer könnte Sie dabei unterstützen?"* Sie antwortete: *„Meine Freundin"* (eine argentinische Freundin hier in Deutschland), *„wir machen viel zusammen, und sie würde mich bestimmt unterstützen. Das hat sie schon öfter getan, z.B. als …"* Sie notierte links vom Ziel bei den Schwierigkeiten: „Faule Ausrede, um endlich anzufangen!" Rechts notierte sie als alternative Lösung: „Unterstützung von Freundin."

Wir kamen zum dritten und letzten Ziel: Bewerbungsunterlagen aktualisieren bis zum 30.9. Wie zuvor fragte ich: *„Welche Schwierigkeiten könnten dabei auftreten?"* Sie antwortete: *„Ach, da gibt's gleich mehrere: Erstens hasse ich den Papierkram. Das macht mir absolut keinen Spaß. Und dann weiß ich auch gar nicht, ob ich z.B. von allen Fortbildungen der letzten drei Jahre alle Bescheinigungen habe."* Sie notierte links vom Ziel: „Keine Lust (Papierkram), Bescheinigungen suchen/besorgen." Ich fragte weiter: *„Sicherlich haben Sie schon öfter mal Ihre Bewerbungsunterlagen aktualisiert. Wie sind Sie da in der Vergangenheit vorgegangen?"* Sie antwortete: *„Na ja, das kann man nicht so richtig vergleichen. Da hatte ich mich ja auf ausgeschriebene Stellen beworben, und dann gab es ja immer eine Bewerbungsfrist, bis zu der die Unterlagen dann fertig sein mussten. Aber diesmal weiß ich ja noch nicht, ob ich mich auf eine ausgeschriebene Stelle oder initiativ bewerben werde."* Ich erinnerte sie an ihr Ziel, die Unterlagen erst mal zu aktualisieren, es ging ja noch nicht um die Formulierung eines Anschreibens. Sie antwortete: *„Also, Mitte September ist eh große Aufräumaktion, weil ich dann für einige Tage Besuch bekomme, dann mache ich das am besten gleich alles zusammen."* Sie notierte also rechts vom Ziel die Lösung: „Verbinden mit Aufräumaktion vor Besuch."

Am Ende sah die Klientin dreierlei auf einen Blick: Was sie tun möchte (in der Mitte), was sie behindern könnte (links der Pyramide), und wie sie damit fertig wird (rechts).

Diese Klientin und auch weitere Klienten waren von der Umsetzungs-Pyramide so begeistert, dass sie sie auch für Vorhaben in anderen Lebensbereichen nutzen. Ein Klient nutzte dieses Tool beispielsweise für die Umsetzung seines Umzugsvorhabens. Alle damit verbundenen organisatorischen Schritte hat er mithilfe der Umsetzungs-Pyramide umgesetzt und mir dann nach erfolgtem Umzug stolz davon berichtet!

Mögliche Probleme

Die Umsetzungs-Pyramide kann für Klienten, die mögliche Hindernisse sorgsam verdrängt haben, eine besondere Herausforderung darstellen.

3. Kritische Coaching-Tools

Kritisch: Provokante Fragen

Zielgruppe, Themen Unterschiedliche Zielgruppen und Themen.

Einsatzziel Provokante Fragen werfen ein neues Licht auf eingefahrene Gedanken, sie irritieren den Klienten nicht nur, sondern vor allem inspirieren sie ihn. Der Überraschungseffekt ermöglicht dem Klienten einen neuen Blickwinkel auf seine Situation.

Coaching-Phase Erst dann, wenn zwischen Coach und Klient eine vertrauensvolle Beziehung geschaffen ist, also nicht zu Beginn des Coachingprozesses, sondern eher im späteren Verlauf.

Funktioniert weniger gut, weil ... Dass bzw. ob provokante Fragen im Kulturkreis Argentinien nicht funktionieren, kann ich nicht mit Bestimmtheit sagen, da ich sie in diesem Kontext nicht angewendet habe. Sicherlich jedoch sind sie dort mit Vorsicht zu genießen. Meine Erfahrung ist, dass im argentinischen Kontext Respekt wertgeschätzt und Konfrontationen vermieden werden. Ich denke, provokatives Coaching in Form von direkter Konfrontation mit den eigenen Schwächen könnte Argentinier bloßstellen. Ich habe auch den Eindruck, dass viele Argentinier nicht gern (öffentlich) zugeben, dass sie etwas falsch gemacht haben.

Lösungsoptionen/ Alternativen Als Alternative habe ich sehr erfolgreich paradoxe Fragen eingesetzt. Dieser Fragetyp erkundet, welches Verhalten des Klienten garantiert nicht ans Ziel führt. Die destruktive Energie des Klienten lässt sich im Coaching mithilfe der paradoxen Frage in konstruktive Energie umwandeln. Mit einer paradoxen Frage kann der Klient spielerisch an Herausforderungen herangehen.

Dazu ein Fallbeispiel

Ein argentinischer Klient, Ende 30, sprudelte wie ein Wasserfall bei der Schilderung seiner diversen Probleme am Arbeitsplatz: Spannungen im Team und ein schwelender Konflikt mit seinem Vorgesetzten. Er war höchst unzufrieden mit seinem Arbeitsleben; diese Unzufriedenheit hatte auch Auswirkungen auf sein Privatleben.

Ich stellte ihm folgende paradoxe Frage: *„Wie können Sie garantieren, dass Sie ganz bestimmt nicht zufriedener im Leben werden?"* Der Klient war schlagartig still, schwieg eine ganze Weile lang, sah mich verwirrt an und schien zu überlegen, was er antworten sollte. Sein Gesicht errötete etwas. Dann sagte er mit überzeugtem Ton der Selbsterkenntnis: *„Ich müsste einfach nur so weitermachen wie bisher, nämlich gar nichts tun."* Nachdem er die Antwort ausgesprochen hatte, lachte er jedoch befreit.

Diese paradoxe Frage hatte genau den gewünschten Effekt, nämlich, meinen Klienten aus seiner Opferhaltung wachzurütteln und ihn zu der Selbsterkenntnis zu leiten, dass er selbst für sein Leben verantwortlich ist. Solange er nichts tut, wird nichts geschehen (seine Zufriedenheit nicht steigen). Umgekehrt: Wenn er etwas tut, wird etwas in die positive Richtung bewegt und geschehen.

4. Hilfestellungen

Zentrale Aspekte für den Erfolg von Coaching in Argentinien

- Nehmen Sie den Klienten als individuelle Persönlichkeit wahr und nicht als stereotypischen Vertreter seines heimatlichen Kulturkreises (der ja auch nicht einheitlich ist). So nützlich Hintergrundwissen zu kulturellen Besonderheiten auch ist, diese Besonderheiten erklären nicht grundsätzlich alle Denk- und Verhaltensweisen des Klienten. Gerade Expatriates, die schon in mehreren verschiedenen Kulturkreisen gelebt und gearbeitet haben, zeigen in ihrem Denken und Handeln oft eine Art internationale Mischung.
- Die meisten Argentinier haben europäische Vorfahren, was sie von anderen lateinamerikanischen Ländern unterscheidet. Kulturell und emotional erscheinen viele Argentinier oft mehr europäisch als lateinamerikanisch.
- Mein Eindruck ist, dass Vertrauen für Argentinier extrem wichtig ist und die Basis in zwischenmenschlichen Beziehungen bildet. Um einen guten Rapport zum Klienten herzustellen, sind vertrauensbildende Maßnahmen wie Small Talk und grundsätzlich mehr Zeit zu Beginn des Coachingprozesses wichtig.
- Ich erlebe als Hauptprioritäten im Leben von Argentiniern ihre Familie, zwischenmenschliche Beziehungen und Lebensqualität. Berufstätige arbeiten, um zu leben – nicht umgekehrt. Berücksichtigen Sie diese Werte bei der Formulierung und der Umsetzung der Ziele des Klienten.
- Viele Argentinier sind meiner Erfahrung nach sehr mitteilungsbedürftig und haben eine andere Zeitorientierung. Ich empfehle Ihnen eine strukturierte Vorgehensweise und den Einsatz von geeigneten Tools.
- Das Kommunikationsverhalten von Argentiniern ist vielschichtig. Aus meiner Erfahrung heraus empfehle ich Ihnen im Umgang mit

argentinischen Klienten insbesondere folgende Aspekte zu beachten:

- Meiner Meinung nach ist Respekt für Argentinier die Basis ihres (Kommunikations-)Verhaltens. Viele vermeiden eher Konfrontationen und Konflikte.
- Vor diesem Hintergrund würde ich provokatives Coaching in Form von direkter Konfrontation mit den Schwächen Ihres Klienten vermeiden. Mein Eindruck ist, dass die meisten Argentinier nicht gern (öffentlich) zugeben, dass sie etwas falsch machen. Das könnten sie leicht als Bloßstellung empfinden.
- Vielen Argentiniern fällt es meiner Meinung nach schwer, zu widersprechen. Sie sollten also nicht glauben, dass alles in Ordnung ist und gut läuft, nur weil Ihr Klient nicht widerspricht. Deshalb ist bei argentinischen Klienten in besonderem Maße interessant, was nicht gesagt wird.
- Nuancen und versteckte Bedeutungen in der Kommunikation mit Argentiniern zu verstehen, ist eine weitere Herausforderung. Dieser und der zuvor genannte Punkt erfordern von Ihnen u.U. einfühlsames Nachfragen.
- Den Einsatz von Metaphern kann ich Ihnen als geeignetes Coaching-Tool sehr empfehlen. Noch besser: Arbeiten Sie mit den Metaphern Ihres Klienten. Damit können Sie ihn sehr gut in seiner individuellen (Gefühls-)Welt abholen.

▶ Ich habe die Erfahrung in meinen Coachings gemacht, dass einige Argentinier eher zu einem fatalistischen Weltbild neigen. Appellieren Sie an die Eigenverantwortung Ihres argentinischen Klienten: „Was können Sie dazu beitragen ...?"

▶ Beziehungen und Netzwerke sind für Argentinier wichtig. Wenn Vertrauen Ihre Coaching-Beziehung bestimmt, gehören Sie u.U. auch noch nach Beendigung des Coaching-Auftrages zum Netzwerk Ihres argentinischen Klienten – und umgekehrt. Dies kann zu beiderseitigem Nutzen führen. Meiner Erfahrung nach sind Klienten treu, was wiederum in besonderem Maße auf argentinische Klienten zutrifft.

▶ Mein Eindruck ist, dass viele meiner argentinischen Klienten die Pflicht nicht gerne mögen. Was unangenehm ist, wird gerne mal auf den nächsten Tag verschoben (oder den übernächsten ...). Umso wichtiger ist am Ende des Coachingprozesses der Praxistransfer, damit es nicht bei einer Absichtserklärung in Form von „hätte", „könnte", „müsste", „sollte" bleibt. Gestalten Sie insbesondere den Praxistransfer auf der Grundlage von „Hilfe zur Selbsthilfe", um den Erfolg für Ihren Klienten auch nach Beendigung des Coachings nachhaltig zu sichern.

Literaturhinweise, Quellen

Bresser, F. (2009). Consulting Report, Special Edition: South America, as extract from the Global Coaching Survey 2008/2009. unter: www.frank-bresser.com/global-coaching-survey.html (abgerufen am 15.10.2012)

Executive Coaching in Latin America, Executive Report, 2011 IAE Business School, S. 4. unter: www.coachfederation.org (abgerufen am 15.10.2012).

Goerdeler, C. D. (2010). Kulturschock Argentinien. (3. Aufl.). Reise Know-How.

www.icfargentina.com (abgerufen am 15.10.2012).

ICF Global Coaching Study 2012. Data Appendix Argentina, International Coach Federation by PricewaterhouseCoopers. unter www.coachfederation.org/coachingstudy2012 (abgerufen am 15.10.2012).

ICF Global Coaching Study 2012. Data Appendix Germany, International Coach Federation by PricewaterhouseCoopers. unter www.coachfederation.org/coachingstudy2012 (abgerufen am 15.10.2012).

Richardson, A. W. ICF staff, ICF Argentina: A growing voice for coaching in Latin America. Unter www.coachfederation.org/articles (abgerufen am 15.10.2012).

Wehrle, M. (2012). Die 100 besten Coaching-Übungen. (6. Aufl.). Bonn: managerSeminare.

5. Über die Autorin

Seit wann coachen Sie?

Ich coache seit 2001. Die vielen positiven Rückmeldungen meiner Firmenklienten und Studenten während meiner über 20-jährigen internationalen Tätigkeit als selbstständige Trainerin und Dozentin für interkulturelle und wirtschaftliche Themen haben mich veranlasst, Coaching zum Schwerpunkt meiner beruflichen Tätigkeit zu machen. Im Jahr 2009 habe ich meine zunehmende Tätigkeit als Coach professionalisiert und bin seitdem hauptberuflich als Coach und Karriereberaterin (für Firmen- und Privatklienten) selbstständig tätig.

Welche Coaching-Ausbildung haben Sie?

Ich bin ICF Coach (International Coach Federation, Zertifizierung i.A.) und zertifizierte Karriereberaterin (Karriereberater-Akademie, Hamburg). Regelmäßige coachingrelevante Fortbildungen bereichern laufend meine Coaching-Kompetenz.

Vor meinen Tätigkeiten als Coach, Trainerin und Dozentin war ich als Führungskraft in der internationalen Agrarforschung und im Marketing tätig. In Deutschland habe ich Studiengänge in Agrarwissenschaften (Diplom-Ingenieurin), Pädagogik und Didaktik in der Erwachsenenbildung, Berufs- und Arbeitspädagogik sowie eine Fortbildung zur Umweltschutzbeauftragten abgeschlossen; in den USA parallel zu meiner Forschungstätigkeit ein interdisziplinäres Aufbaustudium in Fernerkundung (geografische Informationssysteme). Diese Kernkompetenzen bringe ich ins Coaching mit ein.

Seit wann coachen Sie im Kulturkreis Argentinien?

Klienten aus dem Kulturkreis Lateinamerika coache ich seit 2009, Klienten aus Argentinien seit 2011.

In welchem Kontext arbeiten Sie als Coach im Kulturkreis Argentinien?

Meine ersten argentinischen Klienten waren Firmenklienten (in Deutschland arbeitende argentinische Expatriates), bei denen unterschiedliche berufliche Veränderungen in Form von Beförderungen, Neuorientierungen und Outplacement anstanden. Die positiven Feedbacks und Weiterempfehlungen haben dazu geführt, dass ich nun aus diesem Kulturkreis sowohl Firmenklienten als auch Privatklienten (darunter auch Familienangehörige der Expatriates) coache. Da ich selbst jahrelang als Expatriate im Ausland (Kolumbien, USA, Spanien, Neuseeland) gelebt, gearbeitet und studiert habe, kenne ich diese Lebens- und Arbeitssituationen aus der Sicht als Berufstätige, Partnerin und Mutter. Meine internationale Berufs- und Führungserfahrung als Projekt- und Teamleiterin in der Agrarforschung, mein international geprägter familiärer Hintergrund und die Tatsache, dass ich vier Sprachen fließend spreche (ich bin multilingual aufgewachsen), ermöglichen es mir, meine internationalen Klienten in jederlei Beziehung dort abzuholen, wo sie stehen. Dabei unterstütze ich sie während ihrer Veränderungsprozesse möglichst in ihrer Muttersprache. Meine Coaching-Sprachen sind Deutsch, Englisch und Spanisch, außerdem spreche ich fließend Französisch.

Zu welchen Schwerpunktthemen coachen Sie?

Ich unterstütze Klienten bei Veränderungsprozessen, meistens handelt es sich um berufsbedingte Veränderungen: Karriereplanung, Neuorientierung, eine Berufung finden, Work-Life-Balance, Bewerbung, Outplacement-Beratung. In jedem Fall geht es um Wachstum – persönliches oder berufliches. Dabei liegt mir besonders am Herzen, dass meine überwiegend internationalen Klienten aus/in anderen Kulturkreisen ihr Potenzial und ihre Stärken im Einklang mit ihren Werten und Normen entfalten und leben können, sowohl im Berufs- als auch im Privatleben. Meine Leidenschaft fürs Coaching, mein Einfühlungsvermögen und meine interkulturelle Kompetenz befähigen meine Klienten, herausfordernde Lebenssituationen zu meistern und ihre Ziele zu erreichen.

Autorinnen und Autoren

Foto: Peter Provaznik

Asim Aliloski

Der Kosmopolit mit südosteuropäischen Wurzeln lebt seit seiner Geburt in Wien. Nach seinem Wirtschaftsstudium publizierte er sein erstes Buch über „Islamic Finance" und arbeitete mehrere Jahre als Chefredakteur für Lifestyle Printmagazine. Er ist Gründer von BUDDHA PR, die Nr. 1 Personality PR- und Unternehmensberatung nach den Erfolgsprinzipien des Buddha. Sein Kommunikationsunternehmen berät Manager sowie Politiker, die durch ihre Erleuchtungskraft ihr volles Potenzial und echtes Image entfalten wollen. Asim Aliloski ist Unternehmensberater, zertifizierter Happiness & Success Coach, NLP & Mental Trainer sowie Fitness Coach & Combat Instructor.

BUDDHA PR
A-1010 Wien

Tel.: +43 - 676 - 3085603
office@buddhapr.com
www.buddhapr.com

Rita Booker-Solymosi

Rita Booker-Solymosi ist interkulturelle Trainerin, Coach und Organisationsberaterin seit 2001. Von rumänisch-ungarischer Herkunft, in Rumänien und Österreich groß geworden, mit Psychologiestudium und systemischer Coaching-Ausbildung und dem in Berlin erlernten Beruf der Marketing- und Vertriebsberaterin hat sie sich auf den Weg gemacht, ihre Herkunft zur Berufung zu machen.

Booker International e.K.
Intercultural Communication Services
Rita Booker-Solymosi
Blenheimstr. 27
12685 Berlin

Tel.: 030 - 520047686
Fax: 030 - 520047687
rbs@booker-international.com
www.booker-international.com

Kirsten Brennemann

Seit 1995 lebe und arbeite ich in der Schweiz und war viele Jahre in verschiedenen Führungspositionen bei einer Schweizer Großbank tätig, davon mehrere Jahre im internationalen Umfeld. 2009 habe ich mich als Business Coach und Karriereberaterin selbstständig gemacht. Ich unterstütze hauptsächlich Menschen, denen es um persönliche Weiterentwicklung, Stressmanagement oder um berufliche Neuorientierung geht, insbesondere nach einem Burnout. Meine Klienten schätzen es sehr, dass ich mich aufgrund meiner persönlichen Erfahrungen und mit meinem hohen Einfühlungsvermögen bestens in ihre aktuelle berufliche Situation hineindenken kann, und es mir deshalb leichtfällt, ihre Anliegen zu verstehen.

Job & Karriere Coaching
Kirsten Brennemann
Zürichstrasse 96
CH-8910 Affoltern a.A.

Tel.: +41 - 76 - 7998088
info@brennemann-coaching.ch
www.brennemann-coaching.ch

Dr. Peter Dreyer

Dr. Peter Dreyer arbeitet als Senior Consultant und Business Coach für O&P Consult in Heidelberg und für Böning-Consult in Frankfurt/M. Seine Arbeitsschwerpunkte liegen im Bereich der Internationalen Managemententwicklung, der Interkulturellen Zusammenarbeit und der Kulturadäquaten Potenzialeinschätzung. Referent und Lehr-Coach im Rahmen verschiedener Coaching-Ausbildungen sowie Mitglied der Zertifizierungskommission für Coaches und Trainer im dvct e.V. (Deutscher Verband Coaching und Training e.V.). Er lebte mehrere Jahre in Japan, studierte Psychologie, Japanologie und BWL und forschte in Deutschland und Asien zu Denken und Handeln in interkulturellen Bezügen.

O&P Consult AG
Dr. Peter Dreyer / Seniorberater
Waldhofer Straße 102
69123 Heidelberg

Tel.: 06221 - 4333713
Fax: 06221 - 4333737
Mobil: 0172 - 2664450
peter.dreyer@op-consult.de
www.op-consult.de

Regine Egger

Regine Egger beschäftigt sich intensiv mit Interkulturalität und Trainingsentwicklung sowie der didaktischen Entwicklung von Online-Training. Sie hat national und international Berufserfahrung in Projektmanagement und Geschäftsführung. 2005 gründet sie „Egger Konzept". Sie ist Trainerin mit Begeisterung, moderiert Veranstaltungen und arbeitet als Systemischer Coach. Regine Egger studiert Lehramt und Tourismus in Deutschland, Italien und Brasilien, ist Online-Journalistin und Systemischer Coach. Sie hat ihre Wurzeln am Bodensee. Die Heimat im Herzen, faszinieren sie fremde Welten, Kulturen und Sprachen.

Egger Konzept
Regine Egger
Büro München Schwabing

Tel.: 0173 - 8799383
info@egger-konzept.de
www.egger-konzept.de

Fadja Ehlail

Coach, Autorin und Trainerin seit 1998, Ausbilderin von Trainern und Beratern, gründete 2007 Com-Across. Als Tochter eines Palästinensers und einer Deutschen ist sie im interkulturellen Umfeld aufgewachsen. Neben Studium der Anglistik, Soziologie und Kommunikation (M.A.) absolvierte sie diverse Zusatzausbildungen u.a. als systemischer Coach, interkulturelle Trainerin und Coach und im körperorientierten Coaching. Schwerpunkte: Arbeit mit Fach- und Führungskräften im internationalen Umfeld. Ganzheitlich körperorientierter und kreativer visueller Ansatz zum Stärken von Selbstkompetenz, Ambiguitätstoleranz, Führungskompetenz, Konfliktfähigkeit, Klärung eigener Belange.

ComAcross
- Communication Across Cultures
Max-Joseph-Str. 27
68167 Mannheim

Tel.: 0621 - 39747853
Mobil: 0163 - 7302111
info@com-across.de
www.com-across.de

Dr. Ronald Franke

Dr. Ronald Franke ist Wirtschaftspsychologe, systemischer Coach und Prozessbegleiter. Er ist Mitbegründer des Beratungsunternehmens SmartGlobalizing Consult, das als Spin-off aus dem gleichnamigen Forschungsprojekt an der Leuphana Universität Lüneburg entstanden ist. Ronald Franke hatte das Projekt zuvor mehrere Jahre an der Leuphana geleitet. Sein Arbeitsschwerpunkte sind interkulturelles Coaching (speziell Asien, Indien), interkulturelles Training und interkulturelles Consulting. Darüber hinaus lehrt er an mehreren Hochschulen Psychologie, Interkulturelle Kommunikation und Coaching.

Dr. Ronald Franke
SmartGlobalizing
Coaching / Training / Consulting
Rotehahnstraße 11
21335 Lüneburg

Tel.: 04131 - 5009922
Mobil: 0173 - 7791929
www.smartglobalizing.com

Heike Kolles

„Unsere Berufung, unsere Wahrheit liegt nur in uns selbst und ist nicht zu suchen bei anderen oder in Büchern." Meinem Leitsatz folgend fordere ich in meinem Unternehmen Visionsmanufaktur Klienten mit drei Kernfragen heraus: Wer bin ich? Wohin will ich? Wie komme ich dorthin? Ich unterstütze sie auf ihrem Weg ihrer Visionsfindung und -umsetzung. Dabei kombiniere ich Life, Career & Business Coaching. Mein Handwerkskoffer enthält: Diplom-Kauffrau & Diplome de Grande Ecole de Commerce (ESCP: Paris, Oxford, Berlin), 10 Jahre Führungskrafterfahrung u.a. in internationaler Unternehmensberatung, zertifizierte Karriereberaterin (M. Wehrle), NLP Master Coach & ICF Coach (Trinergy International).

VISIONSMANUFAKTUR
für individuelle Lebensziele
Wallnerstrasse 1/Ecke Kohlmarkt
A-1010 Wien

Tel.: +43 - 664 - 88532352
office@visionsmanufaktur.com
www.visionsmanufaktur.com

Anja Leao

Dipl.-Kauffrau (Univ. Köln), Dipl.-Familientherapeutin (Swinburne Univ. Melbourne), NLP-Master, Reiki Master Teacher, seit 1993 Personalentwicklerin, Trainerin und Coach,langjährige nationale und internationale Führungsverantwortung PE/OE. Lehraufträge Univ. Bielefeld, DHBW Bad Mergentheim, DHBW Mannheim; Herausgeberin und Buchautorin mehrerer Bücher und Veröffentlichungen.

Schwerpunkte: Einzel-, Team- und Business Coaching, langfristige Begleitung von PE-& OE-Projekten, Begleitung von Change-Management-Prozessen, Visions-, Strategie- und Innovationsprozessen, Potenzialförderung, Multiplikatorenausbildungen.

Und außerdem: Verheiratet, zwei Söhne, internationale Kinderhilfsprojekte.

Coaching, Beratung, Training
Siebenbürger Str. 20
74343 Sachsenheim

Tel.: 07147 - 27 68 13
Fax: 07147 - 27 69 65
anja_leao@yahoo.de; www.anja-leao@de

Alexandra Mietusch

Diplom-Kommunikationspsychologin, Gründerin der coaching culture und zertifizierter Coach in Berlin; lebte, forschte und arbeitete längere Zeit in Indien und Frankreich sowie in multikulturellen Wohnprojekten. Sie veröffentlichte bisher Artikel zum Thema interkulturelle Mediation, interkulturelles Team Building und interkulturelles Coaching. Spezialisiert auf Life, Career und Intercultural Coaching bietet sie im Rahmen der coaching culture u.a. interkulturelle Team Buildings, Cultural Awareness Trainings und interkulturelles Coaching in multikulturellen Unternehmen und Organisationen.

coaching culture
BERLIN

mietusch@coaching-culture.eu
www.coaching-culture.eu

Dr. Julia Milner

Dr. phil, M.A. (BWL, Kommunikationswissenschaften, Rechtswissenschaften sowie Medien & Öffentlichkeitsarbeit), M.A. (Business Coaching & Change Management). Auszeichnung mit dem Deutschen Coaching Award 2010. Coach und Consultant sowie Lehre und Forschung im Bereich Coaching, Leadership, Kommunikation an mehreren Universitäten weltweit, u.a. an der Sydney Business School. Präsentationen auf Konferenzen und Keynotes, Veröffentlichungen im Bereich Coaching, Co-Konzeption und Entwicklung von Coaching-Studiengängen in Australien.
Schwerpunkte: Executive, Career & Managerial Coaching, Leadership, Wellbeing Coaching, Personalentwicklung.

Business Coaching International
(Australien und Deutschland)

Tel.: +61 - 415 - 447173
info@businesscoaching-international.com
www.businesscoaching-international.com

Elisabeth Mlasko

Elisabeth Mlasko studierte Betriebswirtschaft an der Wirtschaftsuniversität Wien, spezialisierte sich danach auf Marketing & Kommunikation, u.a. bei Unilever, Beecham Smithkline (beides in Österreich). Seit 1990 lebt sie in der Schweiz, wo sie während ca. 10 Jahren in einer Kommunikations-Unternehmensgruppe tätig war, zuletzt als Mitglied der Geschäftsleitung. Ihre berufsbegleitenden Aus- und Weiterbildungen konzentrieren sich auf Organisationsentwicklung, Coaching und Tiefenpsychologie. Sie ist seit 2005 als Beraterin selbstständig tätig, 2010 gründete sie ihr Unternehmen COLANUSS. Dabei dient die Wirkungsweise der Colanuss als Metapher für den Mehrwert, den sie für Organisationen und Menschen anstrebt – die Verbesserung der Lebensqualität.

COLANUSS
Schoffelgasse 7
CH-8001 Zürich

Tel.: +41 - 44 - 5003896
mlasko@colanuss.com
www.colanuss.ch

Sabine Mrazek

Jg.1965, Mitglied der Zertifizierungskommission des dvct e.V.: Zertifizierte ganzheitliche Business Coach und Management Trainerin, sowie Coach-Ausbilderin, Gutachterin, Rednerin und Autorin. Sie ist Inhaberin von sabeconsult® Coaching und Begründerin des gleichnamigen Firmen Coachings, einem innovativen Coachingansatz für gesunde, nachhaltige und messbare Veränderung von ganzen Organisationen. Seit 1997 begleitet Sabine Mrazek Führungskräfte und Unternehmen im In- und Ausland bei Veränderungsprozessen und erfasst durch mehrjährige Managementerfahrung als Expatriate unternehmerische und kulturelle Zusammenhänge mit großem Praxisbezug.

sabeconsult Coaching
Sabine Mrazek
Schwarzwaldstraße 26
65779 Kelkheim

Tel.: 06195 - 976689
Fax: 06195 - 976652
Mobil: 0170 - 2072121
sabine.mrazek@sabeconsult.de
www.sabeconsult.de

Karin Repsold

Dipl.-Ing., Karriereberaterin, ICF Coach, Trainerin. Ich unterstütze Menschen bei Veränderungsprozessen. Dabei geht es immer um Wachstum – persönliches oder berufliches. Meine Leidenschaft fürs Coaching, mein hohes Einfühlungsvermögen und meine interkulturelle Kompetenz befähigen meine Klienten, herausfordernde Lebenssituationen zu meistern und ihre Ziele zu erreichen. Auch meine internationale Führungserfahrung bringe ich als Kernkompetenz ins Coaching mit ein.
Schwerpunkte: Karriereentwicklung und Führung (vor allem im internationalen Kontext), berufliche Neuorientierung, Outplacement-Beratung.
Sprachen: Deutsch, Englisch, Spanisch, Französisch.

Repsold Coaching
Karin Repsold, Inhaberin
Am Kaiserkai 1
20457 Hamburg

Tel.: 040 - 53908939
Fax: 040 - 53908941
Mobil: 0176 - 53187145
info@repsold-coaching.com
www.repsold-coaching.com

Marcus Rübbe

Diplom-Pädagoge, NLP-Master und Outdoortrainer. Seit 2004 freiberuflicher Coach, Trainer und Moderator in den Bereichen Personalentwicklung sowie Berufsorientierung- und Vorbereitung. Fachautor und Lehrbeauftragter im Masterstudiengang „Business Coaching und Change Management (BCCM)" an der Europäischen Fernhochschule Hamburg.

Schwerpunkte: Professionalität und ergebnisorientierte Kommunikation im Beruf, Karriere-Coachings (Übergangs- bzw. Transitionsprozesse) für Studierende, Berufseinsteiger und junge Führungskräfte (auch im internationalen Kontext Polens) sowie Teamentwicklungs-Coachings.

RUEBBE & GRAB
Moderation – Training – Coaching

Mobil: 0176 - 23165630
mr@ruebbeundgrab.de
www.RUEBBEundGRAB.de

Aniko Willems

Aniko Willems führt mit link to connect ihr eigenes Beratungsunternehmen, das Organisationen, Teams und Einzelpersonen in der interkulturellen Zusammenarbeit sowie in Change- und Entwicklungsprozessen unterstützt. Bereits während ihres ersten Chinaaufenthaltes 1998/99 (1,5 Jahre) baute sie eine innige Verbindung zu Land und Leuten in China auf. Durch ihren eigenen internationalen Hintergrund kann sie sich sicher zwischen verschiedenen Kulturen bewegen und die Menschen in ihrem jeweiligen Kontext nachhaltig unterstützen. Ihr Motto – Sinnvolle Veränderung mit nachhaltiger Wirkung auf allen Ebenen – setzt sie mit ihrem betriebswirtschaftlichen, hypnotherapeutischen und hypnosystemischen Erfahrungs- und Wissensschatz um.

Aniko Willems
link to connect
Consulting & Coaching
Daten Menschen Kulturen
Am Stadtwald 26
90768 Fürth

Tel.: 0911 - 6261454
Fax: 0911 - 6261453
Mobil: 160 - 4741261
aniko.willems@link-to-connect.de
www.link-to-connect.com
www.facebook.com/linktoconnect
www.xing.com/profile/Aniko_Willems
de.linkedin.com/in/anikowillems
twitter.com/AnikoW